CATIA 3DEXPERIENCE CAA 开发技术

杨咏漪　卢文龙　冯升华
靳辰琨　郝　蕊　朱　明　杨吉忠　编著

中国铁道出版社有限公司

2022年·北　京

内容简介

3DEXPERIENCE平台是基于单一数据源的3D建模、仿真、协同数据管理及信息智能应用平台。本书主要结合铁路工程建设信息化、智能化的需求，介绍3DEXPERIENCE平台的二次开发，包括对象建模会话、产品模型、机械建模、几何建模、知识工程、交互设计等内容。

图书在版编目(CIP)数据

CATIA 3DEXPERIENCE CAA开发技术/杨咏漪等编著. —北京:中国铁道出版社有限公司,2022.10
ISBN 978-7-113-28459-6

Ⅰ.①C… Ⅱ.①杨… Ⅲ.①机械设计-计算机辅助设计-应用软件 Ⅳ.①TH122

中国版本图书馆CIP数据核字(2021)第207111号

书　　名: **CATIA 3DEXPERIENCE CAA开发技术**
作　　者: 杨咏漪　卢文龙　冯升华　靳辰琨　郝　蕊　朱　明　杨吉忠

策　　划: 时　博
责任编辑: 时　博　　**编辑部电话**: (010)51873162　　**电子邮箱**: crph@163.com
封面设计: 郑春鹏
责任校对: 焦桂荣
责任印制: 樊启鹏

出版发行: 中国铁道出版社有限公司(100054,北京市西城区右安门西街8号)
网　　址: http://www.tdpress.com
印　　刷: 北京柏力行彩印有限公司
版　　次: 2022年10月第1版　2022年10月第1次印刷
开　　本: 787 mm×1 092 mm 1/16　**印张**: 17.25　**字数**: 430千
书　　号: ISBN 978-7-113-28459-6
定　　价: 88.00元

序

信息技术的不断发展，给人类社会生活带来了巨大的影响，尤其是在商业领域。由于信息共享的效率提升，导致新产品独占市场的时间越来越短，从而催生了企业的创新革命，也推动了行业信息技术的不断革新。

20 世纪 50 年代，美国 MIT 公司研制出世界第一台 APT 语言编程的数控铣床，随后发展出的 APT/SS 系统开始具备描述复杂雕塑曲面的功能，从而得到广泛的应用。1964 年，美国通用公司推出世界上第一个机械 CAD 系统，随后 IBM 和 LOCKHEED 公司又将其发展为 CAD/CAM 系统，奠定了计算机技术在制造业中的重要地位。20 世纪 70 年代至 80 年代，市场上开始涌现出大量的 CAD 系统，从二维发展到三维，同时也将应用对象从单一零件拓展至大装配，应用范围也拓宽到有限元计算、工艺规划以及数控编程等多个应用场景，大大提高了产品的质量。

1981 年，查尔斯·艾德斯坦纳(Charles Edelstenne)率领一队来自达索宇航公司(Dassault Aviation)极富创新精神的工程师，创立了达索系统(Dassault Systèmes)。工程师们将用于设计风洞模型的软件，采用 3D 曲面建模技术，减少了风洞测试的周期时间，并进一步研发了新一代电脑辅助三维设计软件 CATIA(它是 Computer-Aided Three-dimensional Interactive Application 的首字母缩写)。它能够在二维绘图系统 CADAM 的基础上，进行以表面模型为特点的自由曲面建模。它的出现，标志着 CAD(计算机辅助设计技术)从单纯模仿工程图纸的三视图模式中解放出来，首次实现以计算机完整描述产品零件的主要信息，同时也使得 CAM 技术的开发有了现实的基础。曲面造型系统 CATIA 为人类带来了第一次 CAD 技术革命，改变了以往只能借助油泥模型来近似准确表达曲面的落后的工作方式。这项技术革新的应用，使汽车新车型开发速度大幅度提高，开发周期甚至缩短至一半，给传统制造业带来了巨大的收益，工业领域开始大量采用 CATIA。

以 3D 设计为起点，达索系统研发了数字样机(DMU，即 Digital Mock-Up) 技术，使用软件虚拟仿真来帮助客户减少实体原型测试，大幅缩短了产品开发周期。同时，这种数字化的产品集成方法也使全球协同成为现实，让工程师能够以 3D 数字模型在不同部门、企业和工作地点之间共享设计信息。波音 777 客机就是首款完全采用达索系统 3D DMU 技术打造的成功的商用飞机。

在 DMU 的基础上，达索系统推动并提出了产品生命周期管理（PLM，即 Product Lifecycle Management）的理念，目标是实现从设计到生产的全流程数字化。基于这一理念，达索系统发布了创新的 PLM 解决方案，涵盖了包括从产品设计、仿真和制造阶段的工程需求，以及变更管理、多专业协同和跨上下游企业协作过程中的业务流程需求。

2012 年，在 3D、DMU 和 PLM 的基础上，为了引领工业进步的趋势、赋能客户的创新需求，达索系统推出了划时代的 3D 体验（3DEXPERIENCE）平台。3D 体验平台在单一的、整合的数字虚拟环境中，面向设计、工程、制造和运营等不同阶段，提供各种集成的业务功能及服务。达索系统成功地帮助了客户在虚拟环境中评估和优化真实世界的产品，从而为最终用户提供更好的体验，进而获得品牌增值和市场优势。与此同时，达索系统也进军基础设施、能源、生命科学等产业领域，以及实施战略收购，不断扩展软件应用范围。

中国政府大力发展传统工业的数字化建设，组织实施了制造业信息化工程专项，推动设计数字化、制造装备数字化、生产过程数字化、管理数字化和企业数字化等方面的发展，数字化制造技术在中国已经取得大量应用，改变了传统的设计生产、制作模式。达索系统在中国、为中国、与中国客户一起成长的战略也随之落到实处，近年来陆续助力中国的“国之重器”企业进行数字化转型。中国商飞、江南造船厂、中航工业以及中国航天基于 3DEXPERIENCE 平台进行产品的研发、设计以及生产。例如大型客机 C919 以及正在研发的 C929，都是采用了达索系统先进的数字化平台技术。在基础设施工程领域，中国国家铁路集团有限公司、中国电建集团、中国建材以及中国黄金等传统企业也在利用数字化技术转型升级和行业再造。

在与中国客户一同成长的过程中，我们致力于全方位的服务及助力我们的客户，在发展数字化技术的同时也不断拓展达索系统的生态。高素质人才是先进企业技术与创新的源泉，杨咏漪博士及其他几位编者以其丰富的行业经验以及深厚的技术功底编写了这本书，对多个行业的 CAD 领域的人才和技术发展都贡献深远，意义重大。我感到很高兴，看到不断有达索系统相关的高质量专著的相继出版，也希望达索系统的三维体验技术能够得到广泛的应用，给各行各业的核心竞争力带来质的提升！

达索系统大中华区总裁　张鹰

2022 年 8 月

前　　言

CATIA 3DEXPERIENCE 平台是达索系统公司协同设计、仿真分析和协同管理的平台。它完全基于数据库环境,所有的数据都存在同一数据库中,使得设计人员能够基于同一套数据进行设计。在这个智能、交互的平台上,提供了一系列由 3D 设计、分析、仿真和商业智能软件工具组成的 PLM 全生命周期管理。

为了方便进行产品扩展和客户定制开发,CATIA 提供了一种基于组件的定制开发机制,即组件应用架构(Component Application Architecture,简写:CAA)。CAA 采用面向对象的程序设计(Object-Oriented-Programming ,简写:OOP)思想,基于 COM 和 OLE 技术,使得 CAA 开发的程序代码更加规范化和标准化,并且程序模块更加具有独立性和可扩展性。利用二次开发技术,可实现软件客户化定制,有效提高设计自动化程度。

本书共分 10 章,第 1 章介绍了 CATIA 3DEXPERIENCE 平台及其二次开发方法,第 2 章介绍了 CAA 的开发环境,第 3 章重点介绍了对象建模器所涉及的接口、组件、扩展机制和生命周期管理等内容,第 4 章重点介绍了流对象、PLM 对象、PLM 组件和 PLM 会话等概念,第 5 章重点介绍了产品模型概念及其所涉及的会话内容、导航、上下文对象、发布、约束、创建和管理 PLM 组件等开发技术,第 6 章重点介绍了机械建模器的 3D 形状、零件特征、几何特征集、几何特征和行为特征等开发技术,第 7 章重点介绍了几何建模器的开发技术,第 8 章介绍了知识工程的参数和关系开发技术,第 9 章介绍了用户界面相关开发技术,第 10 章介绍了交互设计相关概念和开发技术。

本书在编写过程中参考了国内外许多学者的著作和论文,在此谨向各位作者表示由衷的感谢!

由于编者水平有限,加之时间仓促,缺点和错误在所难免,恳请读者批评指正。

作　者
2022 年 8 月

目　　录

第1章　概　　述

本章主要介绍达索3D体验平台3DEXPERIENCE(以下简称3DE)平台和达索二次开发组件应用架构 Component Application Architecture(以下简称CAA),包括达索3DE平台概述、应用功能、平台特点以及二次开发基本概念、软件组件结构、CATIA V6体系结构、CAA组件应用架构和RADE快速应用开发环境。

1.1　达索3DE平台

3DE平台是达索公司使用云端技术基于浏览器开发的3D建模解决方案,是基于单一数据源的3D建模、仿真、协同数据管理及信息智能应用平台。3DE平台是一个协作环境,可为公司组织中的每个领域(例如工程、市场和销售)提供软件解决方案。

全部应用为罗盘集成界面入口,按11个行业、基于用户角色、配置12个产品线的应用App,提供给用户统一的应用工具和管理系统,包括4个大的应用模块,如图1-1所示。

图1-1　3DE平台罗盘界面和12个产品线

1.1.1　平台应用

罗盘可以帮助管理用户权限,同时将3DE平台中的应用程序分组,供用户以个性化方式查看并访问。单击罗盘的各个象限会打开特定类别的应用程序,分别是社交与协同应用、3D建模应用、仿真应用、信息智能应用,如图 1-2 所示。

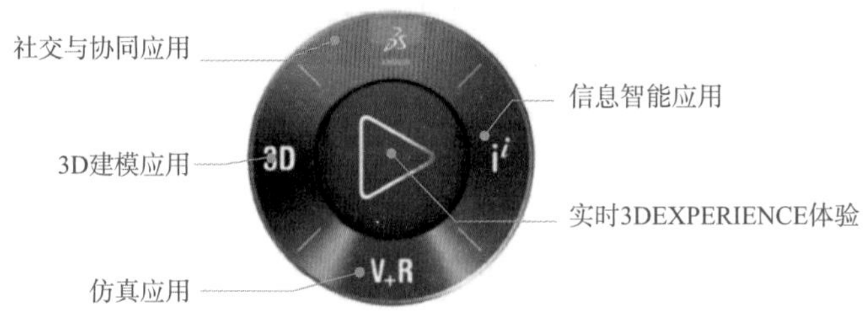

图 1-2 3DE 平台应用

(1)社交与协同应用:包括用于业务流程中的协作和交互的应用程序。例如,3DSwYm 应用程序可帮助进行社交协作,而 ENOVIA 应用程序可帮助进行正式的全球产品开发流程。

(2)3D 建模应用:包括设计和建模应用程序,例如 CATIA 、SolidWorks、GEOVIA、BIOVIA 应用程序。

(3)仿真应用:包括使用数字制造和虚拟表示真实对象的 DELMIA 应用程序、现实模拟的 SIMULIA 应用程序和逼真体验的 3DVIA 应用程序。

(4)信息智能:包括 NETVIBES 的仪表板智能和实时社交媒体监控应用、EXALEAD 管理内容的全文搜索。这些应用程序可以帮助从各种数据源获得新的信息。

1.1.2 平台功能

3DE 平台基于 CATIA 三维协同设计,面向多用户角色和权限的组织、多组织资源和产品,完成从需求—概念—方案—详细设计的全过程产品研发和制造准备,包括以下功能:

(1)使用 Web 浏览器随时随地在任何设备上查看、共享、批注、讨论和管理设计。

(2)通过与 SOLIDWORKS 3D CAD 和其他 3DEXPERIENCE 设计工具的无缝交互,避免返工和数据转换错误。

(3)通过与 SOLIDWORKS 3D CAD 的无缝连接,设计和工程团队能够更紧密地协作。

(4)通过基于云的仪表板、消息传递、活动流、社区和拖放任务管理,与所有内部和外部团队成员协作。

(5)在平台上安全地管理数据和产品开发过程的所有内容;使用专业工具控制版本。

(6)在 3DE Marketplace 中轻松获取全球零件和服务。

基于 CATIA 三维模型设计得到数字化模型,通过多个仿真工具的应用,可以实现仿真全生命周期管理。3DE 平台能够完成 CAE 计算分析,例如线性分析、非线性分析、动力学分析、多物理场耦合等,并且能够实现多学科优化(内嵌 ISIGHT 软件)。产品设计信息共享传递给基于 PPR 总线的制造准备、工艺规划和工艺装配仿真、物流仿真。底层的 ENOVIA 应用内核,管理 ORACLE 数据库中存储的数据,满足用户协同设计的需求,实现产品全生命周期管理。

1.1.3 平台特点

3DE 平台具有单一数据源、精细化数据管理、满足协同设计、实现大数量级装配应用、支持 RFLP 管理等特点。

1. 单一数据源

CATIA 与 DELMIA、SIMULIA 等基于 ENOVIA 统一管理和相互交互，各个工具软件不再保留各自的数据库，这样各个功能模块间对同一个数字化模型进行访问，实现基于单一数据源的多维度应用。所有模块又具有全相关性，各个模块基于统一的数据平台，三维模型的修改，能快速体现在二维图面、三维数据、有限元模型等。全面支持基于模型的工程定义 MBD (Model Based Definition)如图 1-3 所示。

图 1-3 基于模型的产品定义 MBD(Model Based Definition)

2. 精细化数据管理

3DE 平台由传统的基于文件的管理模式转变到基于数据库的管理模式，是基于底层数据实现不同业务领域应用的真正整合，是真正意义上的设计工具与管理平台的充分融合。对于三维工艺设计工具，也从数据库层面进行了整合，达到设计、制造及管理平台的一体化，如图 1-4 所示。

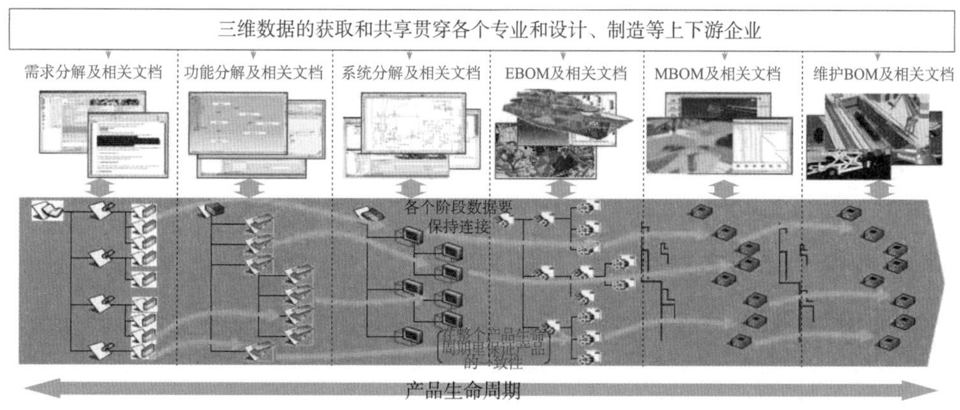

图 1-4 精细化数据管理

3. 协同设计

由于在数据库层面实现各种对象之间的相互协调，因此协同本身的能力层次相较于基于文件对象内容状态的协调机制，具备及时性、在线性和上下文相关性，满足了多专业协调时高效性。

4. 大数量级装配应用

由于不再是基于文件的存储管理方式，而是基于对象的数据库管理方式，以及流媒体和视角切换管理，使得超大模型设计环境的管理变得简单起来。在 3DE 的操作控制罗盘上，可以实现大型产品工程的处理和上千万个零件的展示。

5. RFLP 管理

3DE 平台引入了基于 RFLP(需求、功能、逻辑、物理)的系统工程模型，能够有效进行复杂系统的需求定义与跟踪、功能模型的定义与仿真、逻辑模型的定义和仿真以及物理模型的定义和与前三者的关联。为复杂型产品与型号的研制提供基于模型的显式开发过程管理和闭环系统研制，如图 1-5 所示。

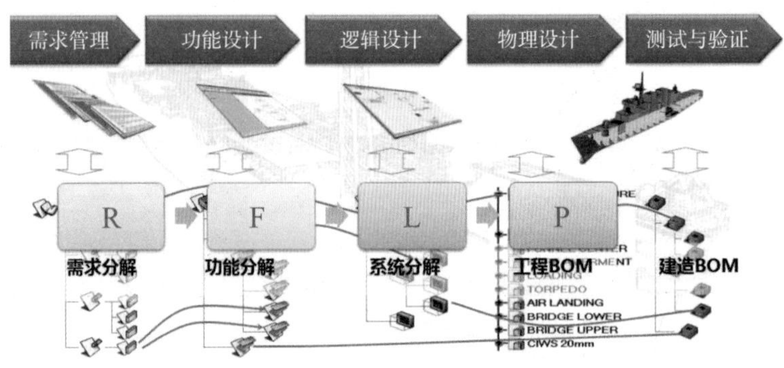

图 1-5 RFLP 系统工程模型

1.2 CAA 二次开发架构

1.2.1 二次开发概念

二次开发是将通用化的 CAD 软件用户化、本地化的过程，即以 CAD 软件为基础平台，研制开发符合国家标准、适合企业实际应用的用户化、专业化、集成化软件。国内外的 CAD 软件大多建立在通用应用平台上，不能满足针对各种专业领域的产品快速设计需要，为满足用户特定化需求必须使用 CAD 二次开发技术。

CAD 软件的二次开发应该遵循工程化、模块化、标准化和继承性等原则。可以应用到的二次开发包括以下方面：

(1)用户化定制 CAD 环境：包括提供用户化 CAD 规范、提供用户化标准件库、定制用户化 CAD 界面等。

(2)开发 CAD 软件平台上的用户专用模块：开发 CAD 软件没有提供的及功能不能满足用户要求的专用模块，实现现有模块以外的、其他未购买的模块功能。

(3)建立参数化模型库：使用数据文件形式存放参数值，也可以使用数据库管理系统建立新系统存放参数值。

(4)新特征的开发:开发用户个性化的设计特征和制造特征。

经过二次开发后的CAD应用软件具有良好的交互界面,并融进了大量专业设计人员的经验,从而提高了设计人员的设计效率和产品质量。

1.2.2 软件组件结构(SCI)

软件组件结构(Software Component Infrastructure,SCI)是软件工程继过程模型和面向对象模型的下一代逻辑模型。随着面向对象解决方法的开发和使用,只采用面向对象技术难以适应软件日益增长的复杂性。对象只构成应用程序的一部分,面向对象技术不能把握应用程序的结构(控制流),只能通过重用类库已有的类来实现有限的重用,而软件组件结构(SCI)提供了最高层次的代码重用。软件组件结构有三个基本的概念:组件(Component)、框架(Framework)和对象总线(Product Bus)。

(1)组件(Component):软件的基本量子(单元)。组件的特征提供了将一个应用程序分成若干个组件的机制。每个组件提供了一个专门的功能,它向框架的其余部分描述自己,以便别的组件能够访问它的功能。组件之间的交互需要通过使用框架或对象总线来实现。

(2)框架(Framework):提供对所有应用程序有用的功能(如接口、存储)。框架是对相似应用程序集合的一个部分(统一但不完整)解决方案。开发者用框架加上必要的代码建立完整的应用。在领域(DOMAIN)内的一个应用包括不变部分和可变部分。开发者通过向框架添加变化部分的代码把握其动作,从而形成新的特定应用。

(3)对象总线(Product Bus):基本的中间件。对象总线把组件和框架的能力扩展到开放网络和其他伙伴应用程序。对象总线不仅提供对象之间的连接,还提供对在总线上所有对象都有用的核心服务集(对象服务)。

通过组件构造和修改软件,用框架把握软件架构,用对象总线连接事务,支持即插即用(Plug & Play)功能的拓展。

1.2.3 CATIA体系结构特点

CATIA采用了多种支持组件技术的软件技术,如JAVA、COM/DCOM、CORBA等,内部模块全部采用CNEXT(CATIA内部使用的一种C++语言)实现,结构单一。提供了多种开发接口,支持C++/JAVA、Automation API,支持各种开发工具:CAA、C++、JAVA、VB和脚本语言。采用单继承,对象之间关系明确,体系结构严谨,维护容易。

根据CAD软件的特点和实际需要,CATIA的设计模式比较简单,主要有工厂模式、层模式等。在面向对象的编程中,工厂模式是一种经常被用到的模式。根据工厂模式实现的类可以根据提供的数据生成一组类中某一个类的实例,通常这一组类有一个公共的抽象父类并且实现了相同的方法,但是这些方法针对不同的数据进行不同的操作。

CATIA面向对象和基于组件的体系结构很好地实现了面向对象(OO)设计原则中的抽象(Abstraction)、封装(Encapsulation)、模块化(Modularity)和分层(Hierarchy),为CATIA日后的发展及专用应用程序的开发奠定了良好基础。用户可使用各种开发工具来开发自己的应用。

1.2.4 CAA 组件应用架构

为了方便进行产品扩展和客户定制开发，CATIA 提供了一种基于组件的定制开发机制，即组件应用架构（Component Application Architecture），为达索公司一系列产品如 CATIA、ENOVIA、DELIMA 等提供二次开发的环境。CAA 采用面向对象的程序设计（Object-Oriented-Programming，OOP）思想，基于 COM 和 OLE 技术，使 CAA 开发的程序代码更加规范化和标准化，程序模块更加具有独立性和可扩展性。

基于 CAA 架构，客户可以把定制开发的功能加入 CATIA 系统中，利用 CAA 实现客户定制功能，从界面风格到操作习惯，都可以达到和 CATIA 无缝集成的效果，用户非常容易接受和使用。CAA 产品架构的组件是 CAD/CAM 系统的各种几何特征和管理、分析单元。框架是一些应用，例如 2D/3D 建模、分析、混合建模、制图、数控加工等，在 CATIA 也称为领域（DOMAIN）或应用（APPLICATION），并通过 3D PLM PPR（PRODUCTS，PROCESS，RESOURCE）HUB 产品总线连接起来。

CAA 架构包括五大基本模块和基于基本模块的领域或应用模块。

（1）RADE 模块：包括工具（Tools）和说明介绍（Guides）。CAA 开发工具包括生成文档 CAA—C++ API Documentation Generator（CDG）、代码检查 CAA—C++ Source Checker（CSC）、数据模型定制 CAA—CAA Data Model Customizer（DMC）、单元测试管理 CAA—Java UnitTest Manager（JUT）、工作空间编译 CAA—Multi-Workspace Application Builder（MAB）、开发组版本管理 CAA—Teamwork Release Manager（TRM）、C++交互式开发CAA—C++ Interactive Dashboard（CID）、C++单元测试管理 CAA—C++Unit Test Manager（CUT）、Java 交互式开发 CAA—Java Interactive Dashboard（JID）、源代码管理 CAA—Source Code Manager（SCM）、环境变量管理 CAA—Environment Manager（TCK）、应用设计 CAA—Web Application Composer（WAC）。说明 CAA 的各种开发规则，包含例程的使用方法和如何使用 CAA 进行开发。

CAA 是建立在面向对象程序设计基础之上的组件对象模型（COM）和对象的连接和嵌入（OLE）技术的基础上，所以在使用的过程中可能存在不支持 VC 类库的情况，但所有的标准 C++类库 CAA 都支持。因此，在使用 VC 类库时要通过# import 导入。

（2）3DPLM 企业架构模块（3D PLM Enterprise Architecture）：包括安全管理 Security PLM、用户界面 User Interface、中间件 Middleware Abstraction、对象模型 Middleware Object Modeler、ENOVIA 事件机制 ENOVIA Event Model、数据管理 Data Administration、3 维显示 3D Visualization、显示 Visualization、打印 Print。

（3）3D PLM PPR Hub Open Gateway 模块：包括与其他 Cax & PDM 的交互 Cax & PDM Hub、文档 Document、文件操作 File、Catalog 操作 Catalog、数据库操作 Database、V4 访问 V4 Access、PPR 建模 PPR Modelers、产品结构建模 Product Structure Modeler、过程建模 Process Modeler、知识建模 Knowledge Modeler、特征建模 Feature Modeler、配置建模 Configuration Management、几何建模 Geometric Modeler（CGM）。

（4）CSG 模块：包括数学运算 Mathematics、几何元素及运算 Geometry、拓扑元素及运算 Topology、网格 Tessellation。

（5）Mechanical Modeler 模块：主要包括零件设计、装配设计、工程图、公差、知识工程等模块的开发介绍。

(6)其他:基于以上基本模块的解决方案 Solutions,这些解决方案对应 CATIA 等达索产品中各个模块,可以实现对这些产品中相应模块的交互式操作和管理。

CAA 架构反映了达索几大产品之间的关系,CAA 架构非常适宜于达索系统的发展壮大。使用独立运行模式开发的应用程序(外部程序)可以脱离 CATIA 主程序环境独立运行,通过不同的功能模块接口,可以将大部分 CATIA 功能集成进来,加上必要的功能扩展,实现完全客户化的二次开发应用程序平台。

CAA 采用组件对象模型(COM)和对象的连接和嵌入(OLE)技术,COM 作为一种软件架构具备较好的模块独立性、可拓展性,使 CAA 程序设计更加标准化。在 CAA 架构的支撑之下,有效解决了 PPR(Product,Process,Resource)体系结构的维护、管理和扩展困难,使用包括基于组件架构思想的 Java Bean、COM/OLE、CORBA 技术和 Web 技术、C++语言、Visual Basic Journaling、STEP-SDAI、XML、OpenGL 等,形成了数据结构单一、模块间相关的端到端的集成系统,具备强大的专业应用扩展能力。

1.3　VBA

3DE 平台提供了通过使用脚本语言访问 Automation 对象的功能,采用该方法可以提高工作效率。用户可以自定义应用程序,采用 Automation 技术完成重复的工作。3DE 平台支持多种应用程序的 Automation,如图 1-6 所示。

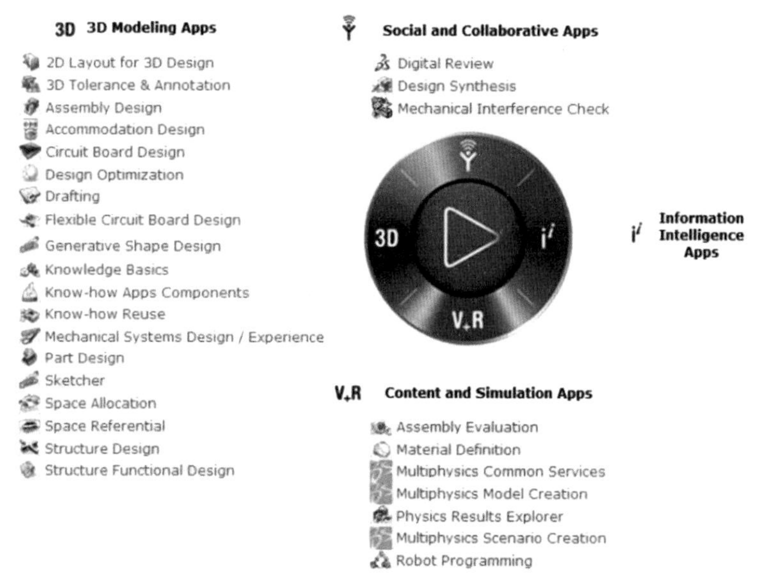

图 1-6　Automation 支持的应用程序

3DE 中 Automation 的优势如下:

(1)脚本允许用户以简单的方式增加 3DE 功能;

(2)可以用 Automation 实现巨大的、重复性工作,不仅节省了时间,并且可以最大限度地减少人工错误;

(3)Automation 允许 3DE 与其他自动化服务器(如 Word、Excel)共享对象。

1.3.1 宏语言

宏是一系列组合在一起的命令和指令,以实现多任务执行的自动化。

CATIA 具有宏的录制功能,即在启动宏录制命令后的所有操作都将用脚本语言来记录,并生成脚本文件。宏在 CATIA 中的应用非常广泛,它与 CATIA 的内核及内部函数的调用进行了很好的集成。根据操作系统的不同,宏可以用 BasicScript2.2sdk、VBScript、JScript 等脚本语言进行编写。

1.3.2 CATScript 语言

使用 CATScript 语言生成的宏记录文件为 *.CATScript 格式。这种方式下不适用 VB 编辑器,只是在文本的状态下编辑和运行脚本语言。因此只能应用简单的 InputBox()和 MsgBox()函数来分别输入数据和弹出消息对话框显示信息,不能生成复杂的对话框,所以有一定局限性。

1.3.3 MS VBScript 语言

VBScript 是 Microsoft Visual Basic 的简化版本,是 Visual Basic 的子集,编程方法和 Visual Basic 基本相同。但是,VBScript 中删去相当多的 Visual Basic 特性。VBScript 语言虽然是特意为在浏览器中进行工作而设计,但同时可用于各种软件,其在各软件中的创建和运行基本相似。CATIA 等一些 CAD 软件使用了 VBScript 语言来记录宏。

为了克服 CATScript 语言方式的不足与开发局限性,采用 MS VBScript 语言进行更复杂的宏开发,即 VBA 的开发方式,生成 *.catvba 格式的文件。系统安装 Microsoft Visual Basic 后,可在 CATIA 系统菜单 Tools 下的子菜单 Macro 里直接进入 Visual Basic 编辑器进行编辑。

1.3.4 开发步骤

基于宏的 CATIA 二次开发可以分为三个步骤:

(1)启动录制宏(macro)。选择 CATScript 语言或 MS VBScript 语言,其分别生成 *.CATScript 和 *.catvba 文件,记录已进行的全部操作并以 VBScript 语言描述。

(2)修改创建后的宏。CATScript 语言只需用文本编辑方式即可编辑,而 MS VBScript 方式需打开 VB 编辑器进行编辑,并且可以插入多个对话框和模块。

(3)运行修改后的宏。

1.3.5 运行方式

宏可保存于内部文件或外部文件中,在宏窗口的下拉框中对其进行选择。如果是内部文件,则在宏窗口的文本框中会显示已创建的一系列宏,选择需要的宏,按下 Run 按钮,宏结果就可显示于窗口内。如果是外部文件,则选择宏 Select 按钮,选择宏所在的文件目录,然后即可运行,同样,宏结果也显示于窗口内。

上述是宏的直接运行方式,也可以把一个宏文件与一个图标按钮关联,并将它放置在某个工具条内，运行的时候单击图标。

1.4　EKL 编程语言

EKL(Enterprise Knowledge Language)为知识工程语言，是面对 CATIA V6 对象的一种简便、直译的自动化语言，是基于上下文环境的应用及集成开发，主要应用于达索 3DE 平台的程序语言，作用是帮助用户定义、重用和分享知识，支持用户定制业务流程，通过 Business Rule 能自定义 PLM 行为和应用。

EKL 分四个等级，由低到高分别是数学工程语言(M-EKL)、核心工程语言(C-EKL)、高级工程语言(A-EKI)和扩展工程语言(X-EKL)。前三类语言一般应用在公式、设计表、规则、检查、行为等知识工程工具中，而 X-EKL 一般是在用户二次开发 EKL 中应用。

第 2 章　CAA 开发环境

CAA(Component Application Architecture)是进行 CATIA 3DEXPERIENCE 二次开发的一整套 C++ 函数库，该函数库在 CATIA 运行时加载。用户通过安装 RADE(Rapid Application Development Environment)模块，可以在 VC++编程环境下编译程序，与 CATIA 进行通信，从而对 CATIA 进行二次开发。搭建 CAA 开发环境需要安装与之相对应的 CATIA 3DEXPERIENCE 和 VS 版本，表 2-1 给出了 3DEXPERIENCE R2019x 和 3DEXPERIENCE R2020x 的 CAA 二次开发环境的配置方案。

表 2-1　常见 CAA 二次开发环境配置方案

3DEXPERIENCE 版本	VS 版本
R2019x	VS2015
R2020x	VS2017

RADE 由一系列工具组成，主要包括：TCK(Tool Configuration Key)、MAB(多空间应用生成器)、CUT(C++单元调试管理器)、MKMK(CAA 编译工具)、CID(C++交互式面板)。

2.1　安装和卸载开发环境

2.1.1　安　　装

通过“本机应用程序交互开发环境”(Native Apps Interactive Development Environment)管理开发工作区，并从 Visual Studio 中访问 Native Apps 开发工具集，例如 Native Apps Builder(mkmk)、Native Apps Unit Tester(mkodt)或 Native Apps Source Checker(mkscc)。

在本书中，代码和示例均基于 3DEXPERIENCE R2019x＋VS2015 开发环境，并且 3DEXPERIENCE R2019x 客户端安装在 C:\Program Files\Dassault Systemes 目录下。安装 3DSOpenNativeAppsExt2015. vsix 插件后，开发环境将自动集成在 VS2015 中，该插件位于 C:\Program Files\Dassault Systemes\B421_RADE\win_b64\code\bin32 目录下。

双击 3DSOpenNativeAppsExt2015. vsix 安装 VS2015 扩展插件，安装完成后启动 VS2015，将会出现如图 2-1 所示的 3DEXPERIENCE 选项设置对话框，修改工具初始化命令路径(tck_init 命令的路径)、修改启动程序(修改为 3DEXPERIENCE. exe)、输入公司名称，点击[Assign shortcut]按钮和[确定]按钮完成开发环境配置。

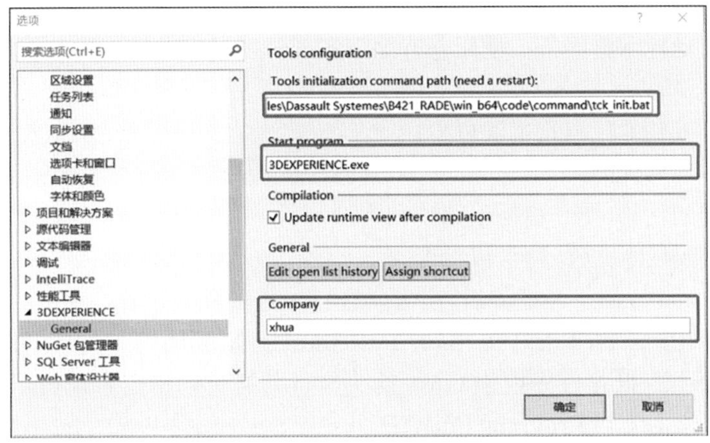

图 2-1　在 VS2015 中配置开发环境

2.1.2　卸　　载

从 Win10 操作系统卸载扩展插件后，仍需要在 Visual Studio 环境中卸载扩展插件。如图 2-2 所示，虽然 Visual Studio 不再提供“本机应用程序交互开发环境”，但不会从计算机中删除已安装的“本机应用程序交互开发环境 vsix”，可以稍后使用 Visual Studio 扩展安装程序重新安装它，但是其他工具，如 Native Apps Builder(mkmk)、Native Apps Unit Tester(mkodt)等，不会被卸载。

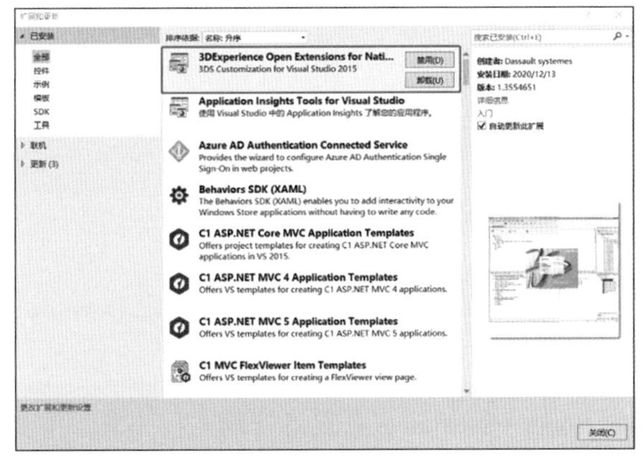

图 2-2　在 VS2015 中卸载开发环境

2.2　配置 Visual Assist

Visual Assist X 是一款非常好的 Microsoft Visual Studio 插件，具有强大的编辑特色，可以完全集成到 Microsoft 开发环境中来提升 IDE。不改变编程习惯，就可以感受到 Visual Assist X 的便利。

该插件支持 Microsoft Visual Studio 2003—2019、C/C++、C #、ASP、VisualBasic、Java、

HTML 等语言，能自动识别各种关键字、系统函数、成员变量，且能自动给出输入提示、自动更正大小写错误、自动标示错误等。使用它有助于实现开发过程的自动化和提高开发效率。

插件具有以下特点：

(1)更快地开发新的代码且错误更少；

(2)快速理解现有代码；

(3)重构现有的代码，使其更易于阅读和维护；

(4)快速导航到任意文件、符号或参考。

在安装完 Visual Assist X 插件后，还需要进行一定的配置工作，如图 2-3 所示。CAA 的头文件分散在 C:\Program Files\Dassault Systemes\B421 不同的子目录下，为了便于后续的 Visual Assist X 配置，推荐首先搜索 CAA 的头文件并拷贝到指定目录(例如将所有的 CAA 头文件拷贝到新建的 C:\Program Files\Dassault Systemes\B421_Include 目录下)，再在 VS2015 中选择 VAssistX-Visual Assist Options 菜单进行 Visual Assist 配置。

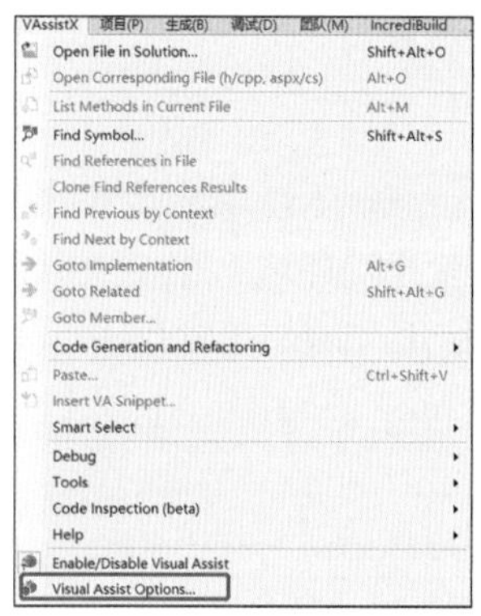

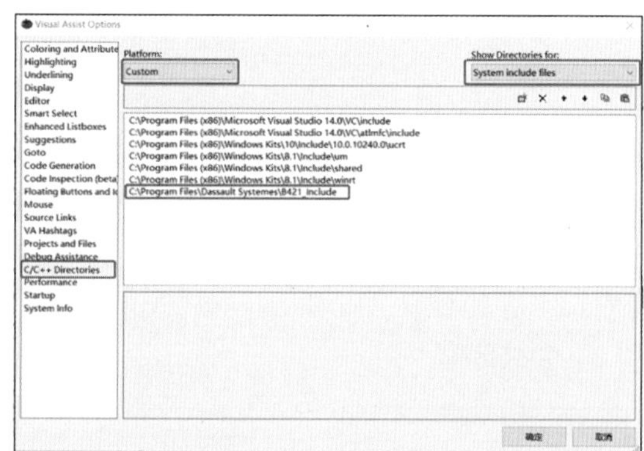

图 2-3 Visual Assist 配置

2.3 使用帮助文档

在进行 CAA 开发过程中，最有效的工具是 Developer Assistance(开发者帮助)的百科全书、3DS Help Viewer 和 3DS Object Brower。

2.3.1 Developer Assistance(开发者帮助)

Developer Assistance 的启动文件是 C:\Program Files\Dassault Systemes\B421\CAADoc\win_b64.doc\DSDoc.htm，以网页形式提供给用户，如图 2-4 所示。开发者帮助集成了大量的 Technical Articles(技术文章)、Use Cases(用例)和代码。可以用左侧目录快速访问参考文档，也可以通过全文搜索引擎搜索主题、特定的术语或短语。由于使用百科全书的搜索功能需要 java 插件的支持，因此推荐使用支持 java 插件的 Internet Explorer 或 Mozilla Firefox 浏览器。

用户可以利用开发者帮助提供的各种工具，可以在浏览器上快速有效地查找开发所需的信息和在百科全书中轻松导航。

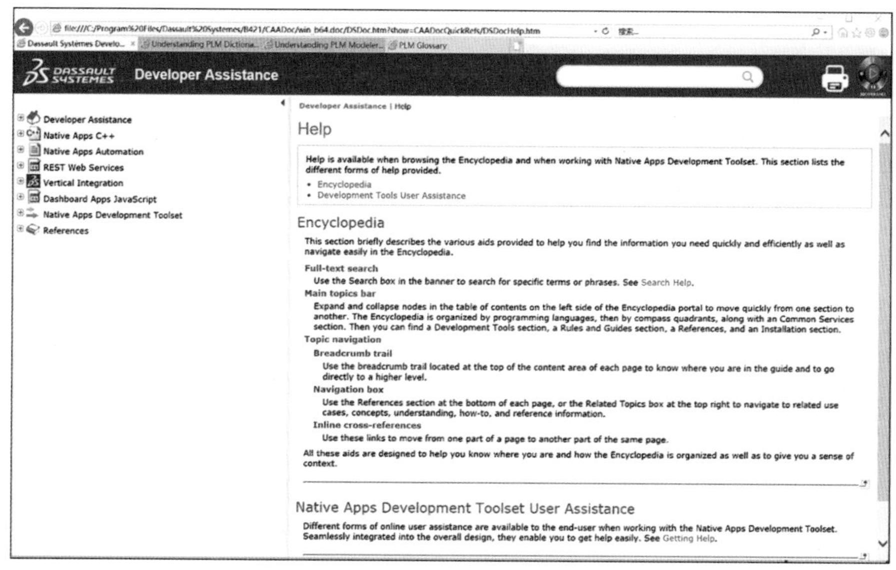

图 2-4　Developer Assistance

1. 全文搜索

在搜索框输入要搜索的特定术语或短语。

2. 主题栏

通过展开和折叠百科全书门户左侧目录中的节点，可以从一个部分快速移动到另一个部分，进而可以找到所需要的开发工具、规则、指南、参考和安装等资料。

3. 主题导航

(1)浏览路径：通过浏览路径可以知道在指南中的位置，并可以直接进入更高的级别。

(2)导航框：使用每个页面底部的参考部分或者右上方的相关主题框，可以导航到相关用例、概念、解释、使用方法和参考信息。

(3)内联交叉引用：使用这些链接可从页面的一个部分移动到同一页面的另一个部分。

表 2-2 列出了开发者帮助中的不同类型文章专用图标的详细解释。

表 2-2　文章类型专用图标

图　标	文章类型	内　　容
	概述	介绍给定的建模器或主题
	入门	对建模器或主题有初步了解
	理解	解释一个概念、机制或协议
	如何	通过微任务编程对指定的实现过程有一个整体初步了解
	用例	各种 API 使用方法的例子，用例以源代码方式提供，源代码位于 CAADoc 目录下
	参考	框架的类、接口、方法和全局函数的参考文档

2.3.2 3DS Help Viewer（3DS 帮助查看器）

作为一个工具窗口，3DS 帮助查看器可以停靠到 IDE 中框架的边缘，也可以取消停靠并移动到想要的位置，如图 2-5 所示。它包括：

（1）顶部搜索框，查询时要区分关键字的大小写。

（2）左侧的一系列复选框，用于设定搜索范围。

（3）通过表格显示找到的主题，包括名称、类型、定义它们的框架和简要描述。

（4）状态栏，搜索到的结果数和一个指向 API 文档索引文件的链接。

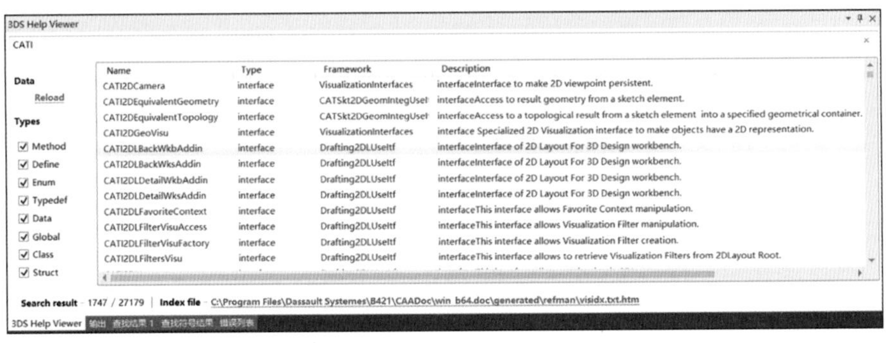

图 2-5 3DS Help Viewer

双击 3DS Help Viewer 中的一行，主题以浏览器页面的方式显示关联的 API 参考文档，如图 2-6 所示。

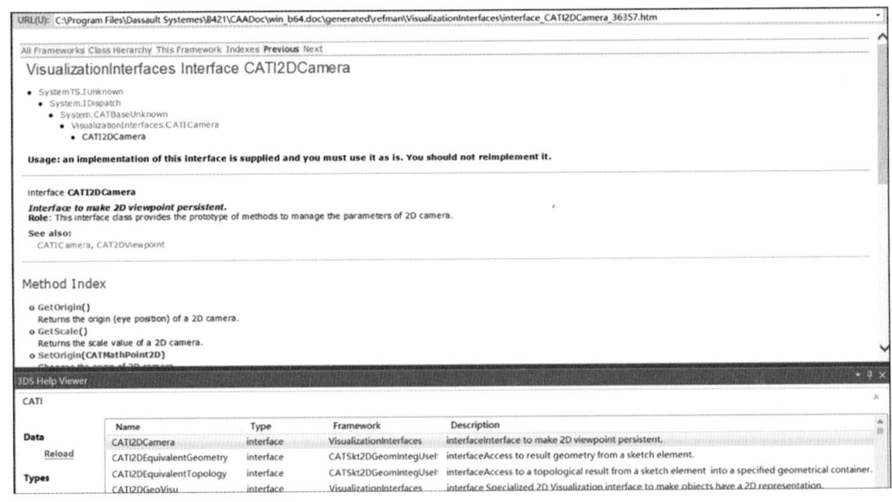

图 2-6 帮助主题文档

2.3.3 3DS Object Browser（3DS 对象浏览器）

3DS Object Browser 用于扫描位于工作区运行时视图中的框架及其先决条件的字典文件。它显示实现 CAA 公开接口的功能或对象，以及包含实现运行时代码库和包含字典文件的框架。它提供导航功能，以树或表方式显示，可以方便地展示给定特征、接口、库或框架相关的数据。

在 VS2015 中，选择“帮助”—“3DS Object Browser”菜单打开 3DS 对象浏览器，如图 2-7 所示。

图 2-7　打开 3DS 对象浏览器

如果没有声明 API 文档索引文件路径，3DS 对象浏览器打开为空，应打开“配置面板”对话框指定索引文件路径，默认路径为 C:\Program Files\Dassault Systemes\B421\CAADoc\win_b64. doc\generated\refman\visidx. txt. htm，如图 2-8 所示。

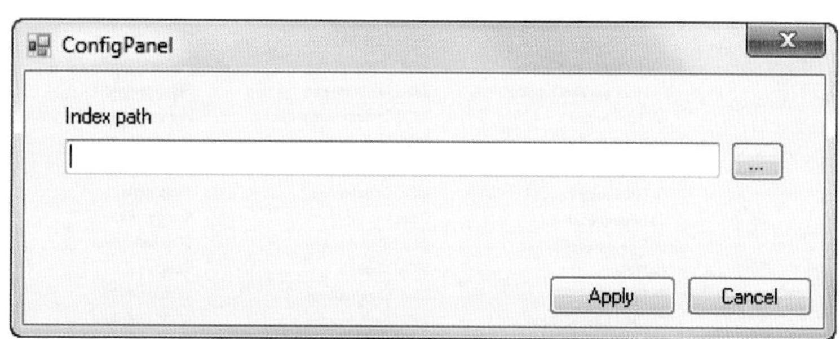

图 2-8　3DS 对象浏览器配置面板

3DS 对象浏览器由工具栏和窗口组成，窗口以表格视图或树视图进行展示。工具栏命令说明见表 2-3，图 2-9 以表格视图方式展现特征/对象、接口、库和框架，双击表中的一个单元格，将使用此单元格中的字符串作为搜索字符串，并将列的标题作为筛选器来运行搜索并显示其结果，相应地更新文本框和筛选器列表。

表 2-3　工具栏命令说明

图　标	命　令	描　述
	移除	清空文本框，将筛选器列表重置为 OnAny 可以显示所有字典内容
	搜索	搜索输入的字符串和选定的筛选器
	刷新	清空文本框，将列表重置为 OnAny，并刷新所有字典条目，包括自打开 3DS 对象浏览器以来可能已经创建和构建的条目，或者来自复制到工作区并构建的框架的条目

续上表

图　标	命　令	描　述
	配置	打开一个提示，以设置要使用的索引文件的路径
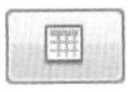	表格视图	以表视图方式顺序显示特征、接口、库和框架
	树视图	按数结构方式顺序显示特征、接口、库和框架

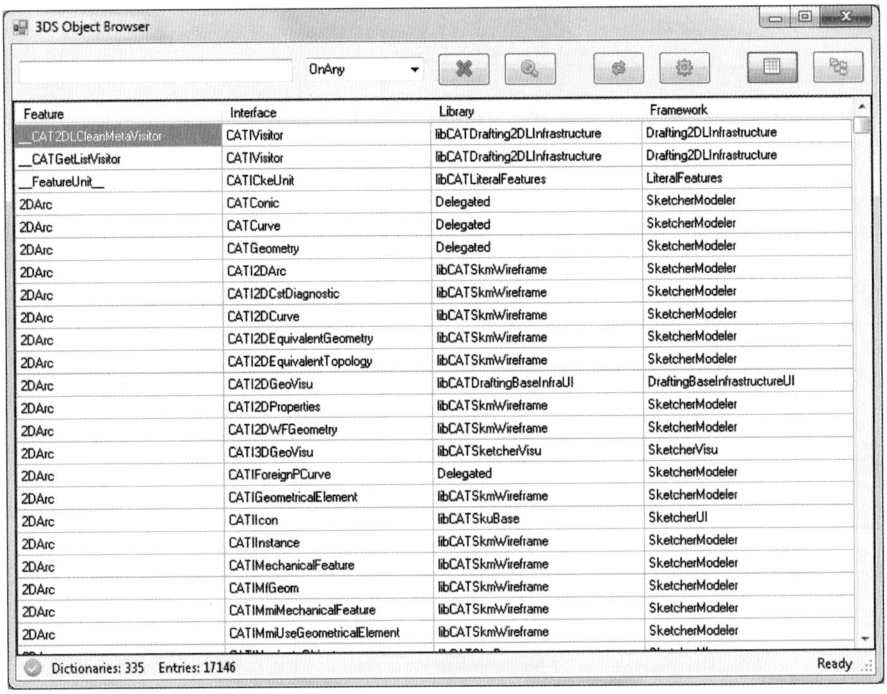

图 2-9　3DS 对象浏览器（表格视图）

图 2-10 以树视图方式展现特征/对象、接口、库和框架，双击树中的框架、库、特征或接口，将使用此实体的名称作为搜索字符串，并使用其类型作为筛选器来运行搜索并显示其结果，相应地更新文本框和筛选器列表。

在树视图模式下，按以下顺序显示：

框架 Framework：包含字典文件的框架。

库 Library：对于每个框架，它包含的库。

特征 Feature：对于每个库，实现接口的特征或对象。

接口 Interface：对于每个特征/对象，实现的接口。

图 2-10　3DS 对象浏览器(树视图)

2.4　CAA 工程架构

CAA 工程由一系列的 Framework(框架)和 Module(模块)组成,具有一定的组织形式。如图 2-11 所示,每个 CAA 工程都是一个 Workspace(工程),一个 Workspace 至少包含一个 Framework,一个 Framework 由若干个 Module 组成,一个 Module 由若干个 Class(类)组成。

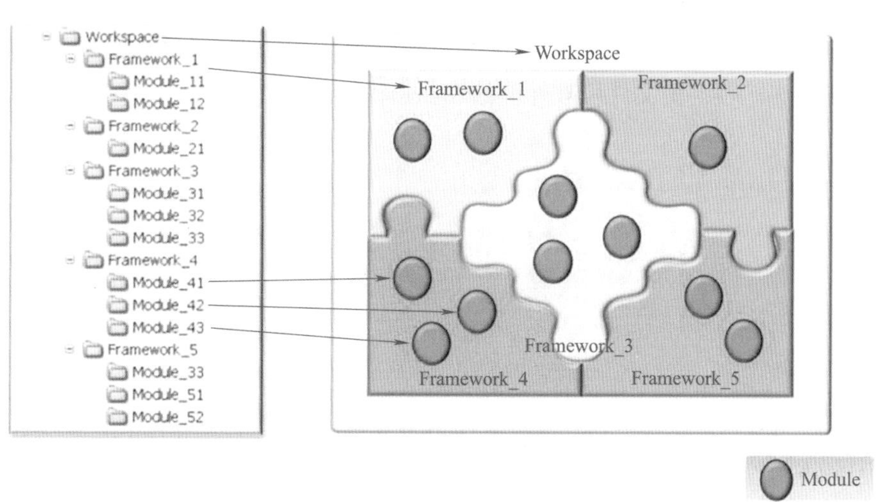

图 2-11　CAA 工程结构

Framework 根据使用功能可分为:

(1)Test framework(.tst):测试框架。

(2)Education framework(. edu):教育框架可以演示如何使用公开的类和接口等。

(3)Development framework:为应用程序、命令、建模器等创建框架。

为了提高程序的封闭性和可靠性,CAA 源文件都有一定作用范围。在编程的工程中,应根据需要明确文件的作用域,一方面可以避免因权限不够而导致调用错误,另一方面可以打包常用的类或方法,并构建成全局的 Module 库,从而实现在其他模块的快速调用,如图 2-12、图 2-13 所示。

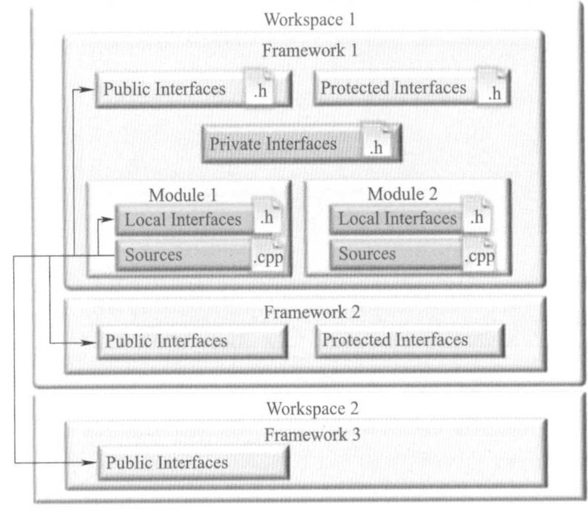

图 2-12 工程文件作用域

图 2-13 CAA 文件结构树

根据 Module 的调用权限范围,Module 中类的头文件可放置在以下四种文件夹下:

(1)LocalInterfaces:头文件只能在所在 Module 内引用。

(2)PrivateInterfaces:头文件只能在所在 Framework 内引用。

(3)ProtectedInterfaces:头文件只能在所在 Workspace 内引用。

(4)PublicInterfaces:头文件可被外部的 Workspace 引用。

2.5 Build Time 和 Run Time

在编程时经常会用到 3DS Windows 下的 Runtime Prompt 窗口和 Buildtime Prompt 窗口,如图 2-14 所示。下面对这两个窗口的用途和适用范围进行解释。

图 2-14 3DS Windows

从 CAA 文件结构树(图 2-15)来看,两者的区分主要在于:

Build Time:聚集程序自动创建或手工创建的对象,例如 Workspace、Frameworks、Modules 等。

Run Time：聚集程序运行中所使用的对象，这些对象位于“生成命令”创建的特定文件夹内。

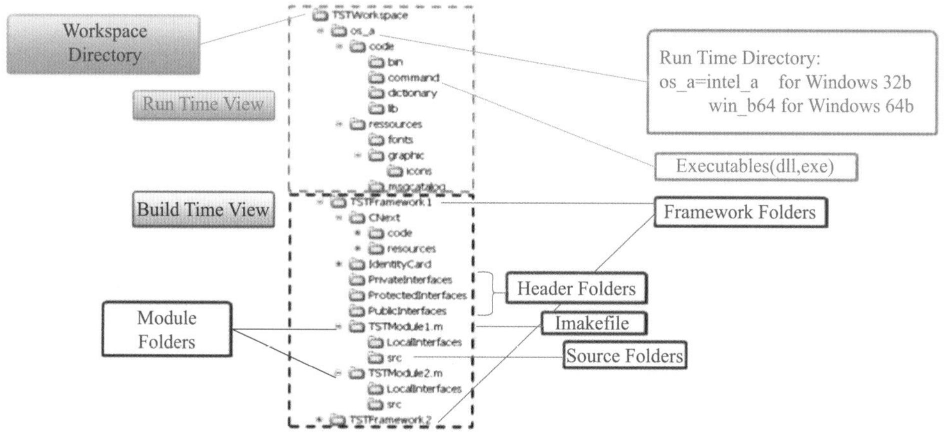

图 2-15　Build Time View 和 Run Time View

2.6　预定义机制

在程序开发过程中如何利用既有的开放接口，快速实现定制和扩展功能，是一个值得探讨的话题。利用 CAA 的预定义技术，可以访问一个 Module 内的 CPP 文件、一个 Framework 内的 Module、另一个 Framework 或另一个 Workspace，如图 2-16 所示。

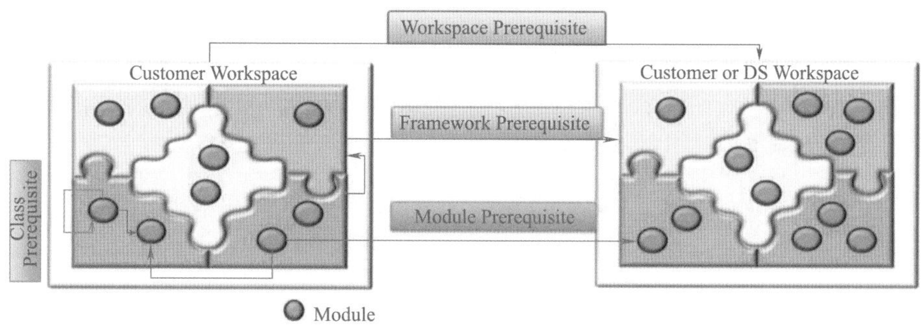

图 2-16　预定义访问示意

开发时需要依次进行 Workspace、Framework、Module 和 Class 预定义，下面就这四种情况进行详细说明。

2.6.1　类预定义

同一个 Module 内类的预定义相对比较简单，采用的是 C++的# include 指令，# include 是 C++的编译预处理命令，它的作用是包含对应的文件。# include 有两种不同的写法，分别是 # include〈 ** *. h〉和# include" ** *. h"。

采用“〈〉”表示让编译器在预设标准路径下去搜索相应的头文件，如果失败就报错。

采用“" "”表示先在工程所在路径下搜索，如果失败，再到系统标准路径下搜索。

要注意的是，如果是标准库头文件，那么既可以采用“〈〉”的方式，又可以采用“" "”的方式，而用户自定义的头文件只能采用“" "”的方式。

在指定的 Module 内新建类时，需要指定类的头文件可引用范围，如图 2-17 所示，头文件根据不同的引用方式，存储在不同的文件夹内，如图 2-18 所示。

3DS - New Class
New class name:
TSTClass
Parent class
Header exposition
Local: header only visible for this module
Local: header only visible for this module
Private: header only visible for this framework
Protected: header shared with the team
Public: header with an external visibility
Finish
Cancel

图 2-17 新建 Class 对话框

图 2-18 Class 头文件存储位置

系统在编译时根据类头文件的位置确定其引用范围，因此可以在后期通过修改头文件的存储位置，人为的修改类头文件的引用范围（位于 LocalInterfaces 的头文件除外），而不用重新创建源程序。

例如，可以在 Windows 资源管理器中将 ProtectedInterfaces 文件夹下的 TSTProtectedClass. h 文件剪切到 PublicInterfaces 文件夹内，再在 3DS Workspace Explorer 中重载指定的 Framework 或刷新整个解决方案实现 VS 解决方案资源管理器的更新，如图 2-19 所示。

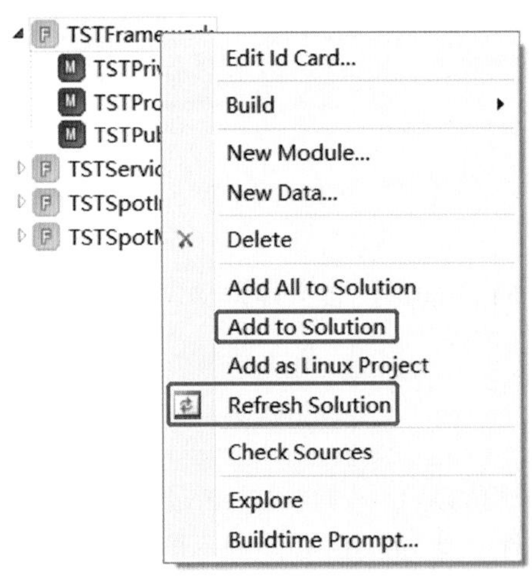

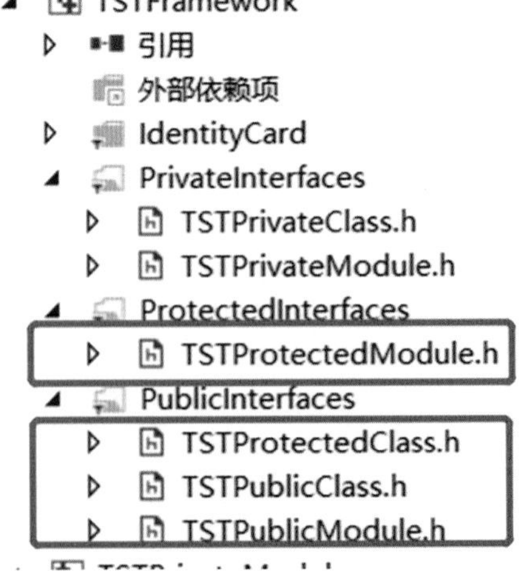

图 2-19 更新 VS 解决方案资源管理器

2.6.2 Module 预定义

在新建一个 Module 时，可以设置 Module 的访问权限范围，如图 2-20 所示。系统会自动根据选择的头文件暴露情况，将生成的 Module 的头文件放置在 PrivateInterfaces、ProtectedInterfaces 或 PublicInterfaces 目录下，如图 2-21 所示。

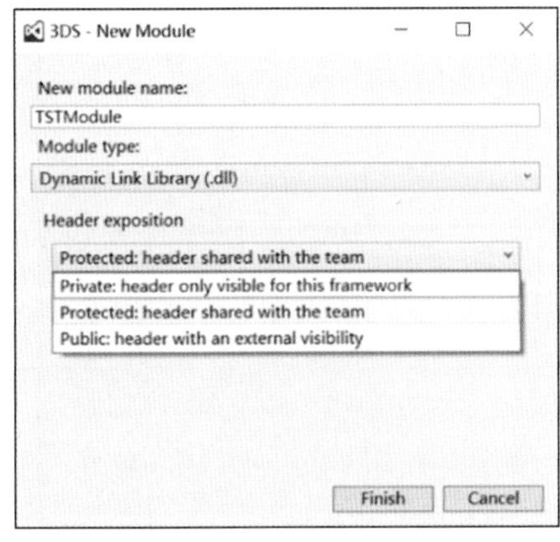

图 2-20 新建 Module 对话框

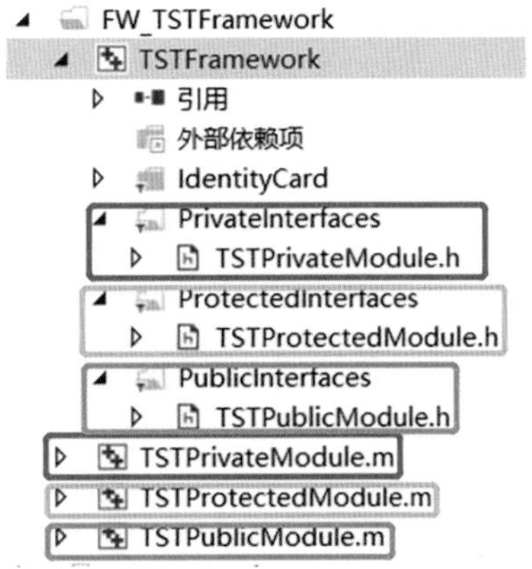

图 2-21 Module 头文件位置

每一个 Module 都有一个 Imakefile. mk 文件，文件示例如图 2-22 所示，Module 的预定义在 Imakefile. mk 文件中声明。Imakefile. mk 文件是一个文本文件，其目的是描述从该模块生成什么，Imakefile. mk 语法必须符合 makefile 的全局语法，文件的简单解释如图 2-23 所示。

```
// COPYRIGHT DASSAULT SYSTEMES 2009
#======================================================================
# Imakefile for module HYWindowsServices
#======================================================================
#  2020/03/08 Creation: Code generated by the 3DS wizard
#======================================================================
#

BUILT_OBJECT_TYPE=SHARED LIBRARY

#INSERTION ZONE NOT FOUND, MOVE AND APPEND THIS VARIABLE IN YOUR LINK STATEMENT
LINK_WITH = $(WIZARD_LINK_MODULES)
# DO NOT EDIT :: 3DS WIZARDS WILL ADD CODE HERE
WIZARD_LINK_MODULES =  \
JSOFM JSOGROUP CATAfrFoundation DI0PANV2 CATAfrFoundation  ObjectModelerSystem CATMecModUseItf  \
CATMecModLiveUseItf  CATGMGeometricInterfaces CATMathematics CATPLMComponentInterfaces KnowledgeItf \
CATGSMUseItf SGInfra SceneGraphManager  CATObjectModelerNavigator CATProductStructureUseItf CATProviderItf \
CATGMModelInterfaces  CATGeometricObjects CATVisController CATAfrNavigator CATVisFoundation CATAfrNavigator \

# END WIZARD EDITION ZONE
```

图 2-22 Imakefile. mk 文件示例

```
BUILT_OBJECT_TYPE=SHARED LIBRARY                Module 的类型

#INSERTION ZONE NOT FOUND, MOVE AND APPEND THIS VARIABLE IN YOUR LINK STATEMENT

LINK_WITH = $(WIZARD_LINK_MODULES)            此处可以添加 Modules 的名称

# DO NOT EDIT :: 3DS WIZARDS WILL ADD CODE HERE
WIZARD_LINK_MODULES =  \
JSOGROUP CATMathematics \           定义引用的 Module，以空格相隔，以"\"换行

# END WIZARD EDITION ZONE
```

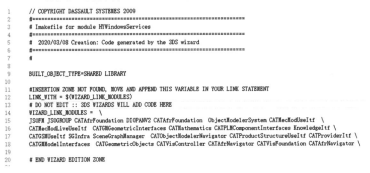

图 2-23 Imakefile. mk 简单解释

添加新的 Module 引用前，要在 IdentityCard. xml 文件中添加 Module 所在的 Framework。下

一小节将对 Framework 预定义进行详细解释。

2.6.3 Framework 预定义

当新建一个 Framework 时，系统会自动创建一个 IdentityCard. xml 文件，该文件用于 Framework 的预定义，如图 2-24 所示。

```
<?xml version="1.0" encoding="iso-8859-1"?>
<codeFramework xmlns="http://www.3ds.ic" xmlns:xsi="http://www.w3.org/2001/XMLSchema-instance" xsi:schemaLocation="http://www.3ds.ic ICModel.xsd">
  <!--COPYRIGHT DASSAULT SYSTEMES 2009
==================================================================
IdentityCard.h
Supplies the list of prerequisite components for framework TSTFastenerModel
==================================================================-->
  <prerequisite name="System" access="Public" />
  <prerequisite name="SpecialAPI" access="Public" />
  <prerequisite name="ObjectModelerBase" access="Public" />
  <prerequisite name="InteractiveInterfaces" access="Public" />
  <prerequisite name="DataCommonProtocolUse" access="Public" />
  <prerequisite name="AfrInterfaces" access="Public" />
  <prerequisite name="AfrFoundation" access="Public" />
  <prerequisite name="ObjectModelerNavigator" access="Public" />
  <prerequisite name="SystemTS" access="Public" />
  <prerequisite name="VisualizationInterfaces" access="Public" />
  <prerequisite name="VisualizationController" access="Public" />
  <prerequisite name="ObjectModelerSystem" access="Public" />
  <prerequisite name="CATPLMComponentInterfaces" access="Public" />
  <prerequisite name="FeatureModelerExt" access="Public" />
  <prerequisite name="CATPLMIdentificationAccess" access="Public" />
  <prerequisite name="DataCommonProtocolExt" access="Public" />
  <prerequisite name="SGManager" access="Public" expose="ExposePrereq" />
</codeFramework>
```

框架名称　访问方式

图 2-24 IdentityCard. xml 示例文件

由于几乎所有组件（框架）都构建在其他组件之上，因此需要：

(1)在编译时包括相应的头文件。

(2)在链接时引用相应的库。

然而，给定组件的源文件可能包含许多头文件，如果没有 IdentityCard 文件，只能浏览所有文件以获取所包含的头文件的名称，然后找到相应组件的名称。

IdentityCard 文件综合了 Framework 之间的这些关系，以便快速获得必备 Framework。此处要注意的是，任何 Framework 的 IdentityCard 文件必须至少包含一条语句，将 System 设置为其公共部分的先决条件框架，如下所示：

```
...
< prerequisite name= "System" access = "Public" />
...
```

图 2-25 对 IdentityCard 文件的使用进行了总结。应用程序由一系列的 Framework 组成，这些 Framework 往往建立在其他 Framework 之上，需要在 IdentityCard 文件中对先决 Framework 进行预定义。

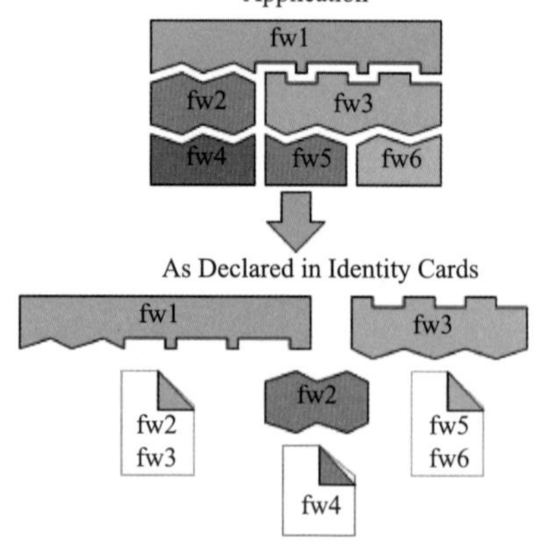

图 2-25 Application、Framework 和 IdentityCard 的关系

2.6.4 Workspace 预定义

由于引用的类可能位于其他的 Workspace，因此需要进行 Workspace 预定义。在 3DS Workspace Explorer 资源管理器中选择 Workspace 进行预定义，如图 2-26 所示，为了方便后续调试可将 3DEXPERIENCE. exe 设为启动程序。

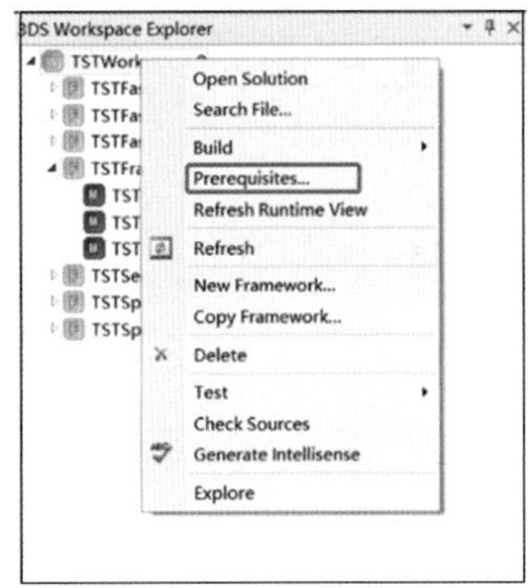

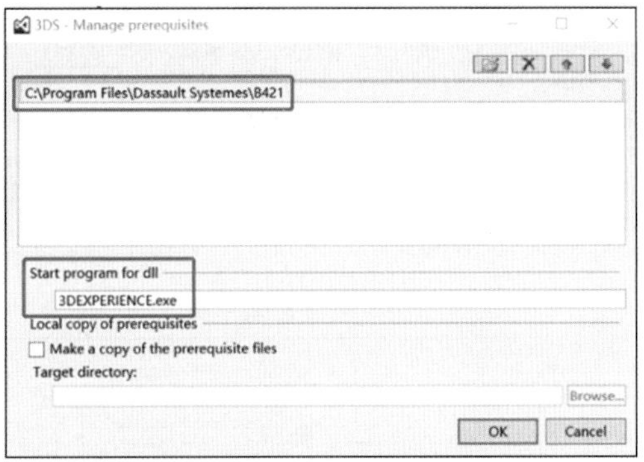

图 2-26　Workspace 预定义

此处以使用 CATIAlias 接口的 GetAlias()函数为例，对预定义进行整体说明(图 2-27)，包括以下步骤：

(1)在 IdentityCard. xml 文件中添加 ObjectModelerSystem 预定义。

(2)在 Imakefile. mk 文件中添加 ObjectModelerSystem 预定义。

(3)在 CPP 文件中添加 CATIAlias. h 预定义。

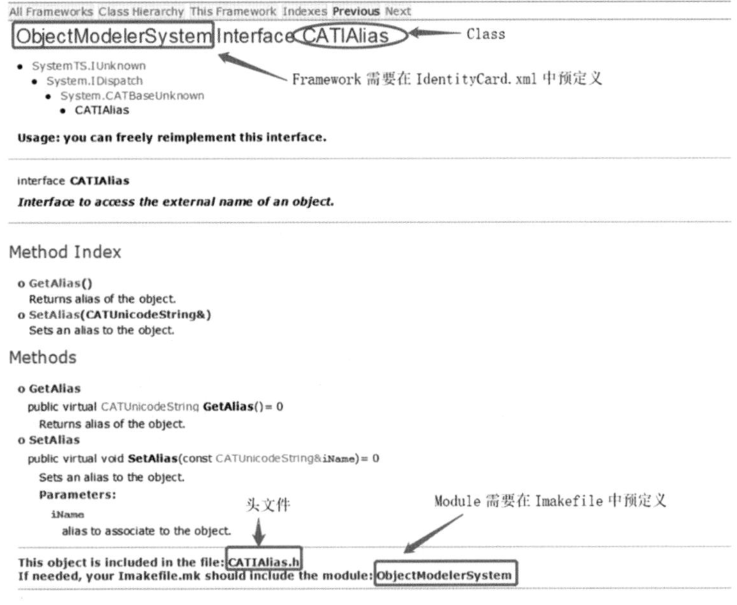

图 2-27　预定义示例

2.7　调　　试

调试程序是 CAA 编程中重要的环节，为了能将程序输入和输出过程显示到输出窗口，需要对 CAA 环境变量进行设置。3DSEnvironment 菜单如图 2-28 所示，设置的 CAA 环境变量为 Variables：CNEXTOUTPUT，Value：CONSOLE，如图 2-29 所示。

图 2-28　3DSEnvironment 菜单

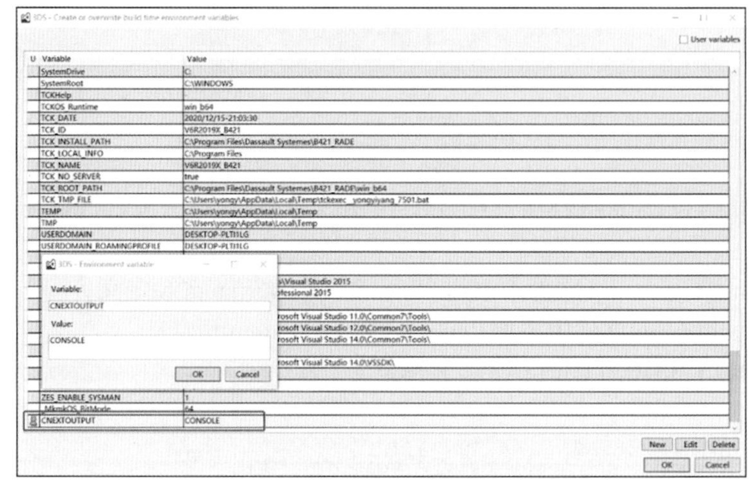

图 2-29　CAA 环境变量设置

2.7.1　本地 Windows 调试器

通过设置断点，用 VS 的“本地 Windows 调试器”进行调试，如图 2-30 所示。

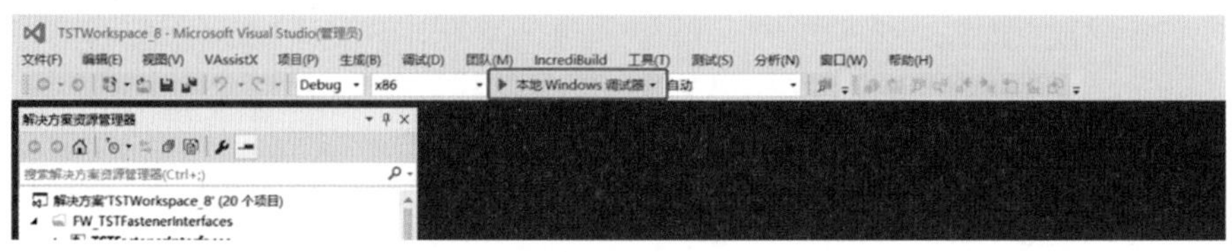

图 2-30　本地 Windows 调试器

在特殊情况下，CAA 工程可能会发生异常，可以手动清理工程后再重新加载程序进行调试。如图 2-31 所示，删除工程文件夹下的 ToolsData、win_b64、CATIAV 5Level. lvl 和 Install_config_win_b64 子文件夹和文件。

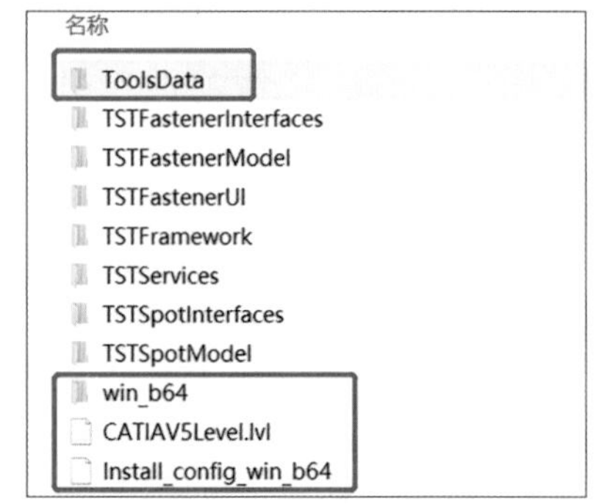

图 2-31　清理 CAA 工程

2.7.2　附加进程方式调试

首先启动 3DEXPERIENCE R2019x 平台，如图 2-32 所示。点击 VS 编译器菜单的“调试”“附加到进程”菜单(图 2-33)，进入到附加到进程对话框，附加到 3DEXPERIENCE. exe 进程(图 2-34)，从而程序进入调试模式。

图 2-32　启动 3DEXPERIENCE R2019x 平台

图 2-33　附加到进程菜单

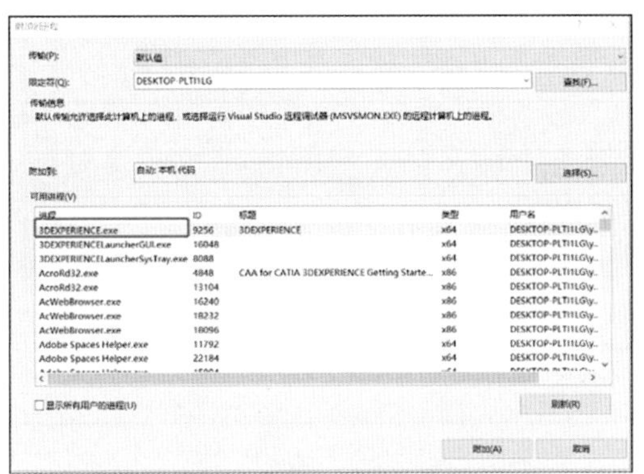

图 2-34　附加到进程对话框

2.8　变量命名规则

由于 CAA 程序涉及类的种类较多，有一般性的类、接口类、指针、智能指针，输入和输出变量等，编写程序时应能从变量名称反映出变量类型，可以有效地提高程序可读性和开发效率，表 2-4 给出了常用变量类型的命名规则。

在取接口名称时，为了提高可读性和表示区别，前三个字母可以用公司的简写表示，达索接口命名前缀有一定的规律，如：CAT 表示 CATIA，DNB 表示 DELMIA，VPM 表示 ENOVIA，CAA 表示教学例子，TST 表示测试例子。

表 2-4　变量命名规则

分　类	前　缀	含　义	示　例
指　针	p	指　针	CATBaseUnknown * pUnknown
	pp	指针的指针	TSTIInterface ** ppiInterfaceOnObject=NULL
	pi	接口指针	TSTIInterface * piInterfaceObject=NULL
	sp	智能指针	CATBaseUnknown_var spUnknown
	spi	智能接口指针	TSTIInterface_var spiInterfaceObject

续上表

分　类	前　缀	含　义	示　　例
简单变量	b	布尔型	CATBoolean bBool
	i	整　型	int iNum
	d	双精度型	double dValue
数组和列表	a	数　组	TSTIInterface * aArrayOfInterface[9]=NULL
	l	列　表	CATLISTP(CAASysPoint) lpCAASysPoint
输入和输出	i	输　入	SetHelpPoint(CATMathPoint &iHelpPoint)
	o	输　出	GetParent(CATBaseUnknown * &opParentProduct)
	io	输入和输出	GetConnector(CATIlinkableObject_var &ioObj)

第 3 章　对象建模器

3.1 概　　述

3.1.1 面向组件开发技术

众所周知，由 C 到 C++，实现了由面向过程编程到面向对象编程的转变。而 COM 的出现，又引出了面向组件的思想。

面向对象编程（Object-Oreinted Programming）是一种编程范式，指在设计程序时大量运用类实例对象的方式。OOP 一旦在项目中被运用，就成了时刻要考虑的东西。

基于组件开发（Component-Based Development）是一种软件工程实践，设计时通常要求组件之间高内聚和松耦合。组件的粒度比对象要大，在面向对象系统设计中，对象是构建系统的基本建筑材料；面向组件系统开发中，组件是系统的基本建筑块。组件有些类似子系统的概念，把一组相关的对象封装起来对外提供服务；面向组件强调封装，在复用方面更多的是强调黑盒复用。组件中，特别强调的是接口概念。接口是组件和组件使用者之间的契约，接口的确定使得组件的开发者和使用者得以分开。

这两种方法最基本的不同在于它们对最终的应用程序的观点。在传统的面向对象编程中，尽管可以精心地把所有的商业逻辑分布在不同的类中，可一旦这些类被编译，它们就被固化成了一个巨大的二进制代码。所有的类共享同一个物理单元（通常是一个可执行文件），被操作系统认为是同一个进程，使用同一个地址空间以及共享相同的安全策略等。如果多个开发者在同一份代码上进行开发，他们甚至还要共享源文件。在这种情况下，修改一个类可能会让整个项目被重新链接，并重新进行必要的测试，甚至，还有可能要修改其他的类。但是，在面向组件开发中，应用程序是由一系列可以互相交互的二进制模块组合而成的。

一个具体的二进制组件可能并不能完成什么工作。有些组件是为了提供一些常规服务而编写的，例如通信的封装或者文件访问组件，也有一些是为了某些特定应用而专门开发的。一个应用程序的设计者可以通过把这些不同的组件提供的功能黏合在一起来实现所需的商业逻辑。很多面向组件的技术，例如 COM、J2EE、CORBA 和 . NET，都为二进制组件提供了无缝链接的机制。

把一个二进制应用程序分解成不同的二进制组件和把不同的类放到不同的文件中是类似的。后者使得不同类的开发人员可以彼此独立的工作，尽管即时修改一个类也要重新链接整个应用程序，但是只需要重新编译被修改的部分。

但是，面向组件的开发比简单软件项目的管理要更复杂一些。因为一个面向组件的应用程序是一个二进制代码块的集合，可以把组件比作是 LEGO 的积木块，它们可以随心所欲的被拆装。如果需要修改一个组件的功能，只需要修改这个组件，组件的客户既不需要重新编译也不需要重新开发。对于那些不常用到的组件，则组件可以在一个程序运行的时候被更新。无论是在同一台机器上还是通过网络远程访问，这些改进和增强使得组件可以立即进行更新，所有该组件的客户都将立即受益。

面向组件的应用程序也更易于扩展。当需要实现新的需求时，可以只提供一个新的组件，而不去影响那些和新需求无关的组件。这些特点使得面向组件的开发降低了大型软件项目长期维护的成本，这是一个最实际的商业问题，也正是如此，组件技术才如此迅速地被接受。

3.1.2 Object Modeler

Object Modeler(对象建模器)是达索系统的建模器，CAA 采用 Object Modeler 定义接口并操作对象，该建模器在平台架构中的层次如图 3-1 所示。

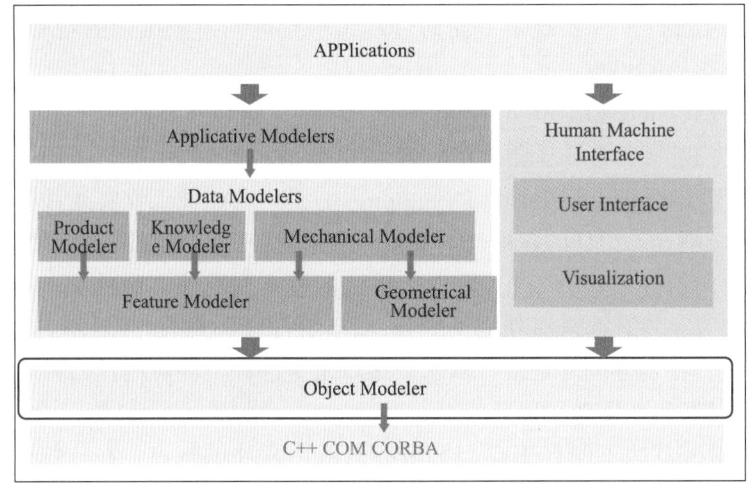

图 3-1 Object Modeler 在平台架构中的层级

达索对象建模器以 C++语言和 COM 技术为基础，具有 C++语言的对象继承、多态、运行时类型识别(RTTI)以及 COM 开发技术的特性。

Object Modeler 必须以派生于以 IUnknown 为基类的 CATBaseUnknown 类，如图 3-2 所示。

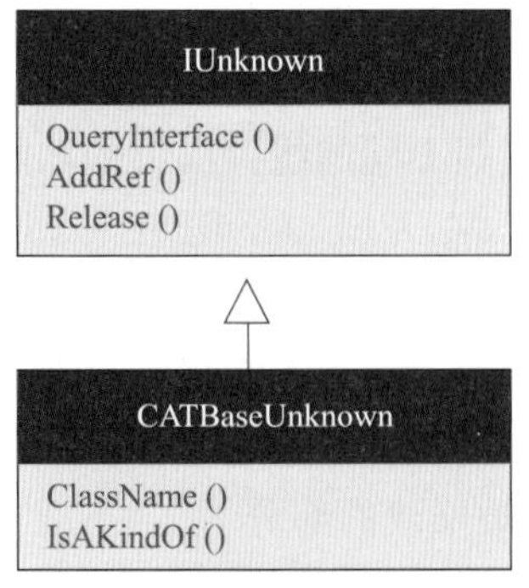

图 3-2 CATBaseUnknown 派生关系

3.2　接口/实现设计模式

面向对象设计和相关的面向对象语言(如 C++)允许程序员将实际对象描述为类并对其进行编码,类包括结构部分、数据成员、行为部分、成员函数和方法。在 C++中,类使用它们的构造函数实例化,使用类的应用程序可以引用声明为公共的数据成员和方法,也可以在派生类时使用声明为保护的数据成员和方法来构建新的类。这是一个非常不错的面向对象特性,但是当类的头文件发生变化时,即使只是私有部分发生变化,所有包含此文件的应用程序都必须重新构建。

一种更通用的设计对象的方法是只通过它们的行为来观察它们,并且只通过方法来描述这种行为,该方法提供了抓住对象的接口。对于应用程序来说,接口是对象中唯一可见的部分,它隐藏了完全由类提供者负责的实现细节。

接口构成了框架类开发人员和应用程序程序员之间的契约。这个契约包括来自真实世界要工作的对象,用来操作这些对象的方法,以及如何调用这些方法的约定。这一点不应随时间而改变,只允许添加,在此框架之上开发的应用程序绝不应由于框架修改而重新构建。

实现接口是框架类开发人员满足约定的方式。选择最合适的技术,必要时可能从一种技术转换到另一种技术,而不影响应用程序。

提供的接口不应随时间改变。提供的接口实现还应继续实现未更改的接口,而不修改客户端应用程序的时间。如果需要修改,例如新的方法签名,则必须提供新的接口。如果必须实现其他接口,则不应更改现有的实现,CAA 提供了在不影响客户端应用程序的情况下扩展它们的方法。

适合接口和实现分离的需求如下:

(1)封装:对象只公开用于操作它的语句,而不公开执行操作的内部机制。

(2)多态性:应用程序可以以相同的方式处理共享相同接口的对象,即使这些对象以不同的方式实现该接口。

(3)继承:具有公共接口的对象是公开这些公共接口的基本对象,这些对象从基对象派生。

(4)构建独立性:应用程序和它们使用的框架之间的耦合应该尽可能地弱。应用程序只知道框架的接口,修改实现不需要重新构建应用程序。

(5)框架开放体系结构:客户应该能够实现 Framework 接口,并向现有实现添加新接口。

(6)多个实现:具有给定接口的框架应该能够将多个实现与该接口相关联。这种多重实现可以是静态的(顺序的),也可以是动态的(同时的)。静态多重实现是指当前的实现在给定的时间切换到与新技术相匹配的另一个实现。动态多重实现允许多个实现同时共存,并允许根据用户的请求从一个实现切换到另一个实现。

(7)分布式对象体系结构:一个框架的对象实例应该能够由运行在不同进程中的对象服务器(可能是在另一个节点上)来处理运行客户端应用程序的进程,可能通过对象请求代理向远程对象服务器发送对象请求,如图 3-3 所示。

图 3-3　接口、组件和应用程序的关系示意

3.2.1 接　口

接口是开发人员实现接口的组件提供者和使用组件的客户端程序员之间的契约。接口不随时间变化，并且当安装包含接口实现的新版本代码时，使用这些接口的客户端应用程序永远不需要重新构建，使用接口可以保护组件的细节。

(1)接口首先是一个抽象类，由定义对象行为的一系列虚函数组成。

(2)接口可以由几种组件类型以不同的方式实现。

(3)组件必须实现它所遵循的接口中定义的所有抽象方法。

CATIA 接口从 CATBaseUnknown 派生的 C++抽象类创建，只含有纯虚函数。一个简单接口由头文件、源文件和 TIE 文件组成。TIE 文件作用是运行时在使用接口的指针和实现接口的组件之间建立链接。创建接口应遵循如下过程：

在 VS2015 中，新建一个基于接口的框架，如图 3-4 所示。

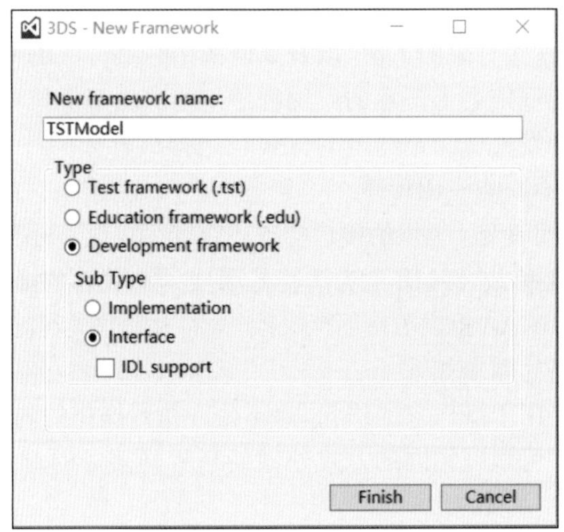

图 3-4　新建接口框架

选择接口 Module，添加新建项，选择新建类型为接口，根据需要选择头文件暴露范围和是否创建智能指针，如图 3-5 所示。

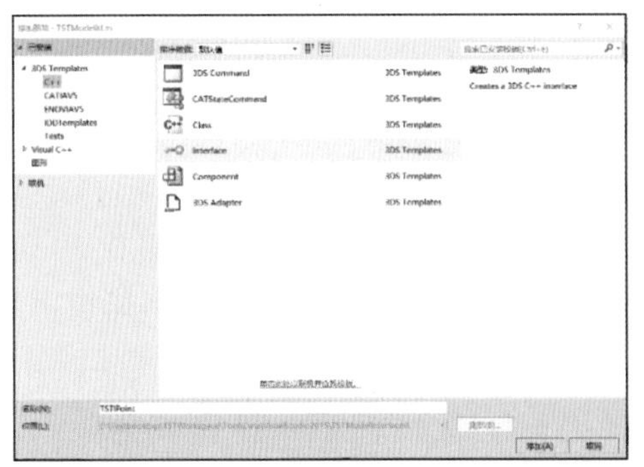

图 3-5　新建接口

新建的接口在 VS 解决方案资源管理器的文件组成如图 3-6 所示。

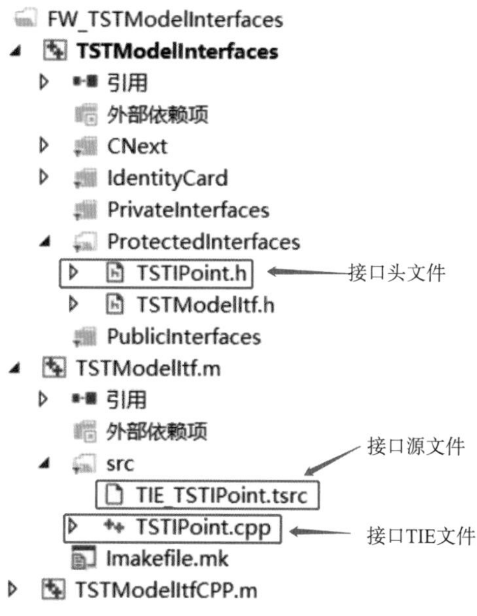

图 3-6　新建接口各文件

下面对组成接口的各类文件,举例进行简要说明。

(1)头文件示例

接口头文件如下所示:

```
#ifndefTSTIPoint_H
#defineTSTIPoint_H

#include"TSTModelItf.h"
//接口基类头文件
#include"CATBaseUnknown.h"

//接口的 IID
extern ExportedByTSTModelItf IID IID_TSTIPoint;
class ExportedByTSTModelItf TSTIPoint: public CATBaseUnknown
{
    //宏声明该类是 CATIA 接口
    CATDeclareInterface;

    //函数必须是 Public 的虚函数
    public:
        //
        // TODO: Add your methods for this interface here.
```

```
        //
            virtual HRESULT GetX(double & oX)= 0;
            virtual HRESULT GetY(doublc & oY)= 0;

};

//-----------------------------------------------------------------------
//为该接口声明智能指针
CATDeclareHandler(TSTIPoint, CATBaseUnknown);
#endif
```

(2)源文件示例

对应的源文件如下所示:

```
#include  "CATMetaClass.h"
//包含接口头文件
#include  "TSTIPoint.h"

#ifndef LOCAL_DEFINITION_FOR_IID
//初始化接口的 IID
IID IID_TSTIPoint =
{0x5b7de4c0,0x3e07,0x4301,{0x81,0x5d,0x36,0xcf,0xda,0x02,
    0x5b,0xa4}};
#endif
//接口必须从 CATBaseUnknown 继承
CATImplementInterface(TSTIPoint, CATBaseUnknown);
//声明智能指针
CATImplementHandler(TSTIPoint, CATBaseUnknown);
```

(3)TIE 文件示例

TIE_TSTIPoint. tsrc 相对比较简单,只包含一句头文件声明:

```
#include  "TSTIPoint.h"
```

由于组件设计时接口与其实现是分开的,程序在运行时会创建一个中间对象即 TIE 对象实例,该对象在接口与实现接口的组件之间建立链接,接口指针实际上是指向 QueryInterface 方法返回的 TIE 对象实例的指针。TIE 对象将接口方法调用重定向到实现接口的组件。

3.2.2 组　件

1. 组件的概念

组件是构建应用程序的元素。组件是一段无法修改的可执行代码,但是可以通过它公开的接口来使用,它隐藏了它的实现细节。在运行时也可以由匹配的另一个组件替换。接口和其执行相同的工作,并确保向上兼容客户端应用程序。

对象提供组件所需的功能：

(1)对象可以公开其接口并隐藏其实现。

(2)对象可以在运行时与其他匹配相同接口的对象进行交换，即使它们由位于网络其他位置的对象服务器提供，也可以提供模块化组件。

(3)可以提供具有新功能的新版本的对象，同时保持客户端应用程序无须重建即可运行，从而实现组件可伸缩性。

2. CAA 组件

CAA 组件就是由一系列类和接口组成的整体，类都继于某一基类(CAA 中为 CATBaseUnknown)，组件中的类之间可以相互查询得到类实现接口。当一个组件的实例生成时，组件中的类也生成相应的实例。

如图 3-7 所示一个圆的组件有四个接口，当创建一个圆时，可以调用 circle component factory，它创建一个 circle 实例并返回一个指向 CATICircle 接口的指针。移动圆时，需要调用 QueryInterface 函数获取到这个圆组件实例的 CATIMove 接口指针，然后执行相应的操作。同理，当绘制圆或修改它的显示属性时，也需要先获得(通过 QueryInterface)一个指向这个接口的指针，然后通过这个接口指针来调用相应的函数操作圆。

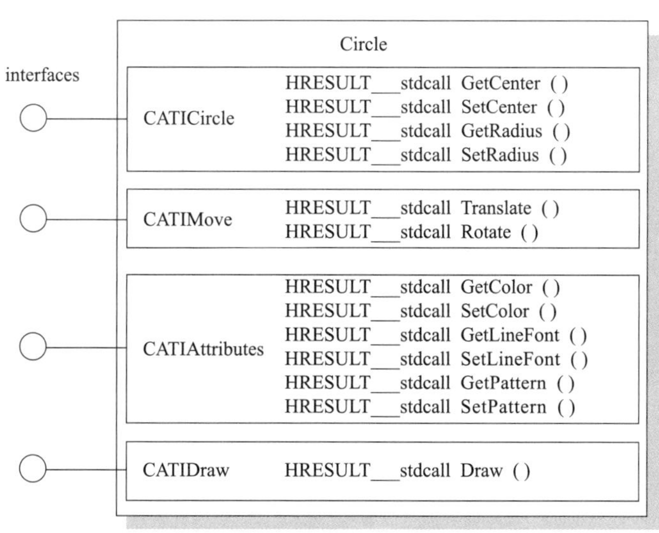

图 3-7　简单的接口和组件示例

如图 3-8 所示，设计和编写多个 C++类作为单个应用程序组件(如圆形)时，一个是圆的主实现类，其他是主实现类的扩展类，每个类实现一个或多个接口，程序员将通过这些接口在客户端应用程序来操作圆。

3. 新建组件

首先在 3DS Workspace Explorer 中新建 Implementation 子类型的框架，如图 3-9 所示，在框架下新建 Module，如图 3-10 所示。

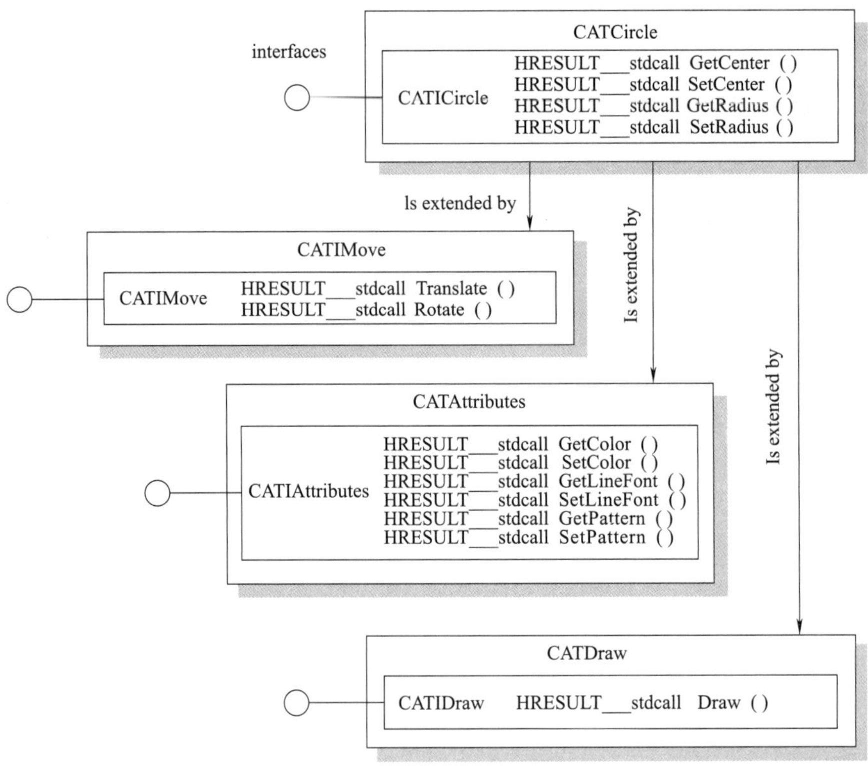

图 3-8　类之间的链接关系示例

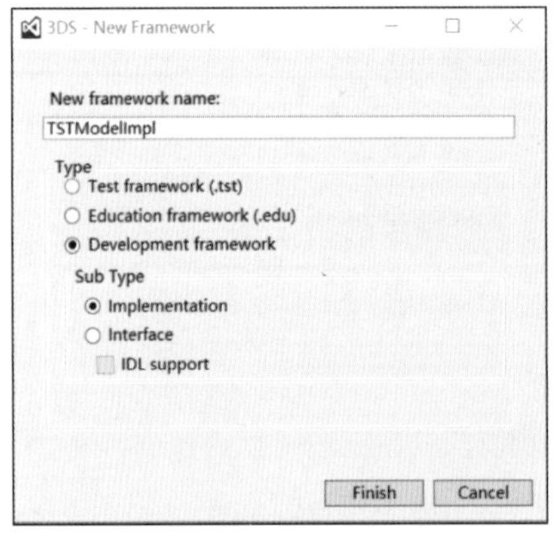

图 3-9　新建 Implementation 框架

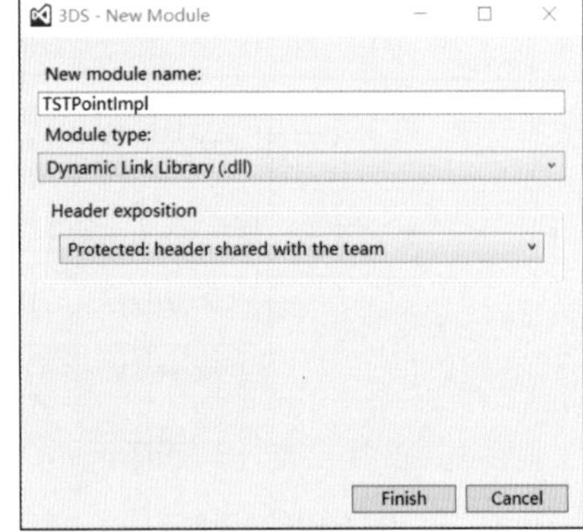

图 3-10　新建 Module

由于新建组件需要引用 TSTModelInterfaces 框架的 TSTModelItf 模块的接口，应修改 TSTModelImpl 框架和 TSTPointImpl 组件的预定义内容，如图 3-11 和图 3-12 所示。

在名称为 TSTPointImpl 的 Module 下，添加类型为 Component 的新项，从程序的可读性出发，Component 名称要遵循一定的规则，如接口 TSTIPoint 的组件命名为 TSTEPoint，如图 3-13 所示。

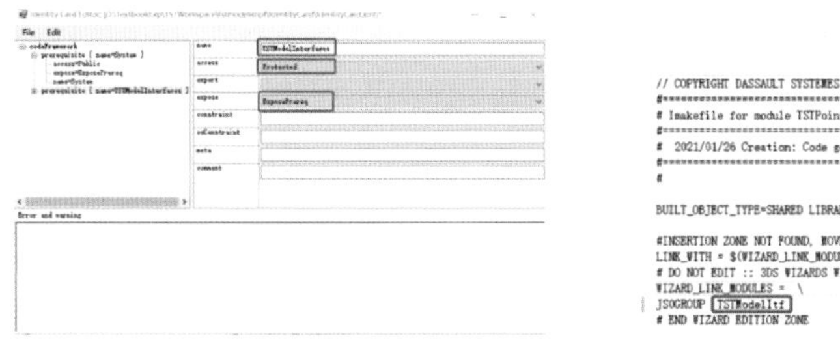

图 3-11　添加预定义框架

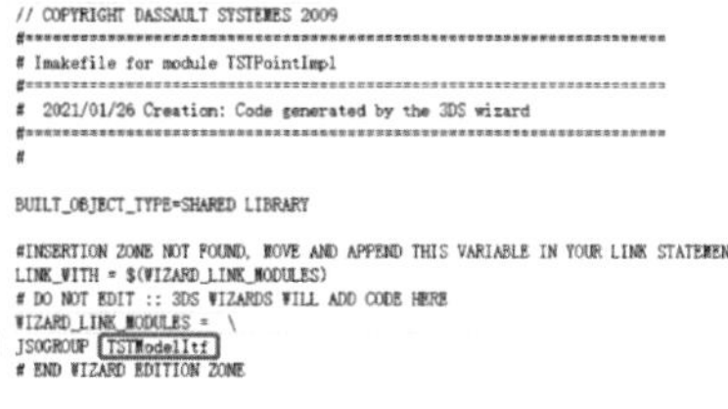

```
// COPYRIGHT DASSAULT SYSTEMES 2009
#======================================================================
# Imakefile for module TSTPointImpl
#======================================================================
#  2021/01/26 Creation: Code generated by the 3DS wizard
#======================================================================
#

BUILT_OBJECT_TYPE=SHARED LIBRARY

#INSERTION ZONE NOT FOUND, MOVE AND APPEND THIS VARIABLE IN YOUR LINK STATEMENT
LINK_WITH = $(WIZARD_LINK_MODULES)
# DO NOT EDIT :: 3DS WIZARDS WILL ADD CODE HERE
WIZARD_LINK_MODULES =  \
JS0GROUP TSTModelItf
# END WIZARD EDITION ZONE
```

图 3-12　添加预定义模块

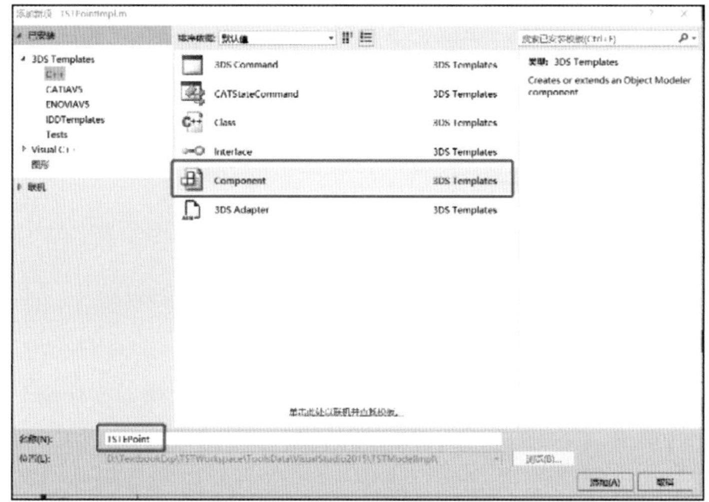

图 3-13　新建组件

在新建组件对话框中绑定 TSTIPoint 接口，如图 3-14 所示。

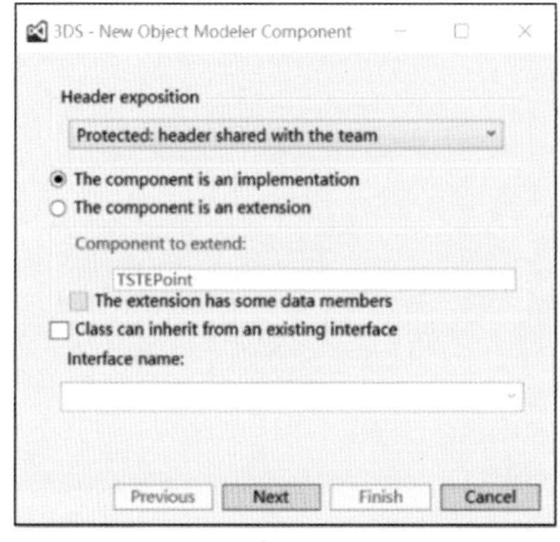

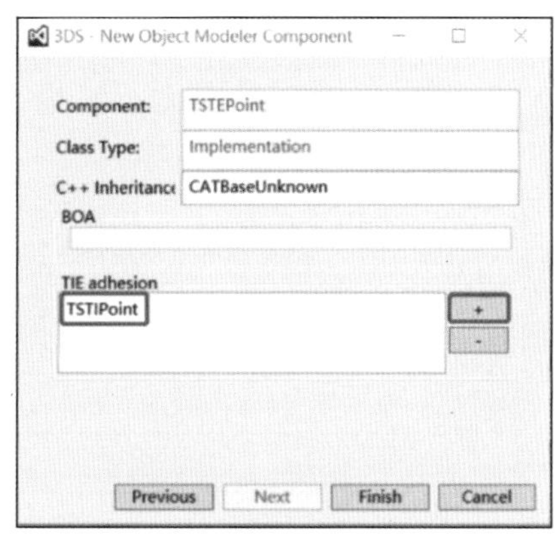

图 3-14　新建组件设置

新建组件在 VS 解决方案资源管理器的文件组成如图 3-15 所示。

4. 新建组件各文件说明

下面对组成接口的各文件进行简要说明。

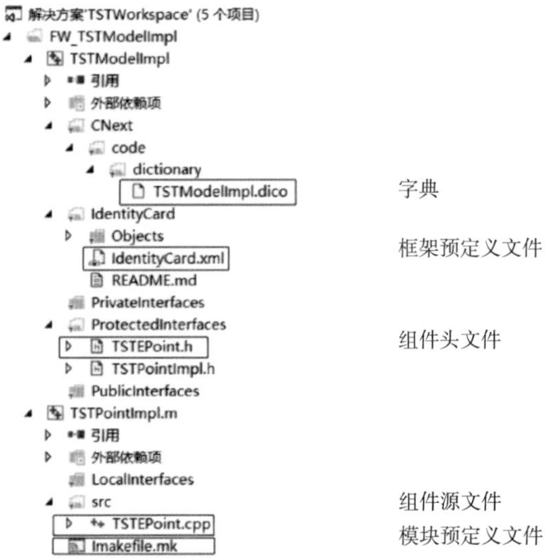

图 3-15　新建组件各文件

(1)头文件

```
#ifndef TSTEPoint_H
#define TSTEPoint_H

#include "TSTPointImpl.h"
#include "CATBaseUnknown.h"

//-----------------------------------------------------------------------------

class ExportedByTSTPointImpl TSTEPoint: public CATBaseUnknown

{
    CATDeclareClass;

    public:

        // Standard constructors and destructors
        // -----------------------------------------------------------------
        TSTEPoint ();
        virtual ~ TSTEPoint ();

        //
        // TODO: Add your methods for this class here.
        //
```

```
        //重装接口虚函数
        HRESULT GetX(double & oX);
        HRESULT GetY(double & oY);


    private:
        // Copy constructor and equal operator
        // ---- ---- ---- ---- --------------------------------
        TSTEPoint (TSTEPoint &);
        TSTEPoint& operator= (TSTEPoint&);
        double m_x;
        double m_y;
};

//-----------------------------------------------------------------------------

#endif
```

(2)源文件

```
#include "TSTEPoint.h"
//声明 TSTEPoint 类时一个基于 CATBaseUnknown 的 Implementation 类型
CATImplementClass(TSTEPoint,Implementation,CATBaseUnknown,CATN
    ull);

//绑定接口
#include "TIE_TSTIPoint.h"
TIE_TSTIPoint(TSTEPoint);

//-----------------------------------------------------------------------------
// TSTEPoint : constructor
//-----------------------------------------------------------------------------
TSTEPoint::TSTEPoint():CATBaseUnknown()
{
    //
    //TODO: Add the constructor code here
    //
}

//-----------------------------------------------------------------------------
// TSTEPoint : destructor
```

```
//----------------------------------------------------------------------------------------------------
TSTEPoint::~ TSTEPoint()
{
    //
    // TODO: Place code here.
    //
}

//实现重载函数
HRESULT TSTEPoint::GetX(double & oX)
{
    oX = m_x;
    return S_OK;
}

HRESULT TSTEPoint::GetY(double & oY)
{
    oY = m_y;
    return S_OK;
}
```

(3)字典

接口字典声明 TSTEPoint 组件来实现 TSTIPoint 接口，如图 3-16 所示，并且要将其加载到内存中，实现这些接口的代码位于 libTSTPointImpl. m 共享库或 DLL 中。

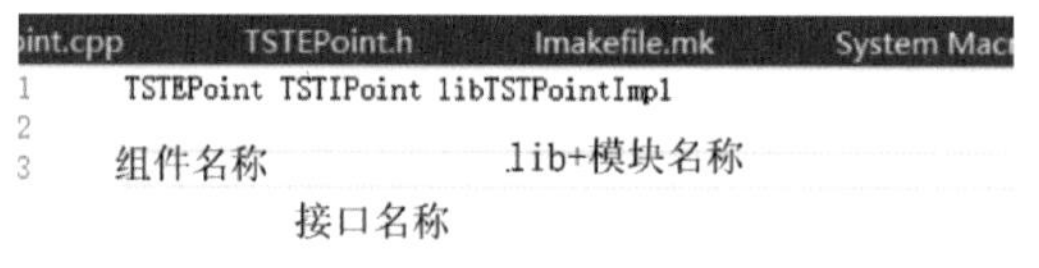

图 3-16 接口字典

TSTEPoint 是系统默认的组件名称，可以根据需要自行修改，如将接口字典修改为：

```
TSTPoint TSTIPointlib TSTPointImpl
```

同时，需要将组件源文件的宏定义 CATImplementClass 修改为：

```
CATImplementClass(TSTEPoint,Implementation,CATBaseUnknown,TST
    Point);
```

5. 创建组件实例

组件实例可由以下两种方法创建：

(1)CATInstantiateComponent 全局函数

使用这个组件工厂函数是推荐的创建组件实例方式，因为它不会在构建时将应用程序与组件共享库或 DLL 耦合，但其必须由组件供应商启用。

```
...
#include "CATInstantiateComponent.h"
...
// Create a CATCmp instance and retrieving a pointer to IUnknown from
CATCmp
IUnknown *pIUnknownOnCATCmp= NULL;
HRESULT rc = ::CATInstantiateComponent("CATCmp", IID_IUnknown,
(void **) &pIUnknownOnCATCmp);
...
```

CATCmp 是组件主类的名称。

IID_IUnknown 是从 CATCmp 中获取指针接口的 IID。

pIUnknownOnCATCmp 是检索到的指针。

在创建组件时，始终将其作为 IUnknown 或 CATBaseUnknown 指针处理。通常，CAA 方法请求一个 CATBaseUnknown 指针，然后就可以获取指向此组件任何接口的指针。

由于没有包含组件主类头文件的 include 语句，应用程序与提供组件的应用程序之间不存在构建时的依赖关系。

(2)用 new 操作符创建主类

采用该方式创建这样一个组件时，始终将其处理为 IUnknown 或 CATBaseUnknown 指针。通常，CAA 方法请求一个 CATBaseUnknown 指针。然后，可以获取指向此组件任何接口的指针。这种方法将应用程序与在构建时提供组件的应用程序绑定在一起。这意味着，如果修改了后者，则必须重新构建应用程序。

```
...
#include "CATCmp.h"
...
// Create a CATCmp instance
IUnknown *  pIUnknownOnCATCmp  = NULL;
pIUnkownOnCATCmp  =  (IUnknown *) new CATCmp();
...
```

6. 比较两个接口指针

在任何情况下比较的唯一有效和安全的方法：从每个接口指针中，使用 QueryInterface 检索指向 IUnknown 的指针，或者指向 CATBaseUnknown 的指针，并比较这两个接口指针。对于指向给定组件实例的任何接口指针，如果有相同的 IUnknown 指针，或者相同的 CATBaseUnknown 指针，则组件实例是相同的。

代码如下：

```
...
// Assume we have two interface pointers pIXXOnCATCmp and
   pIYYOnCATCmp
// Create two pointers to IUnknown
IUnknown * pIUnknownOnCATCmpFromIXX  = NULL;
IUnknown * pIUnknownOnCATCmpFromIYY  = NULL;
```

```
// Retrieve the pointer to IUnknown from pIXXOnCATCmp
HRESULT rc  =  pIXXOnCATCmp->QueryInterface(
    IID_IUnknown, (void **) & pIUnknownOnCATCmpFromIXX);
if (SUCCEEDED(rc) && NULL !=  pIUnknownOnCATCmpFromIXX)
{
    //获取 pIYYOnCATCmp 的 IUnknown 接口
    rc = pIYYOnCATCmp->QueryInterface(
       IID_IUnknown, (void ** ) & pIUnknownOnCATCmpFromIYY);
    if (SUCCEEDED(rc) && NULL !=  pIUnknownOnCATCmpFromIYY)
    {
        if (pIUnknownOnCATCmpFromIXX==pIUnknownOnCATCmpFromIYY)
        {
            //两个接口指针的底层组件实例是相同的
        }
        else
        {
            //指向不同的组件实例
        }
    }
}
...
```

3.3 链接接口与实现

3.3.1 TIE 方式

TIE 是将接口和实现连接起来的一种技术，使得实现类不需要继承接口类，如图 3-17 所示。

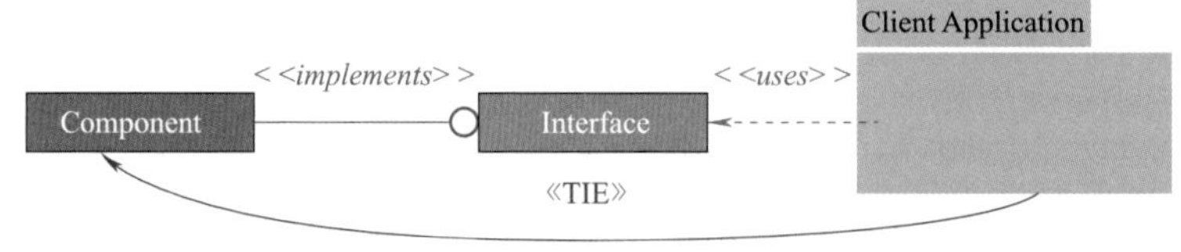

图 3-17　TIE 方式原理

在扩展类 MyDataExtension 的源文件中有如下代码：

```
CATImplementClass(CAAEDataExtension, // Extension class name
    DataExtension, // Data extension
        CATBaseUnknown, // Base component - Always OM-derive
    TIE          extensions from CATBaseUnknown
                 MyObject); // Implementation class of the
```

```
        extended        component

#include "TIE_CATIData.h"
TIE_CATIData(CAAEDataExtension);
```

TIE 是 CAA 推广的在运行时处理接口的技术，包含从 TIE_CATIData 生成的 TIE_CATIData.h 头文件。创建 CATIData 接口时创建 tsrc 文件，这个文件包含 TIE_CATIData 宏代码。这个 TIE_CATIData 宏的调用实际上为 TIE 类创建了代码。宏参数是实现接口的类的名称。当组件被要求使用 CATIData 时，TIE 类被实例化，QueryInterface 返回一个指向它的指针。TIE 是一个中间类，它在运行时连接客户机应用程序和组件，而在构建时没有任何链接。

3.3.2 BOA(Basic Object Adapter)方式

在一些性能非常关键的场景中，实例化中间对象可能会效率很低。例如，如果一个组件被实例化数千次，并且针对每个组件实例请求指向给定接口的指针，那么就会创建数千个 TIE 对象，并可能导致内存分配问题。为了避免这种情况，CAA 提出了另一种解决方案：BOA。

BOA 是基本对象适配器。BOA 技术使 QueryInterface 返回一个指向实现接口的类的指针，而不是指向中间类的指针。BOA 在诸如上述方案的场景中保存每个组件的类实例。即使返回指向实现类的指针，它也会作为接口指针返回，并且接口和实现之间没有比 TIE 更多的耦合。客户端应用程序不知道哪个类实现了接口，与其头文件或模块没有构建时链接，因此只能调用此接口公开的方法。

BOA 实现的代码头文件如下：

```
# include "CATIData.h"

c lass MyDataExtension : public CATIData {
    CATDeclareClass;
    public :
        MyDataExtension();
        virtual ~MyDataExtension();
        virtual HRESULT __stdcall get_Length(int *  oLength);
        virtual HRESULT __stdcall set_Length(int iLength);
    private :
        int _Length;
};
```

源文件如下：

```
...
CATImplementClass(MyDataExtension, //扩展类名称
    DataExtension, //数据扩展
        CATIData, // Always OM-derive BOA extensions from the
    BOA         implemented interface
```

```
                MyObject); // Implementation class of the
            extended        component

CATImplementBOA(CATIData, MyDataExtension);
...
```

对比 TIE 方式实现,BOA 方式做了如下更改:

CATImplementClass 的第三个参数必须设置为扩展类实现的接口。

CATImplementBOA 宏替换了 TIE_CATIData 宏。它的参数分别是 BOA 实现的接口和扩展类名(也是前述接口的实现类)。

由于使用 BOA 实现类必须从接口派生,且 CAA 不支持多继承,因此一个给定的类只能实现一个接口,其他接口由 TIE 实现。因此,如出现类实现了多个接口的情况,请仔细选择要实现 BOA 的适当接口。此外,BOA 不能用于 CodeExtension 类型类。

3.4 扩展机制

3.4.1 扩 展 类

主实现类的扩展是一个单独的类,它附加到主实现类,并实现作为扩展的其他接口。扩展的常见用法是共享多个组件之间接口的实现,或者实现一个新的接口,该接口是在发布框架时没有的且并未新增的接口。

扩展类是一种 C++类,它必须是直接 CATBaseUnknown 类派生。它们可以是以下类型:

(1)数据扩展(DataExtension),包含数据成员和方法;

(2)代码扩展(CodeExtension),只包含方法而没有数据成员。

扩展类与它扩展的类是使用宏 CATImplementClass 在扩展源文件中声明的。扩展和它实现的接口之间的链接通过字典进行管理,包含扩展代码的共享库也需要包含在里面。

当用 QueryInterface 请求指向扩展实现的接口的指针时,会自动创建实现的接口的指针作为组件扩展的类。

3.4.2 数据扩展

数据扩展是一个包含数据成员和方法的 C++类。如图 3-18 所示,假设对象 MyObject 已经被许多客户端使用,现在想要在它的基础上添加新的数据。通常的解决方案是提供一个实现这个数据附加接口对象的新版本,以此来向客户端提供一个新功能,但是该方法需要重新构建客户端的应用程序。为了解决这个问题,可以使用数据扩展的方案。

新接口 CATIData 由单独的 C++类 MyDataExtension 实现,其中包含访问数据和存储数据的方法。这样在交付数据扩展时,不需要重新构建客户端应用程序,因为从这些应用程序的角度来看,MyObject 类没有改变。

生命周期:MyObject 实现的接口调用 QueryInterface 创建数据扩展的实例或已有实例。当主类对象及其所有扩展对象的所有引用计数都达到 0 时,才会删除数据扩展对象,所有的扩展对象是与主实现类以及它的扩展对象同时失效的。

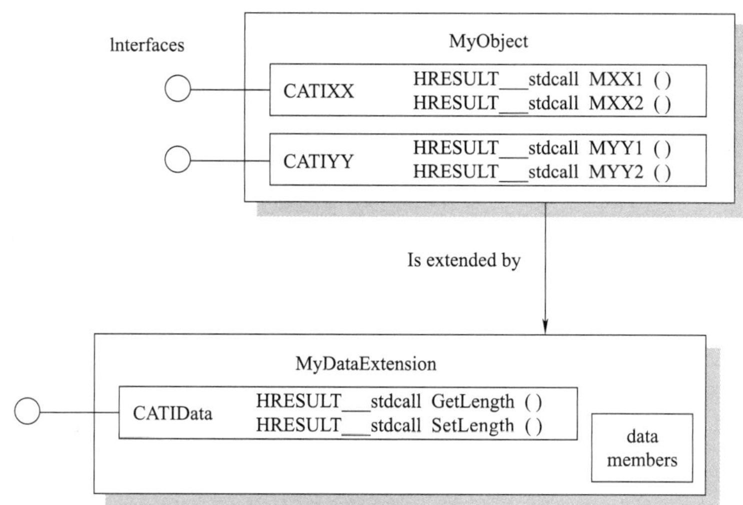

图 3-18　由实现类和数据扩展类组成的组件

CATIData 的 idl 文件如下：

```
// IDL encoded interface

#pragma ID CATIData "DEC:7db286f1-218d-0000-0280020a86000000"
interface CATIData : CATBaseUnknown {
    #pragma PROPERTY Length
    HRESULT get_Length(out int oLength);
    HRESULT put_Length(in int iLength);
};
```

CATIData 的头文件如下：

```
// C++  generated interface class header file
#include "CATBaseUnknown.h"
extern IID IID_CATIData;
class CATIData : CATBaseUnknown {
    CATDeclareInterface;
    public :
        virtual HRESULT __stdcall get_Length(int * oLength) = 0;
        virtual HRESULT __stdcall set_Length(int iLength) = 0;
};
```

CATIData 的源文件如下：

```
// C++  generated interface class source file
#include "CATIData.h"
IID IID_CATIData = { 0x7db286f1, 0x218d, 0x0000,
    {0x02, 0x80, 0x02, 0x0a, 0x86, 0x00, 0x00, 0x00} };
CATImplementInterface(CATIData, CATBaseUnknown)
```

MyDataExtension 的头文件如下：

```
#include "CATBaseUnknown.h"

class MyDataExtension : public CATBaseUnknown {
    CATDeclareClass;
    public :
        MyDataExtension();
        virtual ~MyDataExtension();
        virtual HRESULT __stdcall get_Length(int * oLength);
        virtual HRESULT __stdcall set_Length(int iLength);
    private :
        int _Length;
}
```

MyDataExtension 的源文件如下：

```
#include "MyDataExtension.h"

CATImplementClass(MyDataExtension, // Extension class name
    DataExtension, // Data extension
        CATBaseUnknown, // Always OM-derive extensions from
        CATBaseUnknown
            MyObject); // Main class of the extended component

#include "TIE_CATIData.h"
TIE_CATIData(MyDataExtension);

MyDataExtension::MyDataExtension() {}
MyDataExtension::~MyDataExtension() {}

HRESULT MyDataExtension::get_Length(int * oLength)
{ oLength = _Length; return S_OK; }

HRESULT MyDataExtension::set_Length(int iLength)
{ _Length = iLength; return S_OK; }
```

CATImplementClass 宏声明类 MyDataExtension 是一个数据扩展，它扩展了 MyObject 类。第三个参数声明当前派生的组件只适用于组件主类，并且必须扩展时始终将其设置为 CATBaseUnknown。

3.4.3 代码扩展

与数据扩展相比，代码扩展只包含方法而不包含数据的扩展。在运行时，对于给定的代码扩展，该代码扩展只存在一个实例，由实现类和代码扩展类组成的组件如图 3-19 所示。

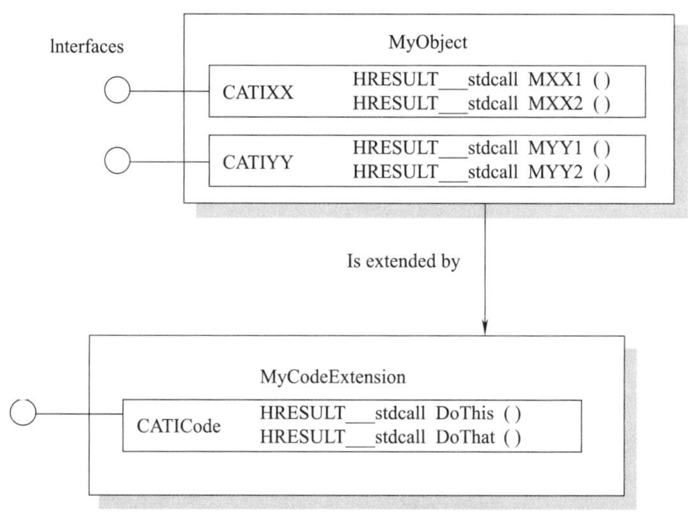

图 3-19　由实现类和代码扩展类组成的组件

对于数据扩展组件，当提供了代码扩展时，不需要重新生成客户端应用程序。相对数据扩展而言，使用代码扩展只需使用 CodeExtension（而不是 DataExtension）作为 CATImplementClass 宏定义的第二个参数，如下所示：

```
...
CATImplementClass(CAAECodeExtension,
                  CodeExtension,
                     CATBaseUnknown,
                        MyObject);
...
```

生命周期：一旦为给定的对象实例创建，代码扩展就永远不会被删除，并且用于同一对象的所有实例。

3.4.4　共享扩展

共享扩展是指从多个主实现类进行扩展的类，该扩展类可以使用多个主实现类的接口。

共享扩展有两种方法。

第一种方法：声明它是哪个类的扩展，对现有类添加附加行为。不需要重建现有的类，只需提供扩展。将 CATBeginImplementClass 宏替换 CATImplementClass 宏，用 CATAddClassExtension 宏向扩展类添加类，而用 CATEndImplementClass 宏结束相关扩展的声明序列。

扩展类的源文件代码如下：

```
CATBeginImplementClass(MyExtensionClassName, // Begin
   declaration
      DataExtension,
         CATBaseUnknown,
            TheFirstClassIExtend);
```

```
CATAddClassExtension(TheSecondClassIExtend);
CATAddClassExtension(TheThirdClassIExtend);
...
CATAddClassExtension(TheLastClassIExtend);
CATEndImplementClass(MyExtensionClassName); // End declaration
```

第二种方法:将现有扩展类添加到新类,如果希望将现有扩展类声明为新类的扩展,使用该方法就非常方便。不需要重新构建扩展,只需要提供新的类。CATSupportImplementation宏允许将现有扩展增量添加到新类中。

```
CATSupportImplementation(ExtensionClassName,
MyClassName,ImplementedInterface);
```

3.5 生命周期

在不使用CAA对象模型的情况下编写C++应用程序时,如果希望这些实例的生命周期不受创建它们的作用域的限制,那么通常使用new运算符创建类的实例。new在堆上为实例分配适当的存储,并返回指向创建的实例的指针。一旦不再需要对象,就可以使用delete运算符将其删除,该运算符释放存储空间,使其可用于其他用途。用户需要优化存储,仔细管理新建和删除。

在客户端应用程序中使用CAA对象模型时,可以使用这些操作符,也可以通过组件工厂函数创建组件,这些函数实例化组件,并返回指向IUnknown的指针,还可以通过QueryInterface方法获得指向这些组件实现接口的其他指针。用户还可以获得一个指向组件实现接口的指针,而无须自己创建组件。给定的客户端应用程序无法知晓现有组件的保留与否,组件生命周期和由此产生的存储管理不能单独由客户端应用程序执行。

CAA通过组件接口管理组件的开始和结束,当组件对客户端应用程序变得无用时,通过引用计数的方式让它决策自我删除。客户端应用程序知道它使用哪些接口,以及它不再使用哪些接口。使用AddRef和Release方法管理接口引用计数,这些方法由IUnknown接口声明,并由CATBaseUnknown类实现。当客户端查询接口并获得指向该接口的指针时,QueryInterface通过调用AddRef来增加引用计数。一旦客户端应用程序不再需要接口,这个客户机应用程序就会通过调用Release来减少引用计数。只要客户端应用程序具有指向该组件的接口指针,就可以到达使用该组件,并且其引用计数大于0。当给定组件的引用计数达到0时,由于指向该组件的所有接口指针都已释放,该组件将自动删除。

第 4 章　会话对象

4.1　流 对 象

4.1.1　PLM Client/Server 架构

3DEXPERIENCE 的 PLM（Product Lifecycle Management，产品生命周期管理）以 Client/Server 架构为主体，为协同工作提供支撑，协同工作的目标是用户在任何时候都能共享相同的数据，如图 4-1 所示。这种体系结构使用户无论在同一站点内部还是通过不同的站点都能共享相同的数据。

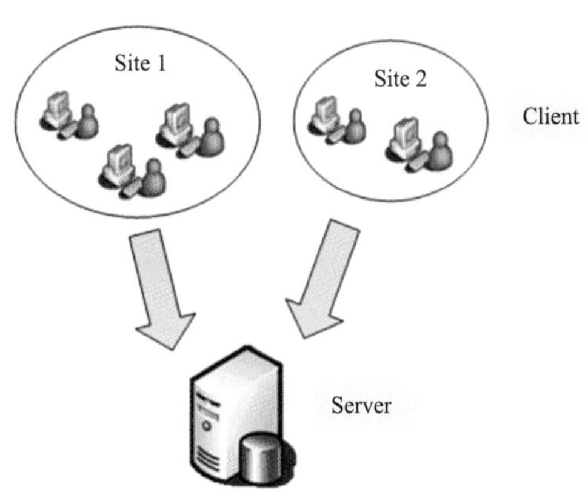

图 4-1　Client/server 架构示意

4.1.2　ENOVIA V6 Server

ENOVIA 是 3DEXPERIENCE 的核心基础模块，为了便于后面一些 PLM 概念的理解，首先介绍 ENOVIA V6 Server 的架构情况。

PLM 的服务器由三部分组成，如图 4-2 所示。

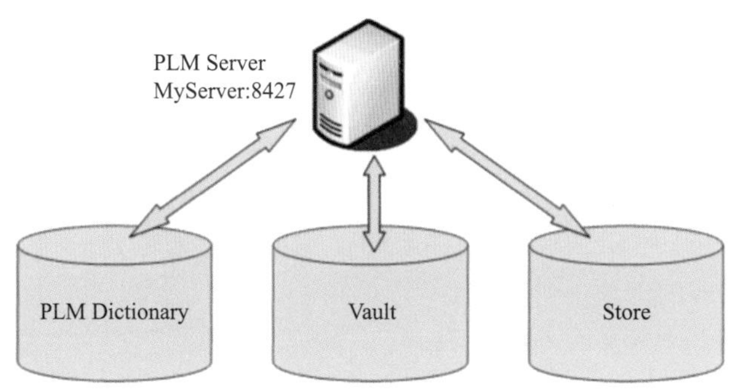

图 4-2　ENOVIA VPLM Server

（1）PLM 字典包含 PLM 服务器中构造 Vault 数据库所需的元数据；

（2）Vault 存储在 Oracle、DB 或 MS SQL Server 数据库上，它的数据由字典的元数据定义；

（3）Store 是一个文件服务器，包含 Vault 中数据所指向的二进制文件。

Vault 创建 PLM Object（PLM 对象），PLM 字典定义 PLM 对象模板。如果没有 PLM 字

典，PLM 服务器将无法创建或访问 PLM 对象。

4.1.3 PLM 字典

PLM 字典提供数据结构的信息，通过解析 PLM 字典 PLM 服务器才能访问数据库。PLM 字典是在服务器安装过程中初始化时构建的信息，如图 4-3 所示。它包含了 PLM 实体的所有类型（PLM 类）及其属性和关系的描述，PLM 类被分组到建模器（.metadata 文件）中。

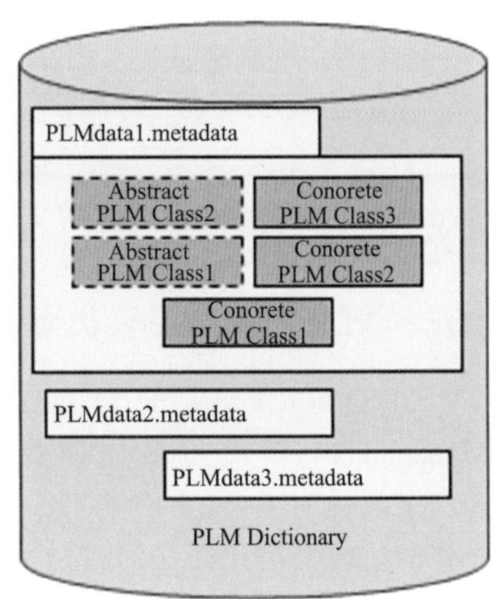

图 4-3 PLM 字典

3DEXPERIENCE 采用描述 PLM Modeler 的方式简化每个元数据文件，元数据包含一组名为 PLM 类的实体，每个实体都描述为 PLM Modeler 的元素。一些 PLM 类是具体的，它们可以在数据库中实例化或者抽象。

PLM 字典是包含 PLM Modeler 定义的结构。由于 PLM Modeler 是一组实体，称之为 PLM 类，也可以说 PLM 字典是一组 PLM 类。这些 PLM 类就像原型，EnoviaV6 服务器使用它们来读写数据库，既能在存储库（数据库）中创建 PLM 对象（PLM 类的实例），也能检索现有 PLM 对象的信息。

PLM 类是 PLM 字典的核心，是一个逻辑定义。一个 PLM 类包括 PLM 属性和 PLM 关系。PLM 属性是简单属性（如 string、int 或 boolean），用于数据库查询。

PLM 类的基本组成：

- 类型，例如 PLMCoreInstance、VPMInstance、PLMProductInstanceDS。
- 用途，PLM 类有三个用途：
  - ◆ Instantiation 用途：这种 PLM 类是一个具体的 PLM 类，它只能用于在 Vault 中创建 PLM 对象。
  - ◆ Customization 用途：这种 PLM 类是一个抽象的 PLM 类，它不能用于在 Vault 中创建 PLM 对象。它的独特用途是被编辑以创建一个新的 PLM 类，该类将是具体的，即用于实例化的使用。
  - ◆ Internal 用途：这种 PLM 类也是抽象的。它可以用来创建一个新的 PLM 类，它有实例化、定制化或内部化三种用途。
- PLM 属性列表。
- PLM 关系列表。
- PLM 行为列表。

4.1.4 Vault

Vault 是包含实体（称为 PLM 对象）的数据库，这些实体是从 PLM 字典中定义的具体 PLM 类创建的。

如图 4-4 所示，对 PLM 字典中的 PLM Class1 进行了两次实例化，生成了 Vault 中的 PLM Object 1.1 和 PLM Object 1.2。PLM Object 是 PLM Class 的实例，因此，PLM 对象得

继承其 PLM 属性和 PLM 关系。

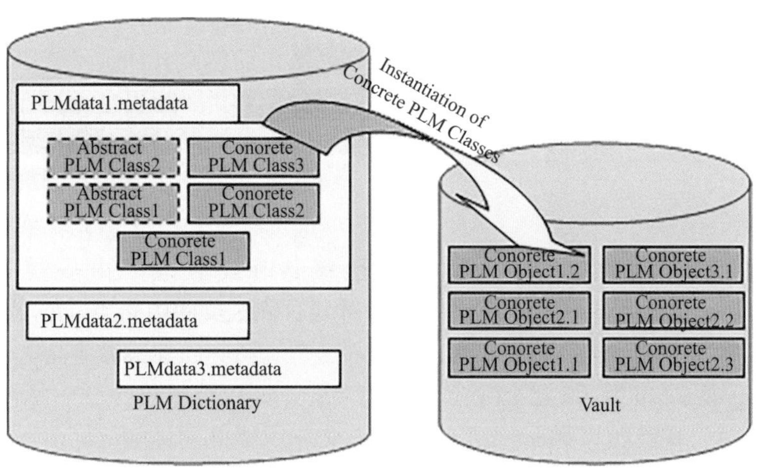

图 4-4　Vault 数据库

3DEXPERIENCE 的 Vault 通过两张表(数据和索引)指定元数据的逻辑存储位置。Vault 是数据库中类似对象的集合,3DEXPERIENCE 平台至少包含 3 个 vault,即 Administration vault、eService Production vault 和 vplm vault,如图 4-5 所示。

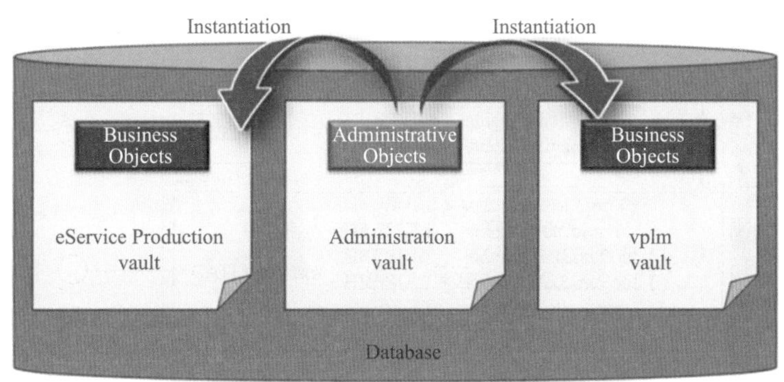

图 4-5　3DEXPERIENCE vault 数据库结构

- Administration vault(也称为 PLM 字典)是唯一的单数据存储库。
- eService Production vault 包含从网络应用程序(通常是 enovia)产生的 Business Object (业务对象)。
- vplm vault 包含从客户端产生的 Business Object。

4.1.5　Store

Store 是一个文件服务器,PLM 属性很适合描述小的和简单的可查询信息,如字符串或整数值,但更大的信息集必须与 PLM 实体相关联,如图 4-6 所示。

- Store 定义了存储的流。
- 流是存储在服务器中的二进制文件。
- 业务对象指向 Store 中的流对象。

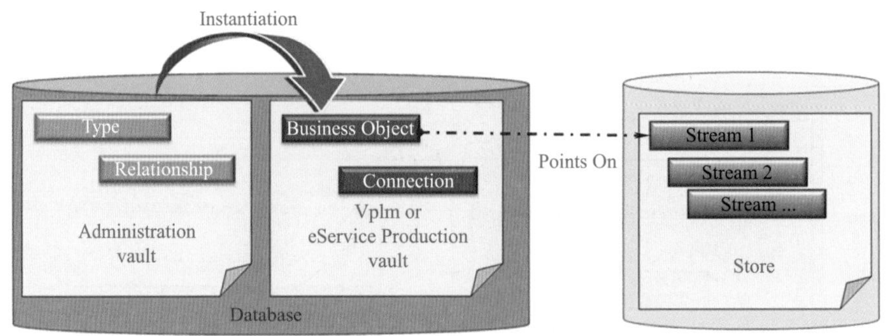

图 4-6 vault 和 Store 的关系

下面举例说明 Vault 和 Store 的关系。

如图 4-7 所示，滑板是一个存储在 Vault 中的 PLM Object 对象，可以通过 Identificator(字符串)访问它，由于它具有很大的几何信息量，因此以 stream(二进制)方式存储在 Store 中。在访问时必须将 stream 加载在会话中才能访问，一个 PLM Object 可以指向多个流，但只能指向一个，称为 Main Stream。另一个被称为 Secondary Stream 的数据流是在内部生成和使用的，如图 4-8 所示。

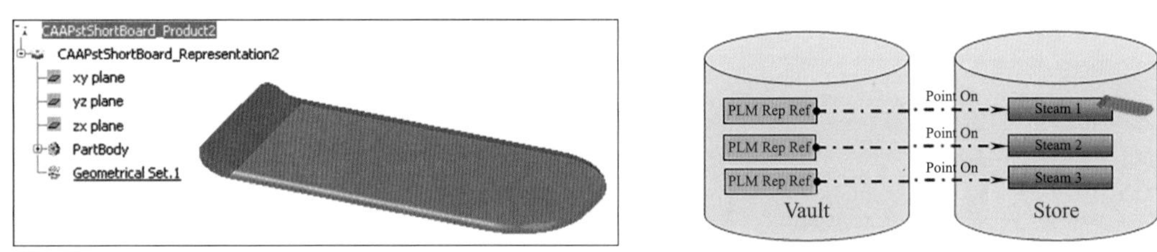

图 4-7 滑板几何存储

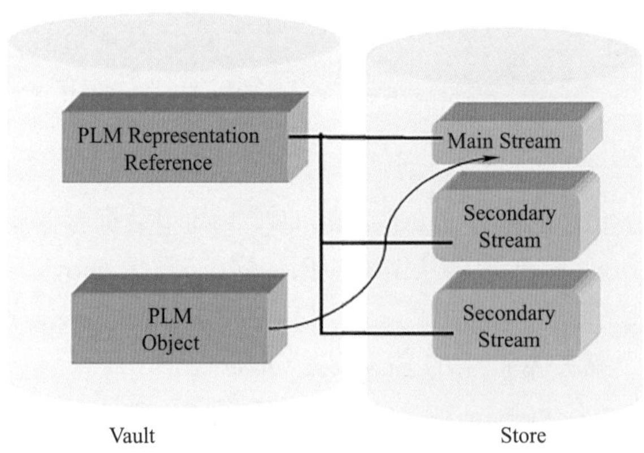

图 4-8 Vault 和 Store

4.1.6 PLM 核心建模器

PLM 内核由三层组成，如图 4-9 所示，从下到上可分为：

- PLM Meta Model，其中实体关系模型与 PDM 概念一起定义。

- PLM Core Model，是元模型的一种专门化。
- Component Model，是 PLM 核心模型的专门化。

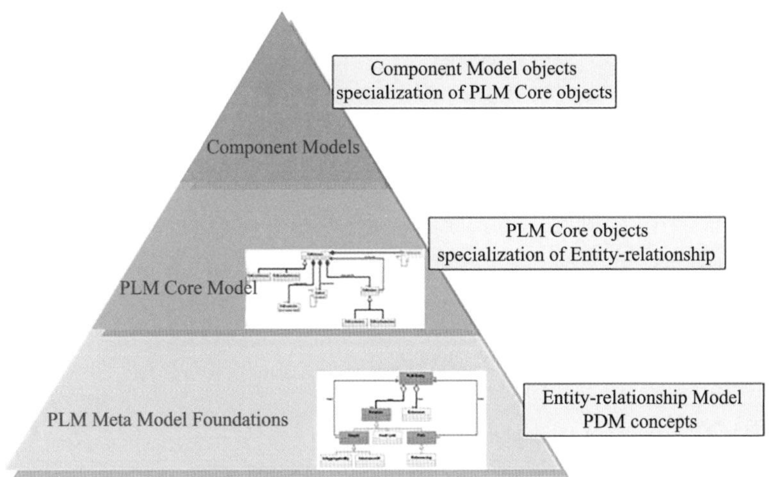

图 4-9　PLM 内核的三个层级

PLM 核心具有简单、稳固、灵活、高效的特点。

为了支持所有类型的应用程序的 PLM，3DEXPERIENCE 创建了一个统一的模型，其中包含实现生命周期操作（版本控制，成熟度等）的六个类。这些构成 PLM 核心模型的类是：Reference、Instance、Port、Connection、Representation Reference、Representation Instance。这个模型基于实体—关系模型，每个类都为具有简洁和特定的用法明确设计。

这六个类依次由组件建模器（以后称为建模器）专门化，以创建它们自己的类型。这些类型可以扩展核心的行为，但不会取代它，从而始终确保核心实现的基本生命周期操作是稳固的（无论如何扩展，核心的行为总是会执行的）。

使用 PLM 字典中的声明方式定义建模器专门化，这些声明在第二阶段被投射到数据库。建模者还可以声明，使其类型可以由最终用户使用类似 RADE 的工具和相同的 PLM 字典进一步定制，从而启用敏捷的 PLM 核心模型。

在这个精简的核心类集合上，建模人员可以通过声明性结构进行操作。这些操作可分为三组，如图 4-10 所示。

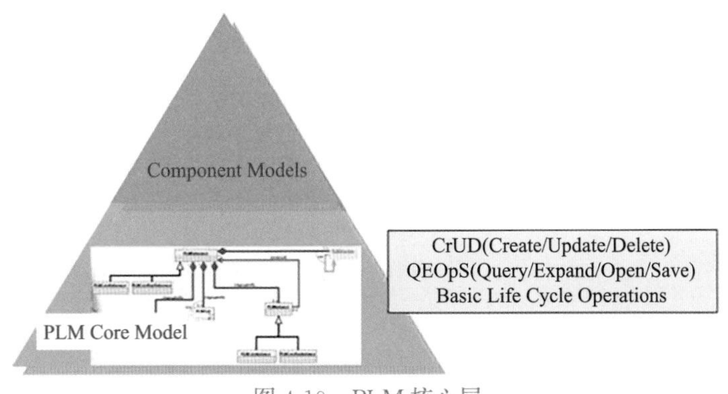

图 4-10　PLM 核心层

- 创建、更新和删除(CrUD)。
- 查询、扩展,打开和保存(QEOpS):用于在客户端和服务器之间移动 PLM 组件的 PLM 词汇表。
- 生命周期管理(成熟度,版本控制等)。

所有 PLM 核心类都支持以下功能:

- 由建模人员专门化或由最终用户定制的能力,但属性、关系或行为只能被细化而不能被取代。
- 基本的 PLM 操作,如创建、更新、删除(CrUD)和生命周期管理。
- 三种可能的关系:
  - ◆ 聚合
  - ◆ 实例
  - ◆ 参考
- 将私有数据作为多个流存储在存储库中的能力。

一个 PLM 组件被定义为一个具有标识的单一实体,其上附加有“附属”PLM 信息单元,如扩展、存储库链接、关系和列表。一个给定的从属单元只能属于一个且仅有的 PLM 组件。

这样的 PLM 组件被认为是“并发修改的原子”,这意味着:

- PLM 实体或其卫星之一的修改被视为 PLM 组件的修改。
- 组件的修改是序列化的:一次操作只允许一次修改。因此,不可能在给定组件上进行并发修改。

VPM(Virtual Product Management,虚拟产品管理)建模器基于“类型/关系”模式在字典中定义,PLM 核心建模器是所有的 VPM 建模器的基础,PLM 核心建模器由 6 种类型和 3 种关系定义,如图 4-11 所示。

a. 6 Types

i. PLMCoreReference
ii. PLMCoreInstance
iii. PLMCoreRepReference
iv. PLMCoreRepInstance
v. PLMPort
vi. PLMConnection

b. 3 Relations:

i. Aggregation
ii. Is Instance Of
iii. Points to

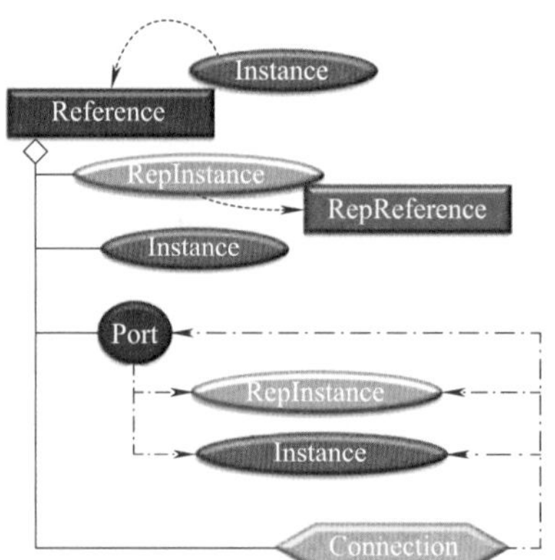

图 4-11 PLM 核心建模器组成关系

- PLMReference 具有以下特点:
  - ◆ 可使用/再使用
  - ◆ 是一个可分离的组件,即必须独立存在
  - ◆ 可聚合其他组件

- ◆ 不能被聚合
- ◆ 具有成熟期
- ◆ 可定义版本
- ◆ 复制或版本化 Reference 是复制 Reference 本身及其聚合对象(Instance/Connection/Port/及其单实例化 Representation Reference)

- PLM Instance 具有以下特点：
  - ◆ Reference 被使用的结果
  - ◆ 由 Reference 聚合(不可分离)
  - ◆ 通过关系实例指向其 Reference
  - ◆ 可能有效
- PLM Representation Reference 具有以下特点：
  - ◆ 可使用/再使用
  - ◆ 是一个可分离的组件，即可以单独存在
  - ◆ 不能被聚合
  - ◆ 具有成熟期
  - ◆ 可定义版本
  - ◆ 承载私有数据流，通过 Vault 连接处理
- PLM Representation Instance 具有以下特点：
  - ◆ Representation Reference 被使用的结果
  - ◆ 由 Reference 聚合(不可分离)
  - ◆ 通过关系的实例指向其 Representation Reference
  - ◆ 不能有效发挥作用
- PLM Port 向外部提供私有数据的稳定抽象，将双方(外部和私有数据)相互隔离，具有以下特点：
  - ◆ 由 Reference 聚合(不可分离)
  - ◆ “公开”一个 Instance，另一个 Port 或 Representation
  - ◆ 承载与暴露对象的单一“引用”关系
  - ◆ 提供稳定的名称
- PLM Connection 提供 PLM 组件之间的语义关系，具有以下特点：
  - ◆ 由 Reference 聚合(不可分离)
  - ◆ 通过多个“引用”关系“连接”实体

4.1.7 PLM 建模器

1. PLM 核心建模器的专门化

所有的 PLM 建模器都是基于 PLM 核心建模器，PLM 核心建模器由 6 个抽象的 PLM 类组成，构建一个 PLM 建模器需要专门化这 6 个 PLM 核心类。

从图 4-12 可以看出：

- 一个 PLM 建模器是一组 PLM 类，每个类都是一个 PLM 核心建模器类的专门化。
- PLM 建模器可以是 PLM 核心建模器的部分专门化。在图 4-12 中，当前的 PLM 建模

器只有 5 个 PLM 类。如果 6 个 PLM 核心类已经被专门化，那么这将是一个完整的 PLM 核心建模器专门化。

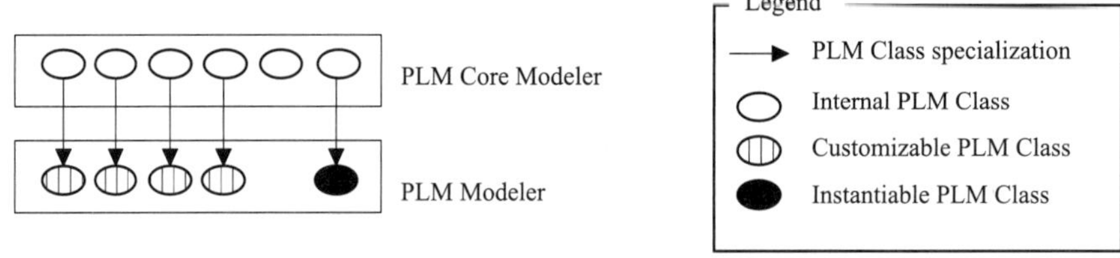

图 4-12　PLM 核心建模器的专门化

- 一个 PLM 建模器只能包含"可实例化"或可自定义的 PLM 类，它不能包含内部 PLM 类。

在对 PLM 核心建模的 6 个类专门化时，不要进行如图 4-13 所示的三类操作。

- 两个 PLM 建模器类不能对同一个 PLM 核心类进行多次专门化。
- PLM 建模器不能存在内部类。
- 一个 PLM 建模器类不能基于两个 PLM 核心类进行专门化。

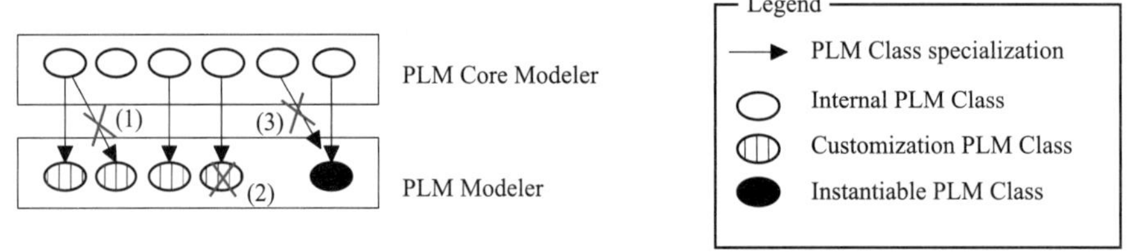

图 4-13　不可能的 PLM 核心建模器专门化

因此，一个 PLM 建模器最多由 6 个 PLM 核心类组成，每个 PLM 建模器类都是专门化的一个 PLM 核心类。

2. PLM 建模器类的内容

PLM 建模器对 PLM 核心建模器专门化可以总结为以下三点，如图 4-14 所示。

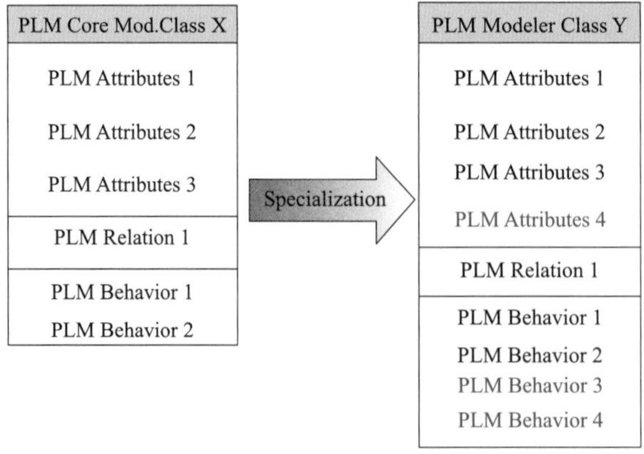

图 4-14　PLM 建模器类的内容

- PLM 建模器类的 PLM 属性＝建模者添加的属性＋PLM 核心建模器类的属性。
- 建模者不添加 PLM 关系。
- PLM 建模器类的 PLM 行为＝建模者添加的 PLM 行为＋PLM 核心建模器类的 PLM 行为。

3. PLM 中间建模器

可以在 PLM 建模器和 PLM 核心建模器之间定义一些中间建模器，要注意的是，中间建模器只能保护内部 PLM 类，如图 4-15 所示。

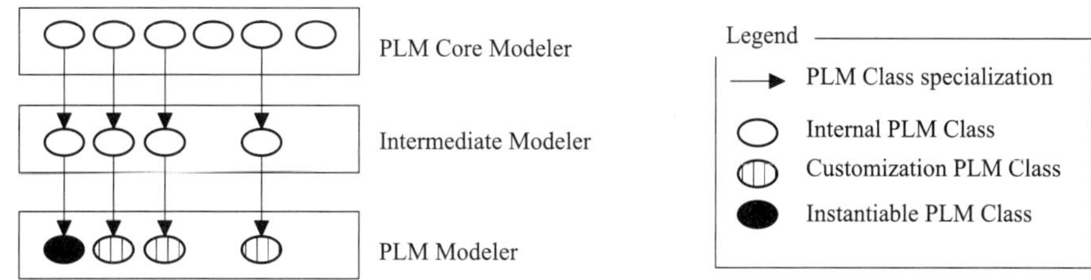

图 4-15　PLM 中间建模器

4.1.8　PLM 定制

一个 PLM 建模器是由一组 PLM 类定义的，这些类包含 PLM 属性和建模者所需求的内容。

有些 PLM 建模器已经无需再进行添加或修改，因此这些建模器被定义为一组可实例化的 PLM 类，此时 PLM 建模器无法被自定义。

但是有时设计者考虑到额外的信息可能被添加到 PLM 建模器中。在这种情况下，PLM 建模器类被设计为“可定制的”，此时可以在 PLM 建模器类上添加自己的信息。

与仅由 DS 创建的 PLM 建模器相反，可以使用 DMC 工具对 PLM 定制。

1. PLM 建模器定制

PLM 建模器定制是定制可定制的 PLM 建模器类，这里将 PLM 建模器定制简称为 PLM 定制，如图 4-16 所示。

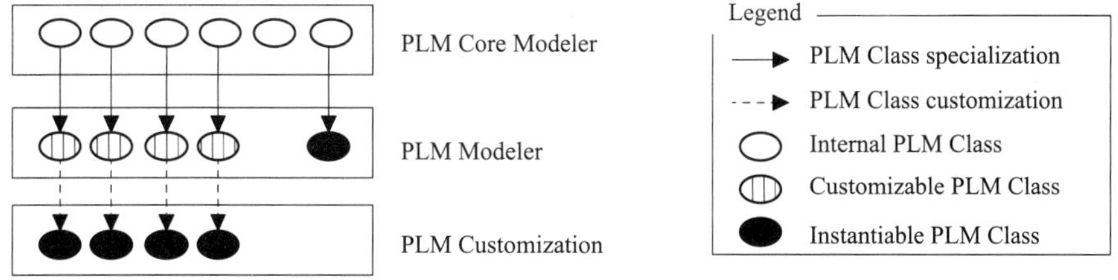

图 4-16　PLM 建模器定制

从图 4-16 中可以看到：

- 只能对 PLM 建模器中可自定义的 PLM 类进行自定义。
- 一个 PLM 定制只能是一组可实例化的 PLM 类。

在此，要明确哪些情况下不能进行 PLM 定制，如图 4-17 所示。

- 无法对可实例化的 PLM 类进行自定义。

- 不能对一个 PLM 自定义类再次进行自定义。
- 无法直接对 PLM 核心类(由于是内部类)进行自定义。

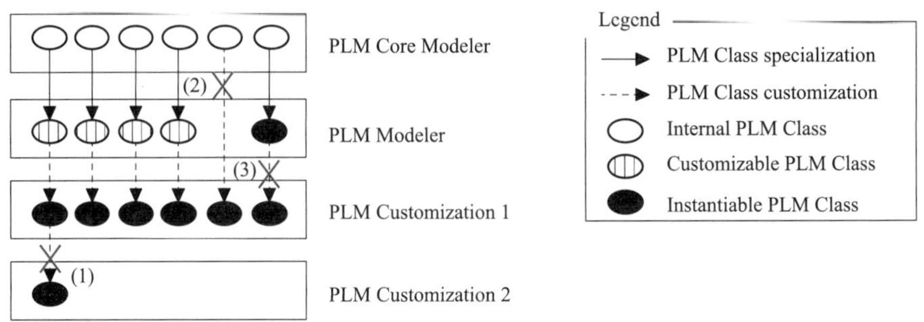

图 4-17　不能实现的 PLM 定制

虽然不能对 PLM 定制再次进行自定义，但是可以对同一个 PLM 建模器进行多次自定义，如图 4-18 所示。

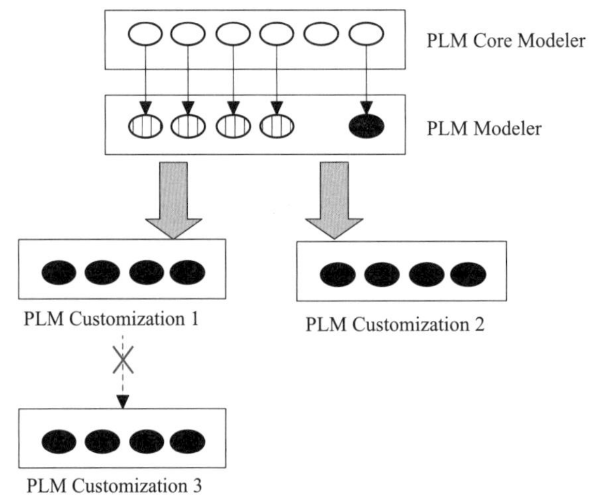

图 4-18　PLM 建模器多次自定义

2. PLM 定制类的内容

PLM 定制类包含：

- 一个新名称，自定义类型。
- 属性=用户添加的 PLM 属性+PLM 建模器属性+PLM 核心建模器属性。
- 没有添加关系，因此 PLM 关系仅是 PLM 核心建模器的关系。
- 没有添加行为。

换句话说，定制只是将 PLM 属性添加到 PLM Modeler 类中。但是一个定制并不意味着必须绝对地添加 PLM 属性。可以自定义一个 PLM Modeler 类，而无须添加新的 PLM 属性。新的 PLM 类将只包含从其 PLM Modeler 类继承的 PLM 属性。

3. PLM 定制规则

事实上，只需要遵守一条规则：必须定制 PLM 建模器中所有可定制的 PLM 类。

如图 4-19 所示，只定制了产品建模器的 PLMReference、PLMInstance、PLM Representation Reference 和 PLM Representation Instance，没有定制 PLM Port 和 PLM Connection，这种定制是无效的，必须对产品的 6 个可定制 PLM 类进行定制。

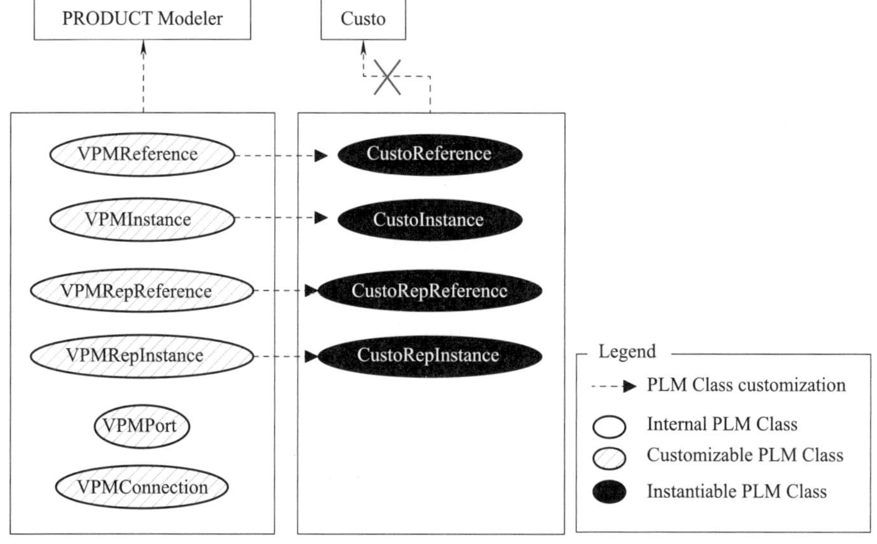

图 4-19　PLM 定制规则

4.1.9　使用 DMC 工具进行 PLM 定制

1. 前期准备工作

在使用 DMC 工具进行 PLM 定制前，必须确保有 TXO 模块的授权，给平台管理员(admin_platform)分配 TXO 授权，以 admin_platform 身份登录到 Default 合作空间，如图 4-20 所示。

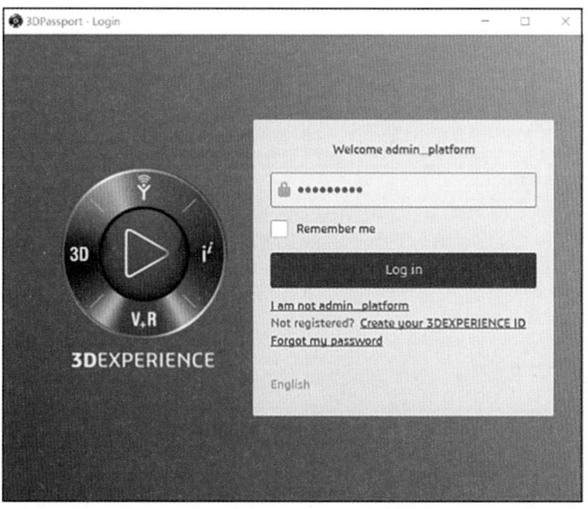

图 4-20　admin_platform 身份登录

选择“我的社交和协作应用程序”进入“Data Model Customization”模块，如图 4-21 所示。

图 4-21 启动 DMC 工具

2. 数据包扩展

登录后，选择“数据模型特殊化”进行特殊化数据包定义。

首先在专门化包列表窗口中，点击新建按钮，新建数据包，如图 4-22 所示。在新建数据包页面，选择专用化的父级包，如图 4-23 所示。

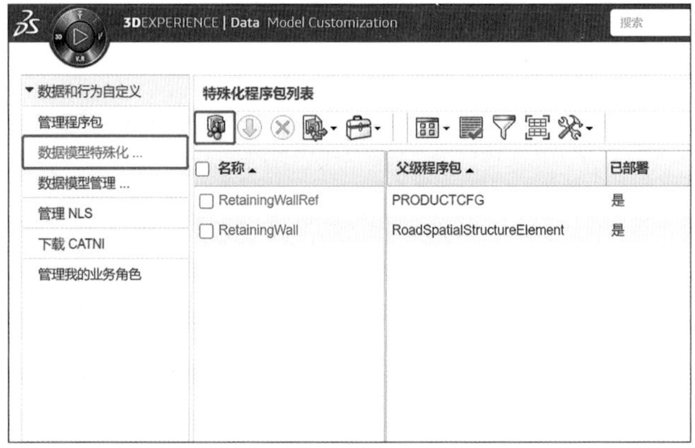

图 4-22 特殊化数据包页面

图 4-23 可特殊化数据包列表

输入新建的数据包名称，可以输入或从列表中选择一个前缀，填写新建数据包的备注信息，如图 4-24 所示。

新建程序包

红色斜体字段是必填字段

父级程序包

PRODUCTCFG

名称

XHua_Type

前缀

输入新前缀：XHua

备注

西华大学扩展类型

图 4-24　新建数据包页面

3. 新建子类型

在创建了数据包和相关扩展后，必须部署数据包以使用数据包中包含的对象，点击“悬挂”按钮部署数据包，如图 4-25 所示。此部署将通过导入选定数据包的内容来更新管理资源库。同时还可以在管理资源库中部署多个数据包，使用源数据包中做出的更改更新此资源库。这还意味着可多次部署数据包。要使应用程序使用部署的内容，必须部署所有更改。

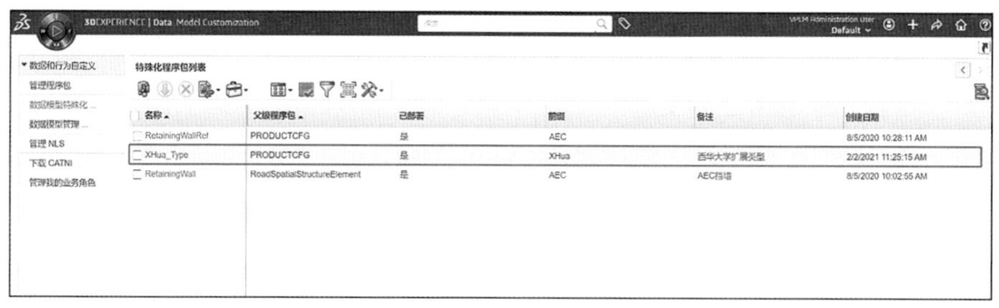

图 4-25　特殊化数据包的基本信息列表

每个对象都有计算的部署状态：

- 未部署：从未部署此对象。
- 已部署：已完全部署此对象。
- 已部分部署：此对象已至少部署一次，但是之后其定义进行了更改。

选择新建的数据包 XHua_Type，点击进入 XHua_Type 定义页面。

在 XHua_Type 定义页面，切换到“类型”页，选择要进行扩展的父级类型（这里以从 VPMReference 派生为例进行说明），如图 4-26 所示。

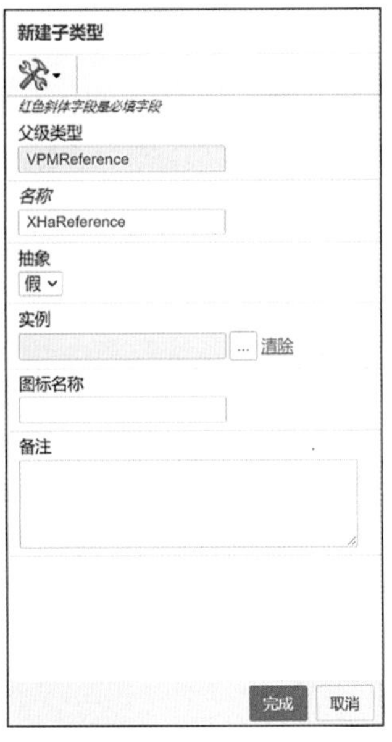

图 4-26 新建子类型页面

4. 子类型属性扩展

可以向新建的子类型添加简单属性,如图 4-27 所示,类型列表给出了 6 个可定制化 PLM 类的子类型扩展情况。

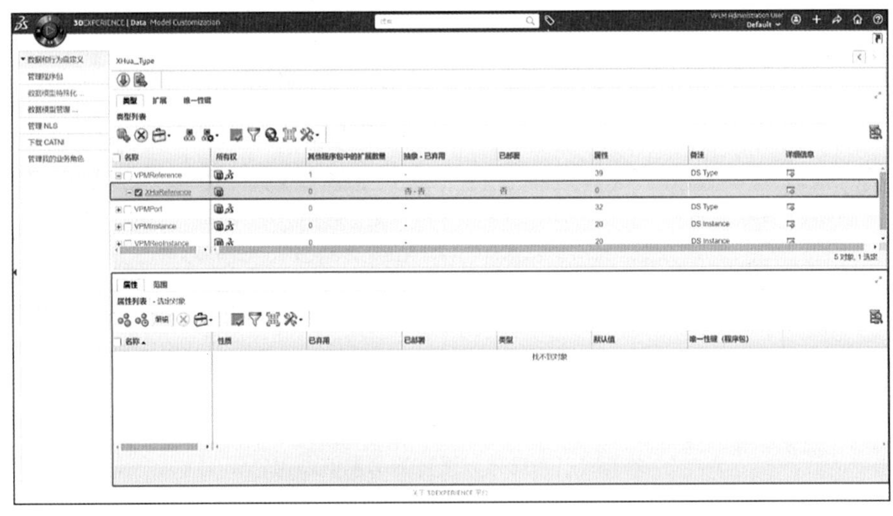

图 4-27 子类型属性扩展页面

在属性列表框中单击新建简单按钮,创建简单属性,如图 4-28 所示。属性名称应仅包含字母数字字符和 "_" 字符。

在新建属性页面中,根据要求定义属性,如图 4-29 所示。输入属性名称、在类型列表中选择简单属性类型等完成属性定义。

图 4-28　属性列表页

图 4-29　新建属性页面

5. 部署扩展包

选择 XHuaReference 子类型，点击部署按钮，部署扩展包，如图 4-30 所示。

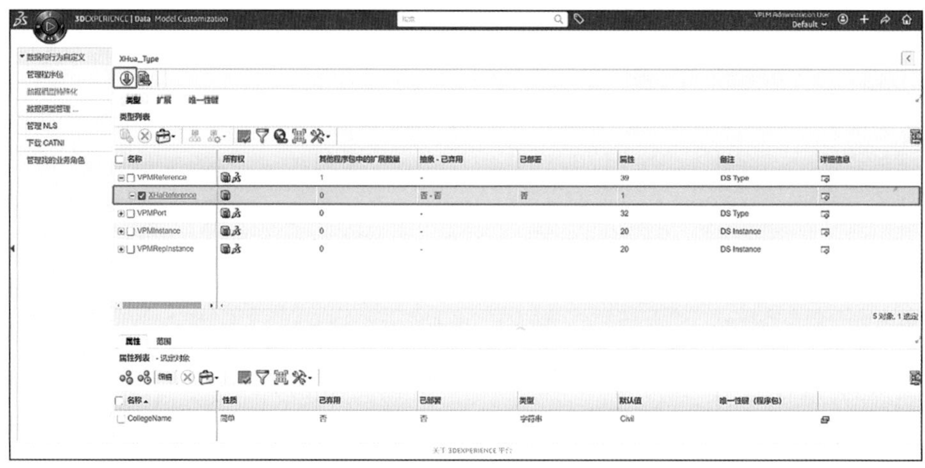

图 4-30　部署扩展包

6. 部署 NLS 包

需要对新增加的扩展包进行 NLS(Network Language Support)包部署,如图 4-31 所示。

图 4-31　管理 NLS 页面

点击切换到下载 CATNI 页面,选择受支持的 NLS 语言,如图 4-32 所示。点击下载按钮,将 NLS 资源包下载到本地磁盘,如图 4-33 所示。

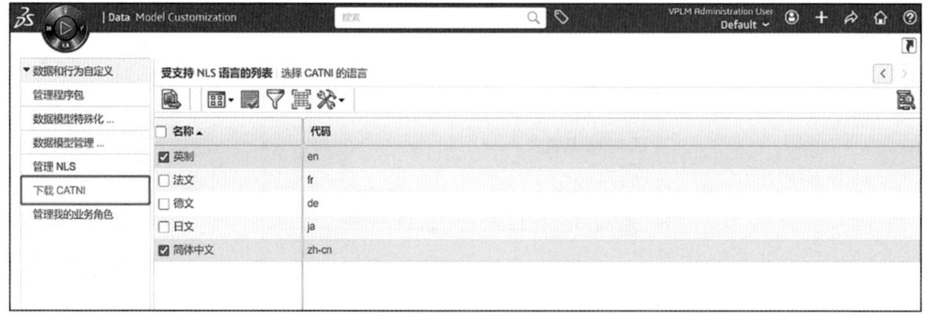

图 4-32　设置受支持的 NLS 语言

图 4-33　下载 NLS 资源包

解压后的 PackagesCATNls. zip 文件如图 4-34 所示。

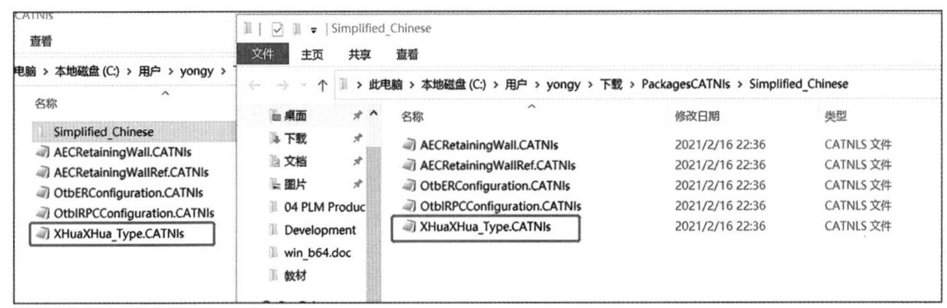

图 4-34　资源包文件组成

将 NLS 文件包拷贝到达索 InstallPath\win_b64\resources\msgcatalog 目录下。

7. 新建项目

在完成部署后，应重新启动客户端，新增加的 Reference 出现在新建内容列表中，如图 4-35 所示。

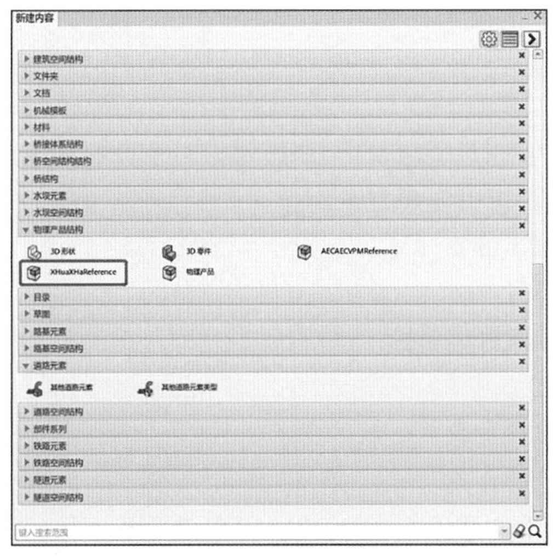

图 4-35　新建内容列表

可以在新建的物理产品属性中查看和修改新增加的拓展属性，如图 4-36 所示。

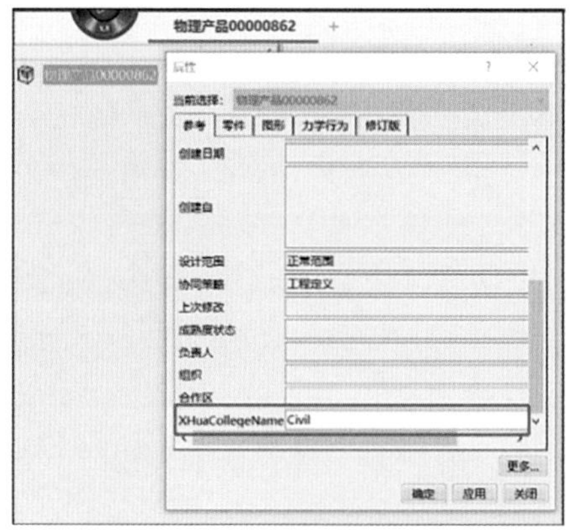

图 4-36 新建物理产品的扩展属性

4.2 PLM Object(PLM 对象)

4.2.1 PLM Object Identifier(PLM 对象标识符)

PLM 对象存储在 Vault 数据库中，PLM 对象标识符(Identifier)是在数据库中唯一标识 PLM 对象的关键字，该标识符是恒定的，不随 PLM 对象属性修改、结构修改和成熟度变化而变化。无论 PLM 对象是什么类型(PLM Reference、PLM Representation Reference、PLM Instance、PLM Representation Instance、PLM Port、PLM Connection)，PLM 对象都有一个标识符。在会话中，该标识符是一个对象建模器组件，实现 CATIAdpPLMIdentificator 接口，如图 4-37 所示。

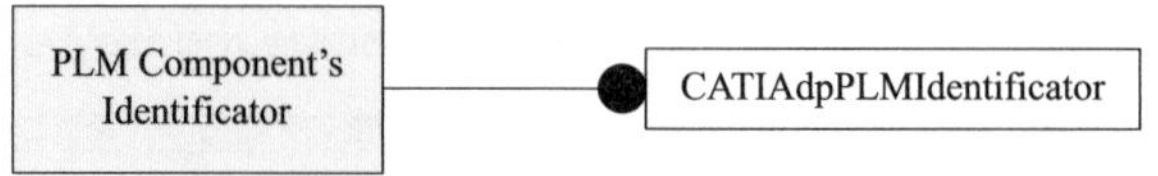

图 4-37 CATIAdpPLMIdentificator 接口

要注意的是，当更改 PLM 对象版本后，新版本是一个具有新标识符的新 PLM 对象。

利用 PLM 对象标识符，可以实现以下用途：

- 在会话中加载 PLM 对象
- 进行“短交易”操作
- 检索 PLM 对象标识符集属性
- 比较 PLM 对象
- 制作 PLM 对象的哈希表

➤ 获取 PLM 对象标识符

可以通过查询对象属性获得会话中的 PLM 对象 ID(图 4-38)，再通过该 ID 得到 PLM 对象标识符，具体代码如下所示。

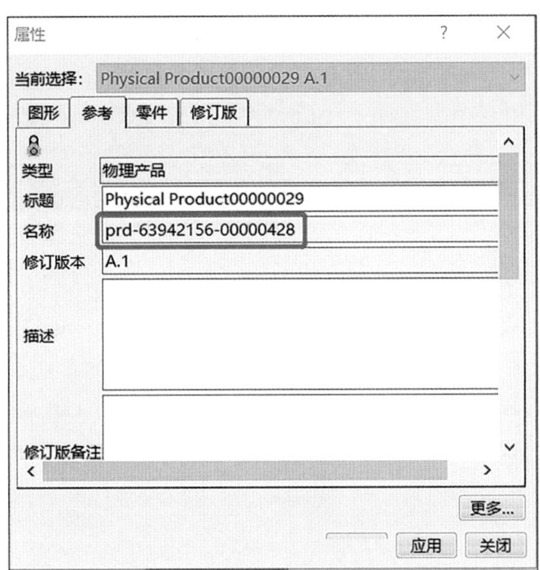

图 4-38 会话中的 PLM 对象 ID

函数的输入参数包括：

istrPLMType 为 PLM 类型，如：VPMReference、VPMRepReference

iPLM_ExternalIDValue 为属性中的名称，如：prd-63942156-00000428

iV_versionValue 为属性中的修订版本，如：A. 1

输出参数为：

opiIdentOnPLMComp 为 PLM 对象标识符接口

```
HRESULT GetPLMIdentificatorFromID(const char*  istrPLMType,
    const CATUnicodeString& iPLM_ExternalIDValue,
        const CATUnicodeString& iV_versionValue,
            CATIAdpPLMIdentificator *&opiIdentOnPLMComp)
{
    opiIdentOnPLMComp = NULL;
    // 1. Initialize the Return Value
    HRESULT hr = E_INVALIDARG;

    // 2. Build The Attribute Set
    CATAdpAttributeSet iAttributeSet;
    CATAdpPLMQueryAttributeSet iAttributeSetForFilter;

    CATUnicodeString V_versionName =
        CATCkePLMNavPublicServices::GetMajorRevisionAttribute
            Name(NULL_var).ConvertToChar();
```

```
// CATAdpAttributeSet is formed for the query by
   GetElementFromAttributes
hr = iAttributeSet.AddAttribute("PLM_ExternalID",
iPLM_ExternalIDValue);
hr = iAttributeSet.AddAttribute(V_versionName.
    ConvertToChar(),iV_versionValue);

hr = iAttributeSetForFilter.AddStringAttribute
    ("PLM_ExternalID", iPLM_ExternalIDValue);
hr = iAttributeSetForFilter.AddStringAttribute
    (V_versionName.ConvertToChar(), iV_versionValue);


// 3. Retrieve the Type by using the input String PLM Type
CATIType_var spCATITypeOnPLMType;
CATBoolean bPLMType = FALSE;
if (SUCCEEDED(hr))
{
    hr = CATCkePLMNavPublicServices::RetrieveKnowledgeType
        (istrPLMType, spCATITypeOnPLMType);
    if (NULL_var == spCATITypeOnPLMType)
    {
        hr = CATCkePLMNavCustoAccessPublicServices::
            RetrieveCustoType(istrPLMType,
                spCATITypeOnPLMType);
        if (SUCCEEDED(hr) && (NULL_var !=
spCATITypeOnPLMType))
            {
                bPLMType = TRUE;
                cout << "  Success
                    CATCkePLMNavCustoAccessPublicServices::
                        RetrieveCustoType " <<
                            (spCATITypeOnPLMType-> Name()).
                                ConvertToChar() << endl;
            }
        }
        else
        {
            bPLMType = TRUE;
```

```
            cout << "  Success
CATCkePLMNavPublicAccessServices ::
                RetrieveKnowledgeType non custo type  " <<
                    (spCATITypeOnPLMType-> Name()).
                        ConvertToChar() << endl;
        }
    }
    if (bPLMType == FALSE)
        cout << "  RetrieveCustoType AND RetrieveKnowledgeType
are             Failed, Invalid PLMType : Identify the Correct
PLMType
                in Modeler" << endl;


    // 4. Retrieve the Element From Database by using the PLM
Type        and Attribute Set
    CATBoolean bMultipleElementAttrSet = FALSE;
    CATBoolean bUniqueKeyDefOnObject = TRUE;
    CATBoolean bIsUnique = TRUE;
    CATBoolean bUniqueObjectFromKey = TRUE;
    CATBoolean bMultipleElementFromQuery = FALSE;
    CATAdpPLMComponentsInfos oComponentsInfos;


    // 4.1. Create the Filter Consists of PLMType and Attribute
Set
    CATAdpPLMQueryFilter iQueryFilter(spCATITypeOnPLMType,
        iAttributeSetForFilter);

    // 4.2. Retrieve the Element from Database By using
Filter ,        If Multiple elements are retrieved then Query
Fails
    if (SUCCEEDED(hr)) hr = CATAdpPLMExtendedQueryServices::
        GetElementsFromQueryFilter(iQueryFilter,
            oComponentsInfos);

    int iCount = oComponentsInfos.Size();

    if (SUCCEEDED(hr) && oComponentsInfos.Size() != 0)
```

```
        {
            if (oComponentsInfos.Size() != 1)
            {
                cout << "\n\t GetElementsFromQueryFilter Returns
                    Multiple Elements. Please Provide Attribute For
                        Identifying the Unique object from Database.
                            Use PLM_EXTERNAL ID + Version" << endl;
                bMultipleElementAttrSet = TRUE;
            }
            // 4.3. Retrieve the Iterator for Attribute Set
            CATAdpPLMComponentsInfosIter iterator =
            oComponentsInfos.GetIterator();
            CATIAdpPLMIdentificator * oComponent = NULL;
            CATAdpPLMComponentInfos oInfos;
            CATAdpPLMComponentUniqueKey oUniqueKey;
            // 4.4. Retrieve the Attributes from iterator :
                Identificator of First PLM Object
            hr = iterator.NextInfos(oComponent, oInfos);

            // 4.5. Retrieve the Unique Key for PLM Object from
               Identificator
            if (SUCCEEDED(hr) && NULL != oComponent)
                hr =
CATAdpPLMQueryServices::GetUniqueKey(oComponent,
    oUniqueKey);

            if (NULL != oComponent)
            {
                oComponent-> Release(); oComponent = NULL;
            }

            if (FAILED(hr)) bUniqueKeyDefOnObject = FALSE;

            // 4.6. Display the Value of Unique Key
                CATUnicodeString oDisplayed;
            if (SUCCEEDED(hr))  hr = oUniqueKey.Display(oDisplayed);
            if (S_OK == hr) cout << "\n\t Unique Key is :" <<
                oDisplayed.ConvertToChar() << endl;
```

```
            // 4.7. Insure the Unicity of Unique Key
            if (SUCCEEDED(hr))   hr = oUniqueKey.UnicityGuarantee();

            if (S_OK == hr)   cout <<  "\n\t Unicity Guranteed" <<
endl;
            else
            {
                cout <<  "\n\t Unicity of Unique Key is not
Guranteed"                  <<  endl;
                bIsUnique = FALSE;
            }

            if (TRUE == bIsUnique)
            {
                CATListPtrCATIAdpPLMIdentificator
                    oComponentsIdentifiers;
                // 4.8. Retrieve the Elements from Database by using
                   Unique Key
                if (SUCCEEDED(hr))   hr =
                   CATAdpPLMQueryServices::GetElementsByUniqueKey
                        (oUniqueKey, oComponentsIdentifiers);
                // 4.9. If single element is retrieved return it, if
                   mulitple elements are retrieved then Query Fails.
                if (SUCCEEDED(hr) &&
oComponentsIdentifiers.Size() !=                    0)
opiIdentOnPLMComp = oComponentsIdentifiers[1];
                else if (oComponentsIdentifiers.Size() != 1)
                {
                    cout <<  "\n\t GetElementsByUniqueKey Returns
                        Multiple Elements." <<  endl;
                    bUniqueObjectFromKey = FALSE;
                }
            }

            // 4.10. If unique Key is not implemented on the Object
then                Retrieve the Object By using
GetElementFromAttributes
            CATListPtrCATAdpQueryResult opQueryResults;
            if (bUniqueKeyDefOnObject == FALSE || bIsUnique ==
```

```
FALSE)
            {
                cout << "\n\t Unique Key is not Defined on PLM
Object                or Unique Key is not Unique
UseGetElementFromAttributes"
                  << endl;
                hr
= CATAdpPLMQueryServices::GetElementsFromAttributes
                  (spCATITypeOnPLMType, iAttributeSet,
                        opQueryResults);
            }

            // 4.11. If multiple elements areretrieved by above
query           then Query Fails  Return the identifier for first
Object               only
            if (SUCCEEDED(hr) && opQueryResults.Size() != 0)
            {
                CATAdpQueryResult * res = opQueryResults[1];
                if (res)
                {
                    res-> GetIdentifier(opiIdentOnPLMComp);
                    delete res;
                    res = NULL;
                }

                if (opQueryResults.Size() != 1)
                {
                    cout << "\n\t\t GetElementFromAttributes Returns
                        Mulitple Elements. Use Attributes which are
                            unique" << endl;
                    bMultipleElementFromQuery = TRUE;
                }
            }
        }


        // 5. Check for the Conditional Variable
        if (bPLMType == FALSE || bMultipleElementAttrSet == TRUE ||
           bUniqueObjectFromKey == FALSE ||
```

```
    bMultipleElementFromQuery                == TRUE)
            hr = E_FAIL;

        return hr;
    }
```

4.2.2　PLM Object Family(PLM 对象族)

在实际操作时,往往要求系统能够在逻辑上将一些 PLM 对象分组在一起,一个逻辑组就是一个族,PLM 对象族是一组具有相同逻辑标识符的 PLM 对象。

每个 PLM 对象有两个标识符,物理标识符和逻辑标识符。

物理标识符在数据库中唯一地标识 PLM 对象。此标识符是在会话中使用 CATIAdpPLMIdentificator 接口指针处理的标识符。通过它可以在会话中打开 PLM 对象,或者直接在数据库中进行操作。

逻辑标识符标识一组 PLM 对象。用户没有访问此标识符的权限,它是一个内部数据。

此处,使用如图 4-39 所示形式来呈现物理和逻辑标识符。

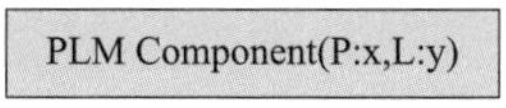

PLM Component(P:x,L:y)

图 4-39　物理和逻辑标识符

图 4-39 左边的物理标识符(P)的值为 x,右边的逻辑标识符(L)的值为 y。

从图 4-40 可以看出,PLM 对象新旧版本的物理和逻辑标识符对比情况,物理标识符随 PLM 对象版本变化,而逻辑标识符则保持不变。

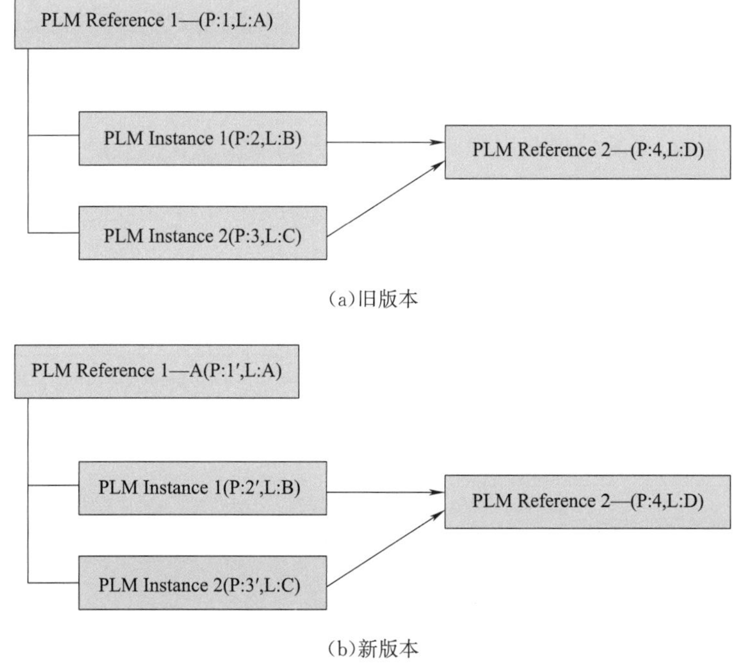

图 4-40　新旧版本的物理和逻辑标识符对比

从图 4-41 可以看出，PLM Instance3 替换 PLM Instance1 前后物理和逻辑标识符对比情况，对象的物理标识符改变，而逻辑标识符则保持不变。

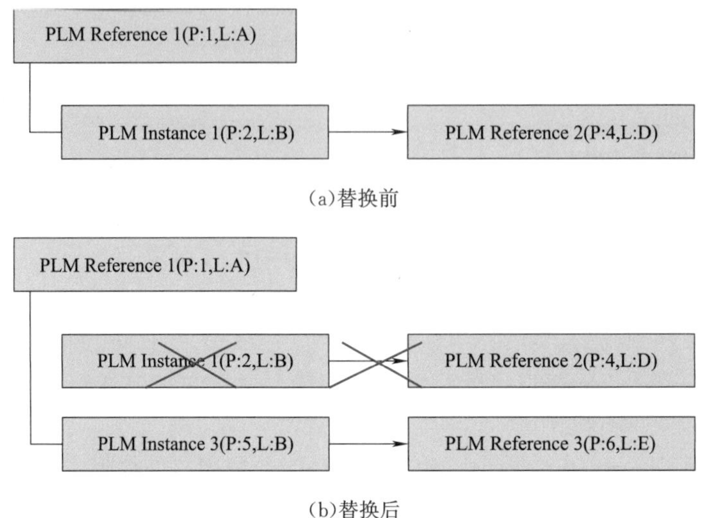

图 4-41 PLM 对象替换前后的物理和逻辑标识符对比

可以利用 PLM 对象族的物理和逻辑标识符分离，逻辑标识符保持不变的特性，实现以下功能：

1. 获取 PLM 对象的所有版本

由于 PLM 对象的所有版本保持相同的逻辑标识符，用户可以通过 API 获得指定 Reference 或 Representation reference 的所有版本。

```
...
public static HRESULT GetAllVersions(CATIAdpPLMIdentificator*
        iComponent, CATLISTP(CATAdpQueryResult) &oQueryResults)
...
```

2. 检索 PLM 对象重新建立链接

通过逻辑标识符，系统使最终用户能够修复断开的链接或者改变链接。以图 4-42 所示为

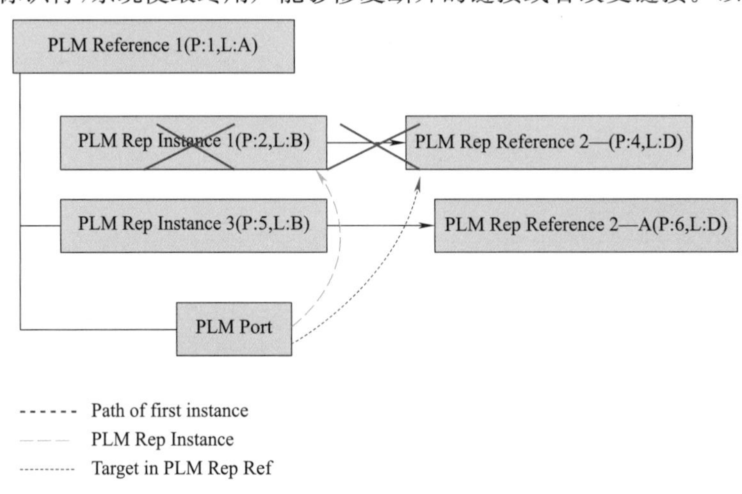

图 4-42 断开链接原理示意

例，PLM 端口指向 PLM Rep Reference2，在用 PLM Rep Instance3 替换 PLM Rep Instance1 前，该端口有效，替换后链接就断开了。

因为 PLM Rep Instance3 是 PLM Rep Reference2 的一个版本的实例，所以可以通过交互模式修复链接。系统能够找到 PLM Rep Instance1 的替换对象 PLM Rep Instance3，并且能够找到 PLM Rep Reference2(---)的替换，这是因为它能提出 PLM Rep Reference 2(--A)。

4.3　PLM Component(PLM 组件)

4.3.1　从 PLM Object 到 PLM Component

PLM 对象存储在 Vault 数据库中，CAA 在会话中采用 PLM Component(PLM 组件)来表现 PLM 对象。当在数据库中查询 PLM 对象并打开它，就会得到一个 PLM 组件，如图 4-43 所示。

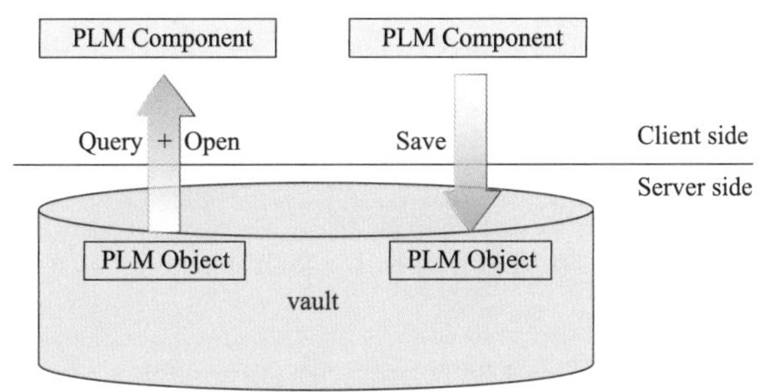

图 4-43　PLM 对象和 PLM 组件关系

虽然数据库中的 PLM 对象是完整视图，但 PLM 组件是部分视图。当在会话中加载 PLM 对象时只加载其部分属性。实际上，只有它的"客户端"PLM 属性被加载。

一个 PLM 组件需要实现 CATIPLMComponent 接口(图 4-44)，通过 CATIPLMComponent 接口可以获得 PLM 对象标识符和 PLM 对象类型。

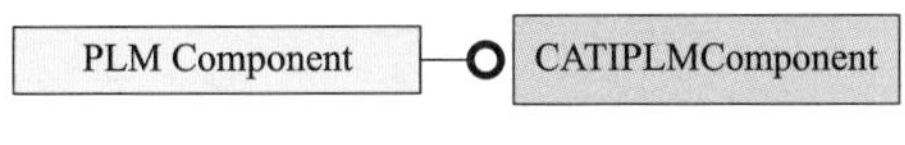

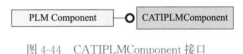

图 4-44　CATIPLMComponent 接口

1. 获取 PLM 对象标识符和 PLM 类型

要想获取数据库中的 PLM 对象标识符，首先应在会话中得到对象的 CATIPLMComponent 接口，再通过 GetAdpID 函数得到 PLM 对象标识符。

```
HRESULT GetPLMIdentificator(CATBaseUnknown_var ispObj,
    CATIAdpPLMIdentificator_var &ospPLMIdentificator)
{
    HRESULT rc = S_OK;
    CATIPLMComponent_var spPLMComp = NULL_var;
    rc = ispObj-> QueryInterface(IID_CATIPLMComponent,
    (void** )&spPLMComp);

    CATIAdpPLMIdentificator*  spPLMIdent = NULL;
```

```
    if (SUCCEEDED(rc) && spPLMComp != NULL_var)
    {
        rc = spPLMComp-> GetAdpID(spPLMIdent);
    }
    ospPLMIdentificator = spPLMIdent;
    return rc;
}
```

同理也可以获得 PLM 组件的 PLM 类型,代码如下所示。

```
HRESULT GetPLMAdpType(CATBaseUnknown_var ispObj,
CATIAdpType_var      &ospPLMAdpType)
{
    HRESULT rc = S_OK;
    CATIPLMComponent_var spPLMComp = NULL_var;
    rc = ispObj-> QueryInterface(IID_CATIPLMComponent,
    (void** )&spPLMComp);

    CATIAdpType*  spPLMType = NULL;
    if  (SUCCEEDED(rc) && spPLMComp != NULL_var)
    {
        rc = spPLMComp-> GetAdpType(spPLMType);
    }
    ospPLMAdpType = spPLMType;
    return rc;
}
```

2. 获取 PLM 组件

可以用 CATAdpOpener 类的 CompleteAndOpen 函数打开 PLM 对象,具体代码如下所示。

```
HRESULT OpenPLMComponent(CATIAdpPLMIdentificator
    *ipiIdentOnPLMComp, const IID& iIID, void **
        opiPLMComp, CATOmbLifeCycleRootsBag &iBag, CATBoolean
            iExpandAll)
{
    HRESULT rc = S_OK;
    // Open the Element in Session
    if (NULL != ipiIdentOnPLMComp)
    {
        // 1. Create opener dpendening on the input mode
        if (TRUE == iExpandAll)
        {
```

```
            CATAdpOpenParameters
                params_Auth(CATAdpExpandParameters::Authoring);
            CATAdpOpener opener_Auth(iBag, params_Auth);
            // 2. Open the Retrieved Component by using
CATAdpOpener
            rc = opener_Auth.CompleteAndOpen(ipiIdentOnPLMComp,
               iIID, opiPLMComp);
        }
        else
        {
            CATAdpOpenParameters
                params_Nav(CATAdpExpandParameters::Navigation);
            CATAdpOpener opener_Nav(iBag, params_Nav);
            rc = opener_Nav.CompleteAndOpen(ipiIdentOnPLMComp,
                iIID, opiPLMComp);
        }
    }
    return rc;
}
```

4.3.2 Instance/Reference 模型表示

会话中的 PLM 组件对象是数据库中描述的 Instance/Reference 模型的映射。

当打开或创建 PLM Representation Reference 时，只能得到一个 PLM 组件。但是当打开或创建一个 PLM Reference 时，可以获得多个 PLM 组件。所有的结构都来自根对象。图 4-45 显示了在数据库中 PLM Reference 及其结构。

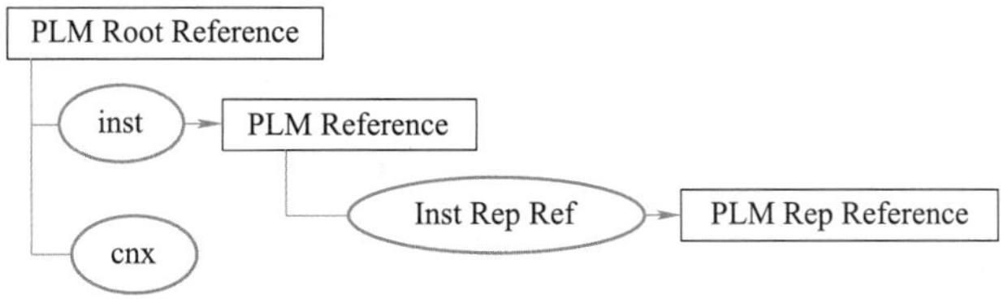

图 4-45 数据库中的 PLM Reference

当在会话中加载这个结构时，将创建六个 PLM 组件：两个 PLM Reference，一个 PLM Instance，一个 PLM Representation Instance，一个 PLM Representation Reference，一个 Connection。每个组件都实现 CATIPLMComponent 接口，如图 4-46 所示。

使用 API 时要注意 PLM Reference 的 PLM 组件可能比它在数据库中的对应结构要少。通过引用加载模式，可以在会话中获得更多或更少的 PLM 组件。

如果想要对复杂结构上的 Instance 应用颜色或位置，Instance/Reference 是不够的。当只有 Instance/Reference 数据模型时，如何将特定的颜色应用于汽车的右后轮呢？在会话中，有

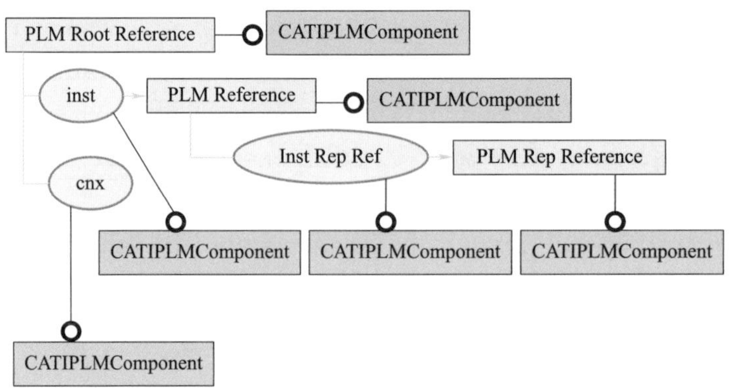

图 4-46 会话中的 PLM Reference

另一个模型表示结构的展开视图与这个类似数据库的模型并行，这个展开视图由名为 PLM Occurrence 的对象表示。当产品模型使用 PLM Occurrences，选择根或一个实例时，会在 VPM 编辑器中获得这些类型的对象。

4.3.3 PLM 组件管理

1. 每个 PLM 对象具有唯一的 PLM 组件

PLM 组件在会话中仅存在且仅存在一次。下面通过举例来说明。

如图 4-47 所示，CAAProduct03 有两个编辑器使用，它们使用相同的 PLM 组件。在 RFLP 编辑器中选择 CAAProduct03 时，得到的结果与选择 VPM 编辑器中的相同。此外，如果使用 CAA 命令打开 CAAProduct03，由于 CAAProduct03 已经在会话中了，所以打开的是相同的 PLM 组件。

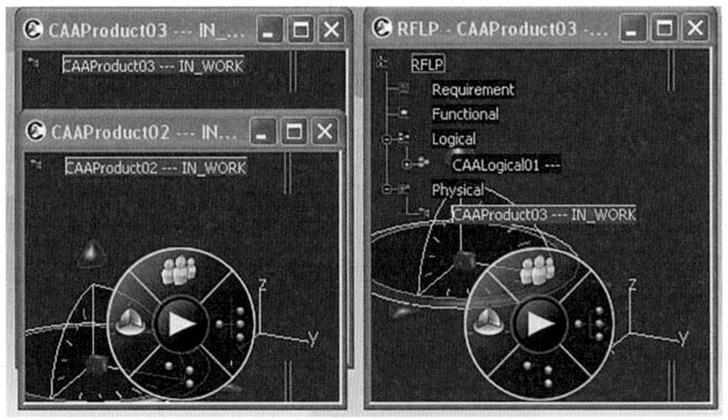

图 4-47 一个组件两个视图窗口

2. 检索 PLM 组件

CAA 提供了许多检索 PLM 组件的方法，可以通过选择 API、导航 API，或者通过公开的任何其他 API 来检索 PLM 组件，还可以用 CATPLMComponentInterfacesServices 类的 GetPLMComponentsInSession 方法来检索所有当前会话中表示 PLM Reference 和 PLMRepresentation Reference 的所有 PLM 组件。

3. 生命周期

与任何对象建模器组件一样，它的物理生命周期是使用 AddRef/Release 机制管理的。当计数器减为零时，OM 对象将从内存中删除。但这种基本的、必要的生命周期管理对于复杂的大型的数据是不够的，所以在此引入了一个逻辑生命周期。原则很简单：在 PLM 组件是逻辑上活着的时候可以使用它，当它在逻辑上死了，就不能使用它了，从会话中移除 PLM 组件的一部分称之为卸载。

逻辑生命周期由 BAG 对象管理，在此处，只关心使用 BAG 对象的两个场景。

(1)一个好的使用 BAG 对象的场景

- 在会话中打开或创建 PLM 组件。
- 将 PLM 组件放入一个 BAG 中。
- 在必要时使用 PLM 组件。
- 当不再需要它：
  - ◆ 释放 OM 组件上的所有接口指针，以启用 OM 组件的物理生命周期结束。
  - ◆ 从 BAG 中删除 PLM 组件——如果这是最后一个使用此 PLM 组件的人，那么它将从会话中卸载。

Release 方法可以在从 BAG 删除中删除操作之前或之后完成。

(2)一个不好的使用 BAG 对象的场景

- 在 CAA 命令的会话中打开或创建 PLM 组件。
- 在 PLM 组件上释放所有接口指针(或者不释放)。
- 离开命令。

这是一个糟糕的场景，因为使用命令时 PLM 组件在逻辑上仍然是活动的，没有人知道它什么时候从会话中卸载。对于一个小模型，这不是一个大问题，但是对于大数据模型，内存可能很快就满了。

4.3.4　PLM 组件属性

PLM 组件是 PLM 对象的客户端视图，反过来又是可实例化(或具体)PLM 类的实例。

从图 4-48 可以看出：

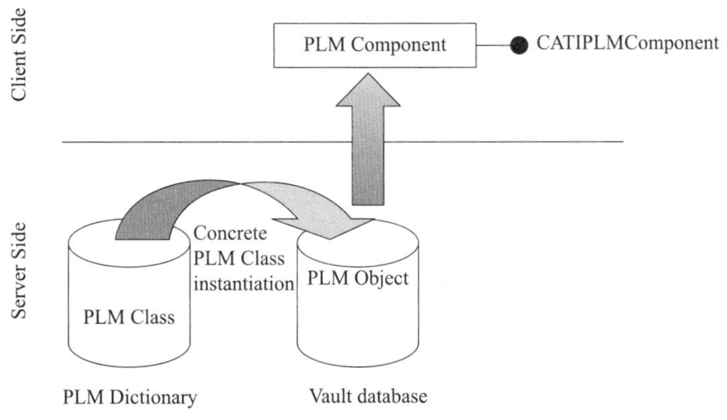

图 4-48　PLM 组件定义

- PLM 组件是实现 CATIPLMComponent 接口的对象建模器组件。
- PLM 组件是一个 PLM 类的具体化，它包含定义 PLM 类的所有 PLM 属性。

下面通过图 4-49 表示访问 PLM 组件属性的机理。

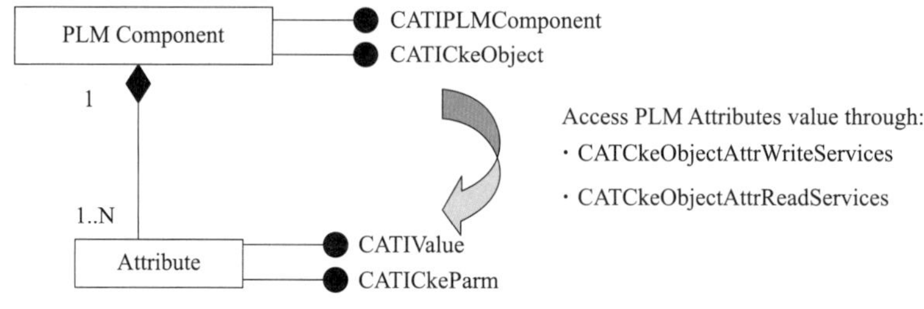

图 4-49 访问 PLM 组件属性

如图 4-49 所示，PLM 组件是实现 CATICkeObject 接口的组件（注意：实现是依赖于 modeler 的）。这个接口是与知识层的链接，此接口使用户能够从 PLM 组件获取或修改属性信息。

- 通过 CATCkeObjectAttrWriteServices 类修改 PLM 属性。
- 通过 CATCkeObjectAttrReadServices 类检索 PLM 属性。

这两个类提供的方法中，前两个输入参数分别是：

- CATICkeObject 接口指针；
- PLM 属性的名称（内部）。

第三个参数是 PLM 属性的值，既可以作为 CATCkeObjectAttrWriteServices 的输入，也可以作为 CatckeObjectAttrReadServices 的输出。

输入或输出 PLM 属性值可以表示为：

- CATIValue；
- 一种特定的格式：字符串，整数，布尔值，实数。

可以采用两种方法在 CATCkeObjectAttrReadServices 和 CATCkeObjectAttrWriteServices 类中访问属性。

（1）通用方法：HRESULT GetValue（const CATICkeObject _ var&iObject，const CATUnicodeString&iAttributeName，CATIValue _ var&oValue）和 HRESULT SetValue（const CATICkeObject _ var&iObject，const CATUnicodeString&iAttributeName，const CATIValue_var&iValue）函数，将特定参数类型转换为通用参数类型 CATIValue。

（2）专用方法：不同格式（CATIValue、string、integer...）的专用方法，如针对 string 类型采用 GetValueAsString 和 SetValueWithString 方法、int 类型采用 GetValueAsInteger 和 SetValueWithInteger 方法。

但对 LIST（列表）和 enum（枚举）参数而言，应注意：

- 对于列表，只能使用带有 CATIValue 作为参数的方法；
- 枚举只能由字符串计算值。

可以用通用 API 获取并设置 CATIValue，SetValue（CATCkeObjectAttrWriteServices 类）和 GetValue（CATCkeObjectAttrReadServices 类）来处理任何类型的 PLM 属性类型。

下面给出了 SetValue 使用方法。

```
CATIValue_var MyPLMAttribute_Value = ...;
CATCkeObjectAttrWriteServices::SetValue(piCkeObjectOnMyComp,
"MyPLMAttribute_Name",
MyPLMAttribute_Value)
```

通常,它需要先创建一个 CATIValue。

```
...
CATICkeParmFactory_var parmFactory =
CATCkeGlobalFunctions::GetVolatileFactory();
CATUnicodeStringnewAttrValue = "Myvalue" ;
CATICkeParm_var parmValue =
    parmFactory-> CreateString("AttributeName",newAttrValue);
CATIValue_varMyPLMAttribute_Value = parmValue;

...
```

上面代码给出了使用 SetValue 方法创建知识参数的过程。但是请注意,创建不同 PLM 属性的知识类型参数,参数工厂应采用相应的创建方法。表 4-1 列出了用于创建正确的知识参数的 CATICkeParmFactory 方法。

表 4-1　创建知识参数的 CATICkeParmFactory 方法

参数类型	CATICkeParmFactory 方法
string	CreateString
int	CreateInteger
float	CreateReal
boolean	CreateBoolean
date	CreateDate
enum	CreateEnumere(用字符串表示值)
LIST	CreateList

如果没有使用正确的方法,CATCkeObjectAttrWriteServices 的 SetValue 方法将失败。

在所有方法中都有一个叫作参数名的参数,例如 CreateString 方法中的第一个参数。参数名可以是任意的,因为 knowledge 参数是一个易变的参数。SetValue 方法包含 PLM 属性名。

下面通过具体例子说明 PLM 组件属性操作。

➤ 列出对象的所有属性

```
HRESULT DumpAllPLMAttributes(CATBaseUnknown * ipElement)
{
    HRESULT rc = E_INVALIDARG;
    if(NULL != ipElement)
```

```
    {
        //Retrieve the 'CATICkeObject' interface
        CATICkeObject_var spCkeObject;
        spCkeObject = ipElement;
        if (NULL_var != spCkeObject) rc = S_OK;

        //Retrieve PLM Component Attributes
        CATListOfCATUnicodeString AttributeNameList;
        CATListOfCATUnicodeString AttributeValueAsStringList;
        CATLISTV(CATICkeParm_var) AttributeValueList;
        if (SUCCEEDED(rc)) rc =
            CATCkeObjectAttrReadServices::GetListOfAttributes
                (spCkeObject, AttributeNameList,
                    AttributeValueAsStringList,
                        AttributeValueList);

        //Dump PLM Component Attributes
        int Nb_Attributes = AttributeNameList.Size();
        cout << "Nb Attributes" << Nb_Attributes << endl;
        for (int iAttribute = 1; SUCCEEDED(rc) && iAttribute <=
            Nb_Attributes; iAttribute++)
        {
            //Attribute Name
            CATUnicodeString attributeName =
                AttributeNameList[iAttribute];
            cout << " " << iAttribute << "Attribute Name" <<
                attributeName;

            //Current Value
            CATUnicodeString ValueAsString =
                AttributeValueAsStringList[iAttribute];
            cout << " Value:" << ValueAsString << endl;
        }
    }
    return rc;
}
```

➢ 根据属性名称获取属性值

```
HRESULT GetAttrValue(CATBaseUnknown_var ispComponent,
    CATUnicodeString iAttrName, CATUnicodeString &oAttrValue)
```

```
{
    HRESULT rc = E_FAIL;
    CATICkeObject*  piCkeObject = NULL;
    rc= ispComponent -> QueryInterface(IID_CATICkeObject,
        (void** )&piCkeObject);
    if (SUCCEEDED(rc))
    {
        rc=CATCkeObjectAttrReadServices::GetValueAsString
            (piCkeObject, iAttrName, oAttrValue);
        piCkeObject-> Release();
        piCkeObject = NULL;
    }
    return rc;
}
```

➢ 根据指定属性名称修改属性值

```
HRESULT SetAttrValue(CATBaseUnknown_var ispComponent,
    CATUnicodeString iAttrName, CATUnicodeString iAttrValue)
{
    HRESULT rc = E_FAIL;
    CATICkeObject*  piCkeObject = NULL;
    rc = ispComponent -> QueryInterface(IID_CATICkeObject,
        (void** )&piCkeObject);
    if (SUCCEEDED(rc))
    {
        rc = CATCkeObjectAttrWriteServices::SetValueWithString
            (piCkeObject, iAttrName, iAttrValue);
        piCkeObject-> Release();
        piCkeObject = NULL;
    }
    return rc;
}
```

4.3.5　PLM 组件操作

PLM 对象操作可分为两大类:长交易和短交易。

长交易包括:QEOpS(Query、Expand、Open、Save)查询,展开,打开,保存。

短交易包括:CrUD(Create、Update、Delete)创建、更新和删除,以及 PLM 管理相关的锁定、成熟度和版本管理。

4.4 PLM Session(PLM 会话)

4.4.1 连接原理

本节对客户端、授权服务器和达索服务器之前的连接关系做简要介绍,如图 4-50 所示,图中的各 IP 仅为示意。

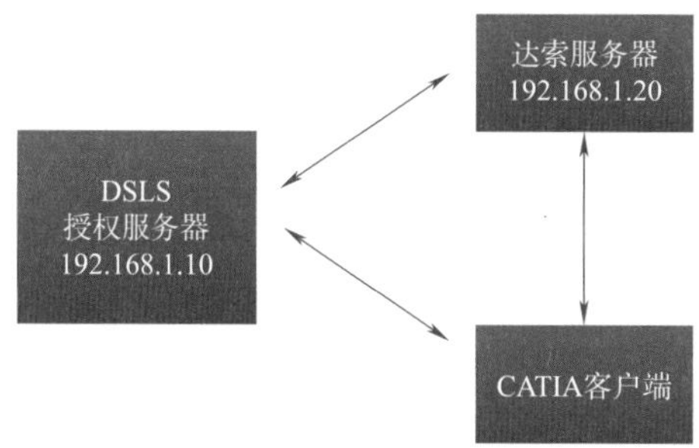

图 4-50 客户端、授权服务器和达索服务器连接关系

1. 授权服务器

达索的 DS License Server 安装在网络服务器上,用于 3DEXPERIENCE 各个模块授权,授权服务器必须开放 4085 端口,支持的操作系统有:

- Windows 10 64-bit 或 x86
- Windows Server 2012 R2 64-bit 或 x86
- Windows Server 2016 64-bit 或 x86
- Red Hat Enterprise Linux 7. n 64-bit 或 x86(版本应不小于 7. 5)
- SUSE Linux Enterprise Server 12 SPn 64-bit 或 x86(版本不小于 SP4)

License Administration Tool 程序界面如图 4-51 所示。

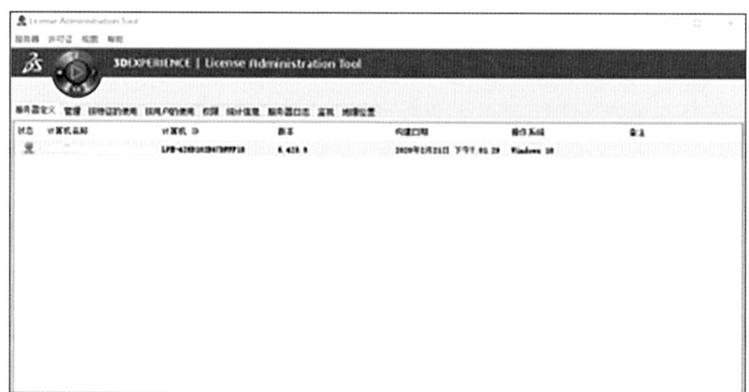

图 4-51 License Administration Tool

2. 达索服务器

达索服务器运行时需要访问授权服务器,授权服务器 IP 地址写在 DSLicSrv. txt 文件中(图 4-52),授权 IP 地址设置如图 4-53 所示。

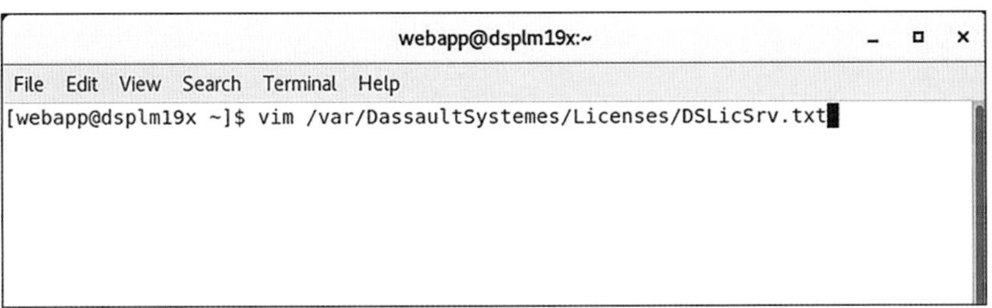

图 4-52　DSLicSrv. txt 文件路径

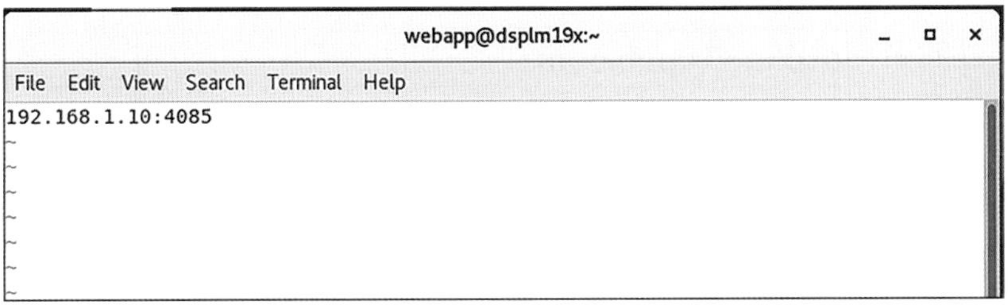

```
webapp@dsplm19x:~
File Edit View Search Terminal Help
192.168.1.10:4085
~
~
~
~
~
~
~
```

图 4-53　在 DSLicSrv. txt 中设置授权地址示例

3. 客户端

达索客户端启动时同样需要访问授权服务器。对于 Windows10 系统，授权服务器 IP 地址写在 DSLicSrv. txt 文件中（默认路径 C:\ProgramData\DassaultSystemes\Licenses），授权 IP 地址设置如图 4-54 所示。

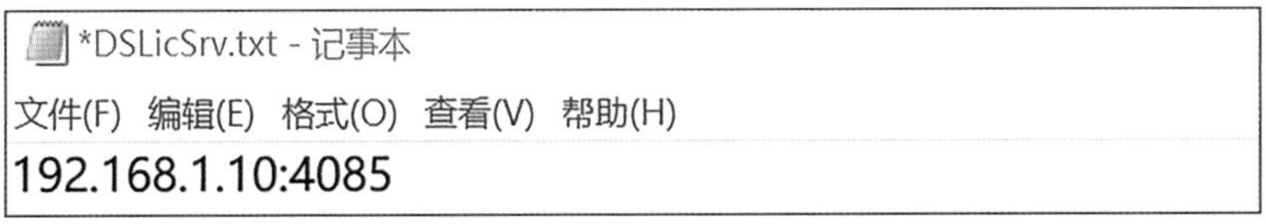

```
*DSLicSrv.txt - 记事本
文件(F) 编辑(E) 格式(O) 查看(V) 帮助(H)
192.168.1.10:4085
```

图 4-54　在 DSLicSrv. txt 中设置授权地址示例

可以通过在 hosts 文件中配置达索客户端登录域名和 IP 的映射关系，如图 4-55 所示。

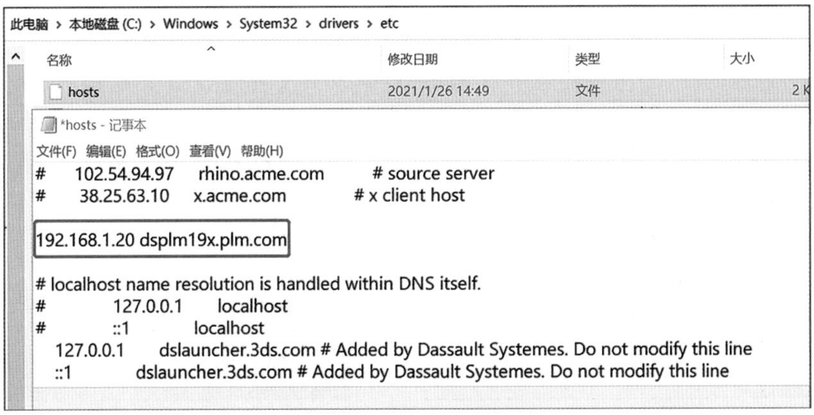

```
此电脑 > 本地磁盘 (C:) > Windows > System32 > drivers > etc
名称        修改日期          类型    大小
hosts       2021/1/26 14:49   文件    2 K
*hosts - 记事本
文件(F) 编辑(E) 格式(O) 查看(V) 帮助(H)
#     102.54.94.97     rhino.acme.com          # source server
#      38.25.63.10     x.acme.com              # x client host

192.168.1.20 dsplm19x.plm.com

# localhost name resolution is handled within DNS itself.
#          127.0.0.1       localhost
#          ::1             localhost
 127.0.0.1       dslauncher.3ds.com # Added by Dassault Systemes. Do not modify this line
 ::1             dslauncher.3ds.com # Added by Dassault Systemes. Do not modify this line
```

图 4-55　hosts 文件设置示意

4.4.2 交互连接

以交互模式启动客户端，需要在连接特性对话框中定义协议、主机名、端口和根 URI。登录前请确保后台 Enovia 已经启动了 Cas 和 NoCas 服务。

Cas 方式登录连接特性设置对话框如图 4-56 所示。

连接特性
协议：https
主机名：dsplm19x.plm.com
端口：443
根 URI：3dspace
确定 取消

图 4-56 Cas 登录连接特性示意

NoCas 方式登录连接特性设置对话框如图 4-57 所示。

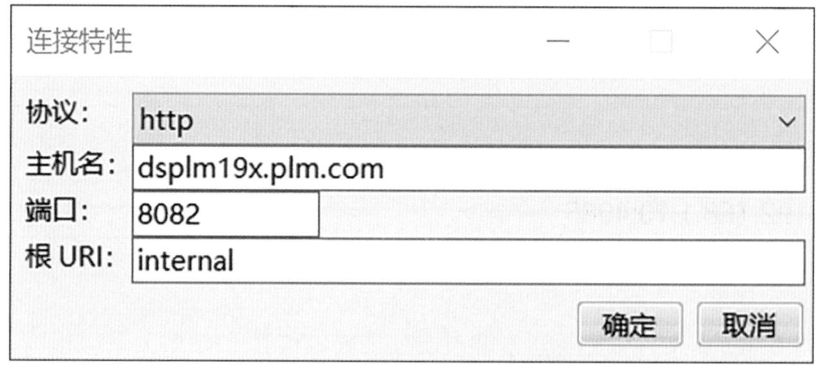

图 4-57 NoCas 登录连接特性示意

输入用户名和密码，选择合作空间和角色，登录 3DEXPERIENCE 平台，如图 4-58 所示。

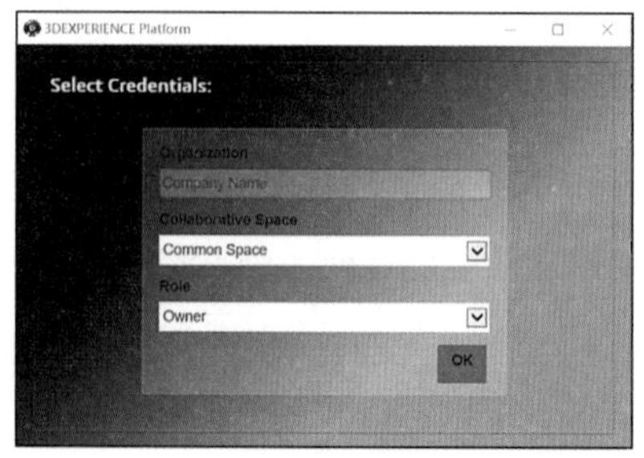

图 4-58 登录对话框

4.4.3　批处理连接

在 Batch(批处理)程序中创建和关闭会话，应遵从以下三个步骤。

1. 设置会话参数

```
const char* repository= "PLM1";
const char* serverName = "dsplm19x.plm.com";
const char* serverPort = "443";
const char* serverRootURI = "3dspace";
const char* loginTicket = "
QkIwODU5NjFFQTM4NDVGM0IwNDJFMDdCOTMwQkUxRTN8YWRtaW5fcGx
hdGZvcm 18YWRtaW5fcGxhdGZvcm18fHwwfA== ";
const char* serverProtocol = "https";
CATPLMSessionServices::SetPLMSessionParameter("Reposito
ry", repository);
CATPLMSessionServices::SetPLMSessionParameter("ServerNa
me", serverName);
CATPLMSessionServices::SetPLMSessionParameter("ServerPo
rt", serverPort);
CATPLMSessionServices::SetPLMSessionParameter("ServerRo
otURI", serverRootURI);
CATPLMSessionServices::SetPLMSessionParameter("LoginTic
ket", loginTicket);
CATPLMSessionServices::SetPLMSessionParameter("ServerPr
otocol", serverProtocol);
```

会话参数可根据连接特性对话框填写，如图 4-59 所示。

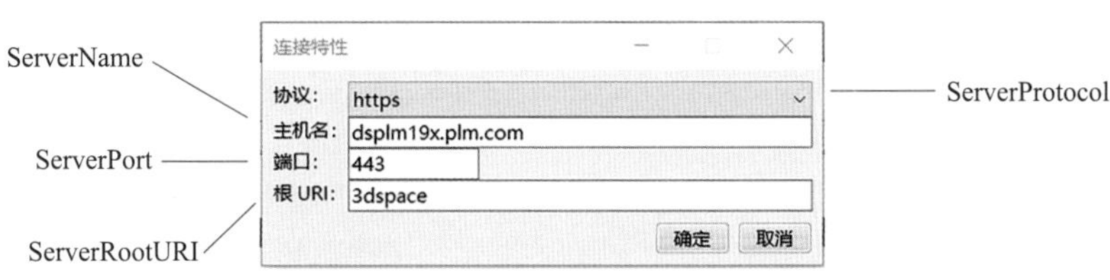

图 4-59　会话参数与连接特性对应关系

2. 创建会话

```
CATPLMSessionServices::InitPLMSession();
```

3. 关闭会话

```
CATPLMSessionServices::ClosePLMSession();
```

要获取登录票据，可以先以交互连接登录 3DEXPERIENCE 平台，点击罗盘进入“我的社交和协作应用程序”象限，运行“Collaboration&Approvals”程序获取登录票据(图 4-60)，可以根据需要生成无限次票据或一次性票据(图 4-61)。

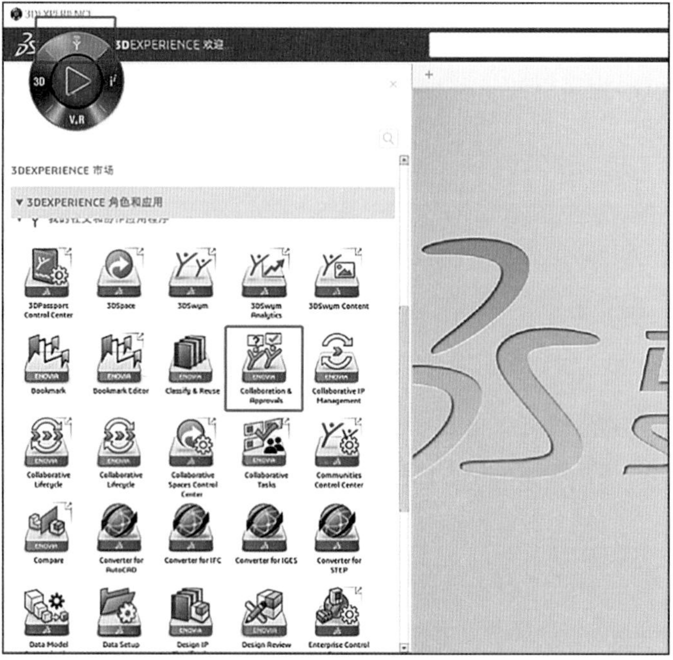

图 4-60 Collaboration&Approvals APP

图 4-61 生成登录票据

第5章　产品模型

Product Modeler(产品建模器)适用于3DEXPERIENCE客户端的所有程序,如ENOVIA 3D live、CATIA、DELMIA和SIMULIA。这些程序都是基于同一建模器和数据模型,因此掌握产品模型的构建原理并用CAA进行产品模型的开发是必备的知识和技能。本章内容的知识量较大,建议在了解第3章对象建模器和第4章会话对象知识后再进行本章学习。

5.1　Product Modeler(产品建模器)

5.1.1　概　　述

产品建模器是3DEXPERIENCE平台主要的PLM建模器之一,产品建模器基于"PRODUCTCFG"包,是特殊化的PLM核心建模器,通过对其添加属性和行为的方式实现,如图5-1所示。

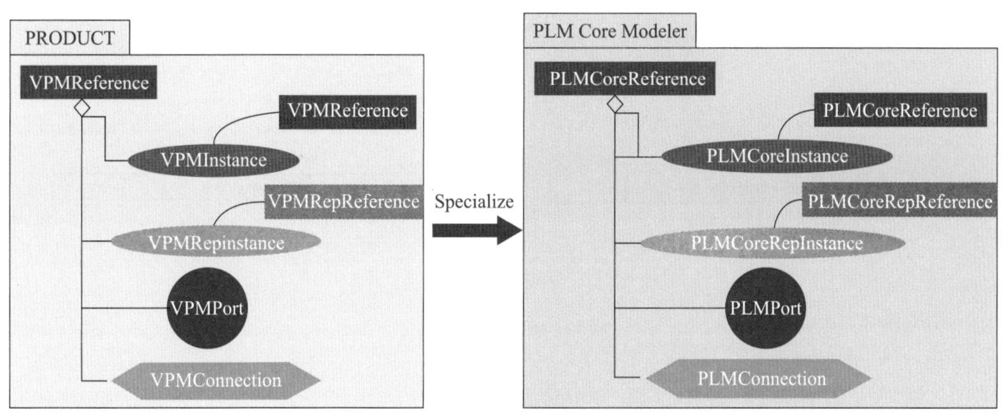

图5-1　PLM核心建模器和产品建模器

产品建模器的六个核心类VPMReference、VPMInstance、VPMRepInstance、VPMRepReference、VPMPort和VPMConnection都是定制的,因此都可以实例化。图5-2～图5-9给出了这六个类的继承关系和增加的属性。

其中,VPMReference和VPMRepReference在相应PLM核心类基础上增加了设计范围(Design Range)属性,相应的交互操作界面如图5-10和图5-11所示。该属性对应的是V_ScaleEnum类型(图5-9)的大范围(0.1 mm～100 km)和超大范围(10 mm～10 000 km),主要应用于土木工程模型。

VPMReference

General Information

Property	Comments
NLS name	Physical Product
Specializable	
Extensible	
New (CAA)	
New (EKL)	

Inheritance Path

```
ObjectType
 Feature
  DatabaseObjectType
   BusinessType
    PLMEntity
     PLMCoreReference
      VPMReference
```

Attributes

Name used in EKL	NLS Name	Type	Comment
V_Scale	Design Range	V_ScaleEnum	-

图 5-2 VPMReference

VPMInstance

General Information

Property	Comments
NLS name	Physical Product Instance
Specializable	
Extensible	
New (EKL)	

Inheritance Path

```
ObjectType
 Feature
  DatabaseObjectType
   RelationType
    PLMCoreInstance
     VPMInstance
```

Attributes

Name used in EKL	NLS Name	Type	Comment
FixedStatus	FixedStatus	Boolean	-
PositionMatrix	PositionMatrix	Matrix	-
Positioned3DObject	Positioned3DObject	Positioned3DObject	-
Reference	Reference	VPMReference	-
V_IsFixedInstance	V_IsFixedInstance	Boolean	-

Methods

The following methods are associated with this type:

- GetEffectivity
- SetEffectivity

图 5-3 VPMInstance

VPMRepReference

Inheritance Path

```
ObjectType
 Feature
  DatabaseObjectType
   BusinessType
    PLMEntity
     PLMCoreRepReference
      VPMRepReference
```

Attributes

Name used in EKL	NLS Name	Type	Comment
V_Scale	Design Range	V_ScaleEnum	-

图 5-4 VPMRepReference

VPMRepInstance

General Information

Property	Comments
NLS name	Physical Representation Instance
Specializable	
New (EKL)	

Inheritance Path

```
ObjectType
 Feature
  DatabaseObjectType
   RelationType
    PLMCoreRepInstance
     VPMRepInstance
```

Attributes

Name used in EKL	NLS Name	Type	Comment
Reference	Reference	VPMRepReference	-
V_Qualification	Qualification	String	-

图 5-5 VPMRepInstance

VPMPort

General Information

Property	Comments
NLS name	Publication
Specializable	
New (EKL)	

Inheritance Path

```
ObjectType
 Feature
  DatabaseObjectType
   BusinessType
    PLMEntity
     PLMPort
      VPMPort
```

Attributes

Name used in EKL	NLS Name	Type	Comment
V_Direction	Direction	V_LPPortDirectionEnum	-
V_FunctionalName	Functional Name	String	-

图 5-6 VPMPort

VPMConnection

Inheritance Path

```
ObjectType
 Feature
  DatabaseObjectType
   BusinessType
    PLMEntity
     PLMConnection
      VPMConnection
```

Example

图 5-7 VPMConnection

3DShape

General Information

Property	Comments
NLS name	3D Shape
Specializable	
Extensible	
New (CAA)	
New (EKL)	

Inheritance Path

ObjectType
Feature
DatabaseObjectType
BusinessType
PLMEntity
PLMCoreRepReference
VPMRepReference
3DShape

图 5-8　3DShape

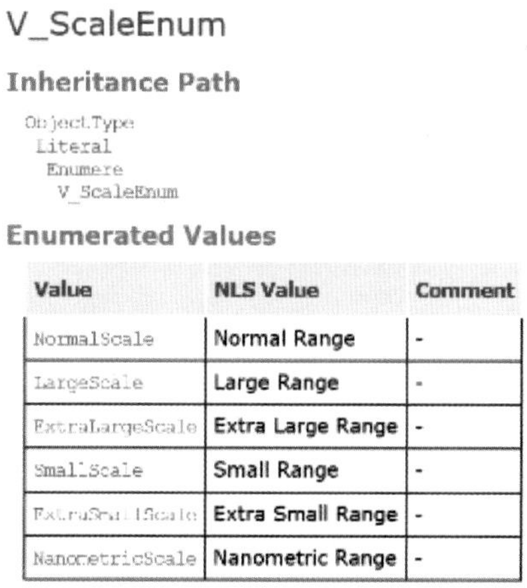

V_ScaleEnum

Inheritance Path

ObjectType
Literal
Enumere
V_ScaleEnum

Enumerated Values

Value	NLS Value	Comment
NormalScale	Normal Range	-
LargeScale	Large Range	-
ExtraLargeScale	Extra Large Range	-
SmallScale	Small Range	-
ExtraSmallScale	Extra Small Range	-
NanometricScale	Nanometric Range	-

图 5-9　V_ScaleEnum

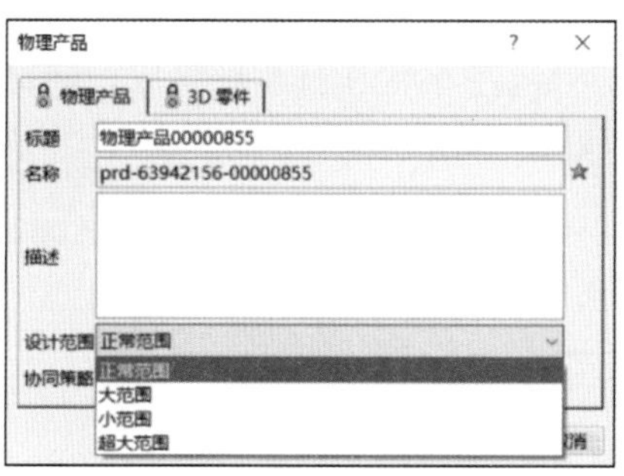

图 5-10　新建物理产品

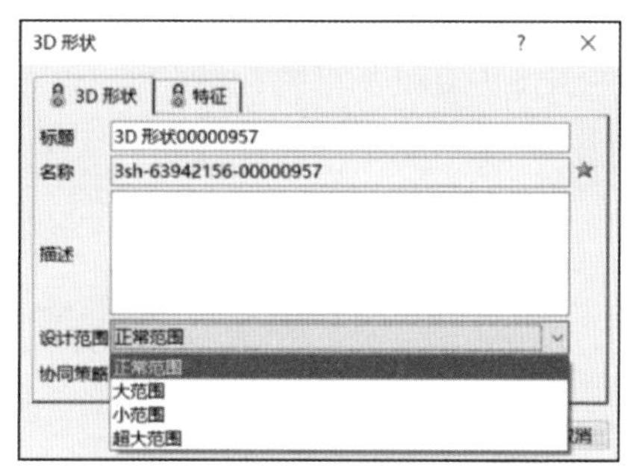

图 5-11　新建 3D 形状

5.1.2　从工业实际模型到持久模型

无论工业领域还是土木工程领域对模型都有一定的要求，对建模器的主要要求包括：

- 装配好的物理模型，子模型在装配中的相对位置，以及对象之间的约束关系；
- 版本控制：可以从单个物理模型制造、组装和销售的不同产品；
- 配置：物理模型在其生命周期内所发生的变化以及这些变化的有效性；
- 零件制造；
- 模拟；
- 物料清单（工程量）；
- 装配工艺（建造工法）。

本章采用对物理模型的组成原理并辅助示例代码的方式讲解，下面以图 5-12 所示的滑板模型为例进行详细说明。

简化版滑板模型是由七个组装好的物理部件组成，可以归为三种类型：

- 一个甲板（粉色）；
- 两个支架（灰色）；
- 四个车轮（绿色）；

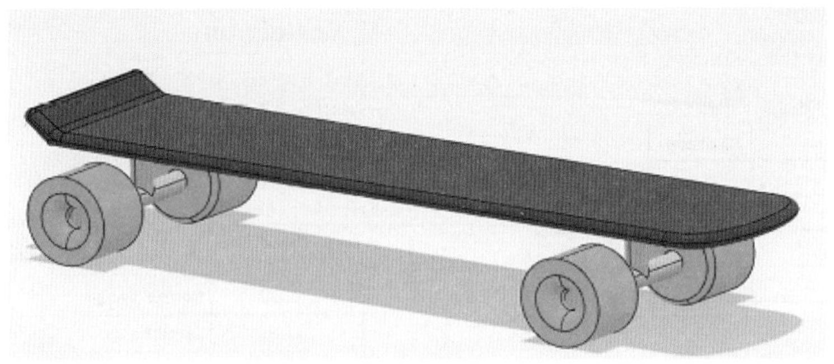

图 5-12　滑板模型

滑板是由七个部件组装而成的，此装配体本身是一个对象。同样地，可以将支架和车轮组件作为一个整体处理，这个整体包含支架和两个车轮，称为装配件。装配件的对象由物理部件的命名集组成。装配件具有许多特性，例如持有零件编号以将其作为一个整体装配子集来管理，而不是单独管理每个零件并将其组装。

在滑板中，支架和车轮装配件(T&W Asm)由支架、左车轮和右车轮组成。同样，滑板装配体由甲板、前支架和车轮装配件和后支架和车轮装配件组成，如图 5-13 所示。

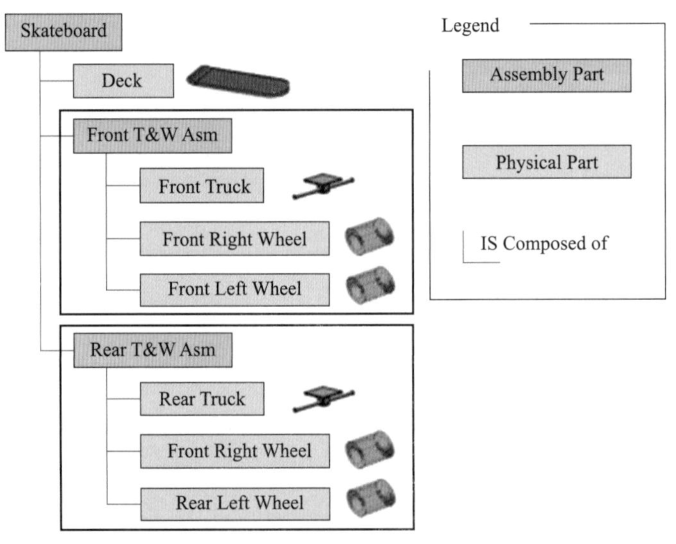

图 5-13　装配体滑板模型

装配件和物理部件共用的引用对象使模型具有一致性。聚合实例的程序集部件的引用和指向表示的物理部件的引用具有相同的性质。如果第一个被称为装配零件，那么第二个将被简单地称为零件。

如果将引用添加到其他部分，则将所有物理部分替换为实例，引用和表示。

从只包含几何和数据的物理模型出发，应用上述不同的变化，得到描述装配并指向零件几何形状的最终模型，其中包含最少的非冗余对象，如图 5-14 所示。

为了书写方便，此处对 Reference、Representation、Representation Reference、Representation Instance 进行简写约定：

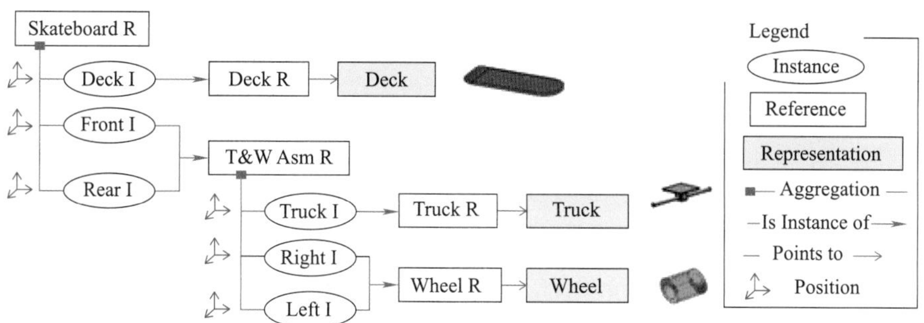

图 5-14　滑板车产品 Instance/Reference/Representation 模型

Reference 简写为 Ref；

Representation 简写为 Rep；

Representation Reference 简写为 Rep Ref；

Representation Instance 简写为 Rep Instance。

1. 建模表示(Modeling Representations)

Representations 的主要任务是通过描述零件形状和几何来表示零件。由于这些形状和几何形状不属于产品建模器，而是属于零件建模器，因此表示对象被拆分为产品建模器中的表示引用(Rep Ref)和零件建模器中的形状对象。

这两个对象在逻辑上并不是完全不同的。表示引用是用聚合行为封装了形状，如果表示引用被删除，则形状也被删除，如图 5-15 所示。

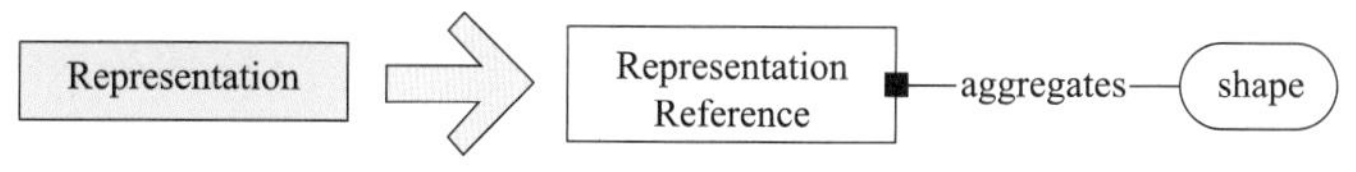

图 5-15　表示引用和形状

表示引用是叶对象，因此在语义上与作为结构对象的引用不相同。

为了在实例/引用模型中集成表示引用(Rep Ref)，表示引用被实例化为一个专用实例：表示实例(Rep Instance)，如图 5-16 所示。

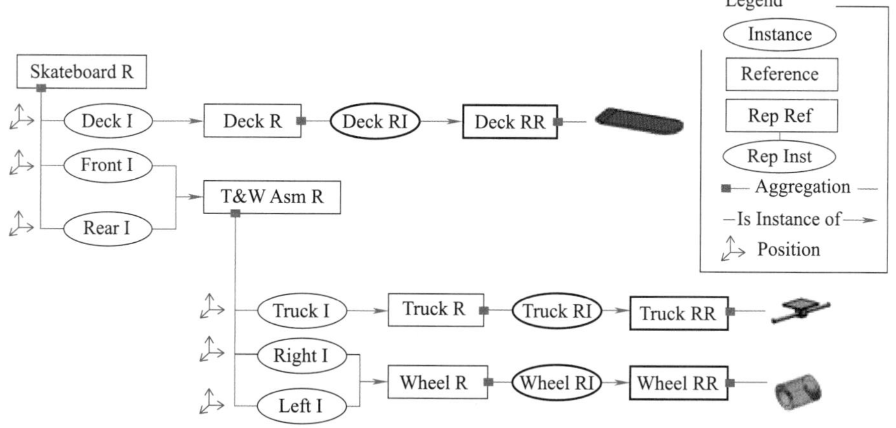

图 5-16　滑板车完整的 Instance/Reference 模型

图 5-14 中的 Rep 被替换为 Rep Instance，Rep 变为加上 Rep Ref 及其下集成的 Shape，此时 Rep 将这三个对象用作为一个整体来表示。

Rep Ref 对象：

(1)只聚合实例。即要么是作为节点对象聚合来自 Ref 的 Instance，要么是作为叶子对象聚合 Rep Instance。

(2)拥有一个专用的生命周期。它们可以独立于 Ref 进行版本控制、更改或删除。例如，删除 Ref 时不能删除 Rep Ref 及其聚合的 Shape。

(3)多表示方式。Ref 可以聚合多个 Rep，例如实际部件的精确 Rep，以及用于显示和干扰检查的灯光 Rep。作为多表示的一个例子，轮子可以有一个精确的 Rep，一个粗略的 Rep。

因此上述滑板现在有 4 种类型、17 个 Product Modeler 对象：

(1)2 个装配体 Ref(Skateboard R 和 T&W Asm R)以及 3 个零件的 Rep(Deck R，Truck R，Wheel R)。

(2)6 个 Instance(Deck I，Front I，Rear I，Truck I，Right I，Left I)。

(3)3 个 Rep Instance(Deck RI，Truck RI，Wheel RI)。

(4)3 个 Rep Ref(Deck RR，Truck RR，Wheel RR)。

3 个 Shape 不是 Product Modeler 的一部分。

如果想知道这个模型到底是怎样的，需要仔细思考。例如，它的轮数不是从图中显示的 Instance 数推断出来的两个轮 Instance，而是四个实际的轮。因为它是一个简化模型，所以不能直接处理每个实际对象，须通过展开不同的对象来解释它，沿着从根到叶对象的链接运行，以计算实际对象。例如，从 Skateboard R 到 Front I，T&W Asm R，一直到 Right I，它的 Rep 是前右轮。因此，必须对这个模型进行解释，以理解真实的模型，这在从持久模型到会话模型中进行了讨论，但是在此之前应该满足另外两个组装设计需求。

2. 模型的约束和发布

装配是通过将零件相对于其他零件定位而形成的，这种模型在有些情况下不够完善。例如，车轮和支架通过共享相同的旋转轴旋转，因此两者必须是同轴，即移动车轮时，车轮必须与支架保持同轴。为了确保这一点，可以在车轮和支架之间设置一个约束，这里为了简化起见，假定它与轮轴相同。

在图 5-17 中，约束(Cnst1)与约束的对象处于同一级别，被添加在产品结构图中。约束(Cnst1)使用经过实例的路径指向支架和车轮各自形状的旋转轴，然后跳转到 Rep Instance、Rep Ref，最后指向 Shape。为完成设计，应设置第二个约束，约束左轮与支架同轴。

从 PLM 核心建模器的观点来看，约束是一个连接，一个更通用的对象，用于建立 PLM 建模器内对象之间的链接模式，或者不同 PLM 建模器对象之间的链接模式。另一个经典的链接用法是将一个材料关联到一个引用。

下面探讨一个情形，假设支架零件所有者改变了几何形状，例如用另一个形状替换当前形状，如图 5-18 所示。

由 Truck R 聚合的 Truck RI 被更改为 Truck2 RR 的实例(Truck2 RI)，其中 Truck2 RR 聚合了新形状。由于上一个 Instance 被删除，约束 Cnst1 现在指向一个消失的实例(Truck RI)：约束被破坏。

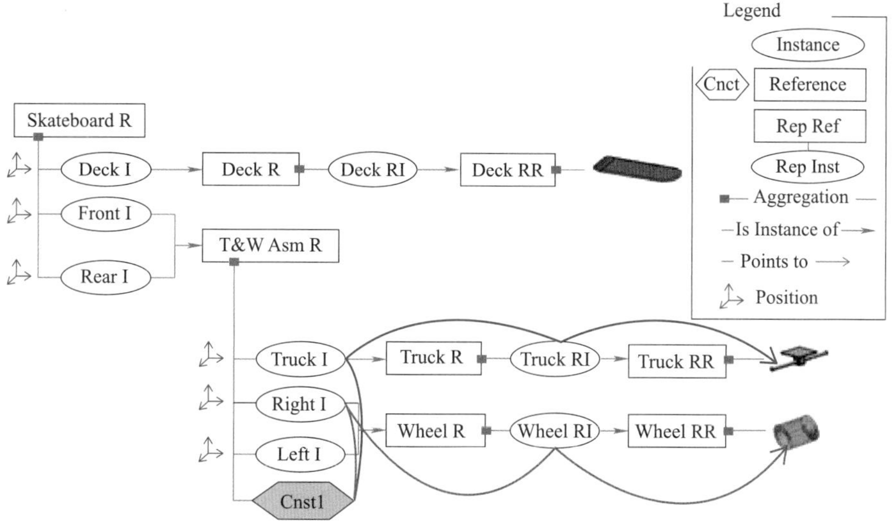

图 5-17　两个对象之间的约束

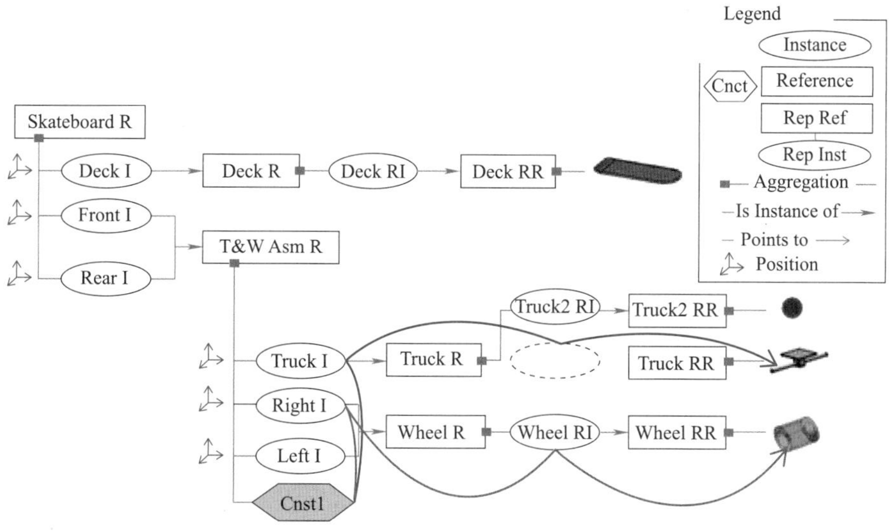

图 5-18　更改形状

程序集所有者可以手动将约束重连接到新的 Rep Instance 和新的形状。这意味着支架零件所有者和装配所有者(如果他们不是同一个人)必须就设计更改进行沟通。此外,如果有数个所有者与支架部分相关,通信过程将会变得更加困难。因此,使用一个名为 Publication(发布)的中间对象可实现指向机制的持久存在,此时过程要简单得多,效率也要高得多。

使用发布,无论 Truck R 的设计者对 Shape 进行了任何更改,都会确保零件将始终提供给组装设计师一个 Truck 的旋转轴。发布是一种接口,可以依赖于此发布设置约束。轮子也是相同的情况。

如图 5-19 所示,通过发布,约束不再只通过 Instance 指向 Shape,而是指向两个发布对象,这两个发布对象达成一个稳定的契约来访问 Shape 内的几何元素。

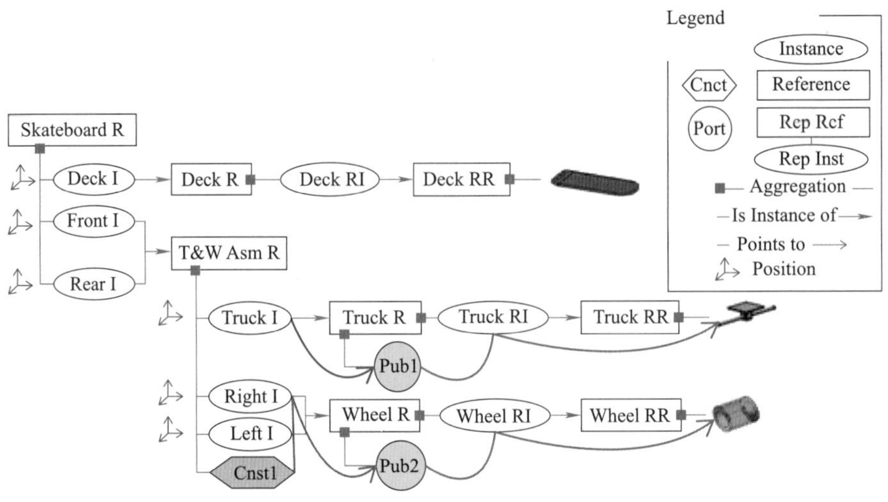

图 5-19 发布原理示意

从 PLM Core modeler 的角度来看，发布是一个 Port，是一个更通用的对象，可用于对其他数据模式建模。Port 的另一个经典用法是在 logic modeler（逻辑建模器）或 functional modeler（功能建模器）中连接两个系统。

3. Instance/Reference 模型

结果数据模型（除了 Shape）依赖于组成 PLM 核心建模器的六种对象类型（图 5-20）：

（1）Reference；

（2）Instance；

（3）Representation reference；

（4）Representation instance；

（5）Connection；

（6）Port。

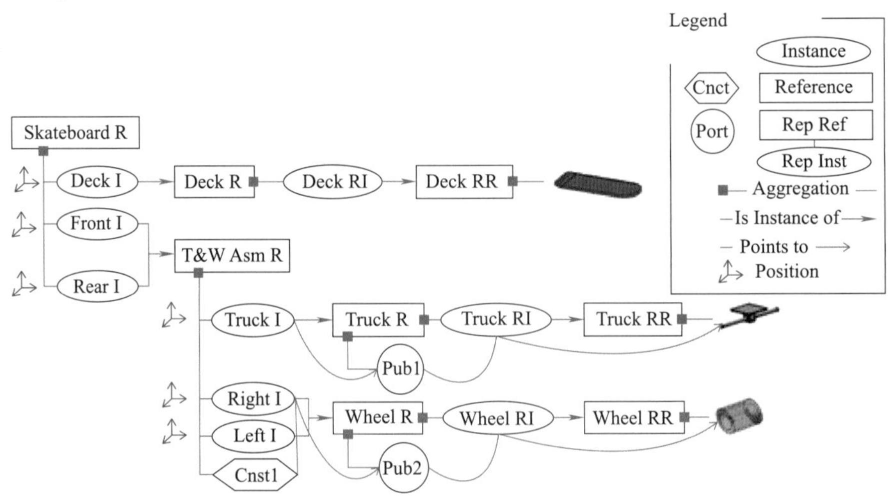

图 5-20 依赖于 6 个对象的完整滑板车 Instance/Reference 模型

从这六个对象构建的任何建模器都是 Instance/Reference 模型，例如产品建模器，也包括流程、逻辑和功能建模器。

即使这个示例与工业程序集相比很简单(仅具有三个 Instance/Reference 级别),也能说明要处理的对象以及在设计、浏览或扫描程序集时要处理的机制。

这样的程序集是在客户机会话期间创建和设计的,并保存在数据库中。程序集保存为 Vault 服务器中的 Instance/Reference 模型,而 Shape 及其几何图形则在 Store 服务器中进行流处理(图 5-21)。

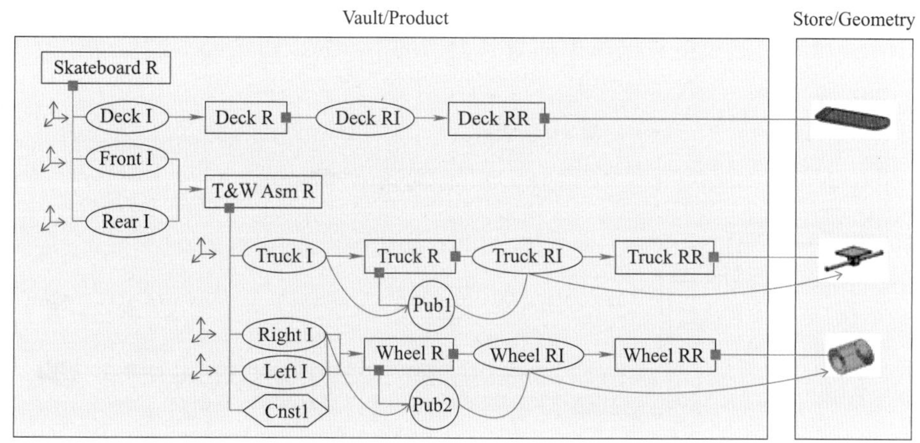

图 5-21 模型在 Vault 和 Store 存储情况

因为 Instance/Reference 模型表示了确切的物理模型,其依赖的 6 个 PLM 核心对象都持久的保存在数据库中,这是一种节省计算机资源的方式,所以称 Instance/Reference 模型为持久模型。

5.1.3 从持久模型到会话模型

虽然 Instance/Reference 模型可以综合地表示一个程序集并有效地将其保存在数据库中,但此模型不符合会话需求。图 5-22 显示了 CATIA 3D 编辑器窗口中的滑板。

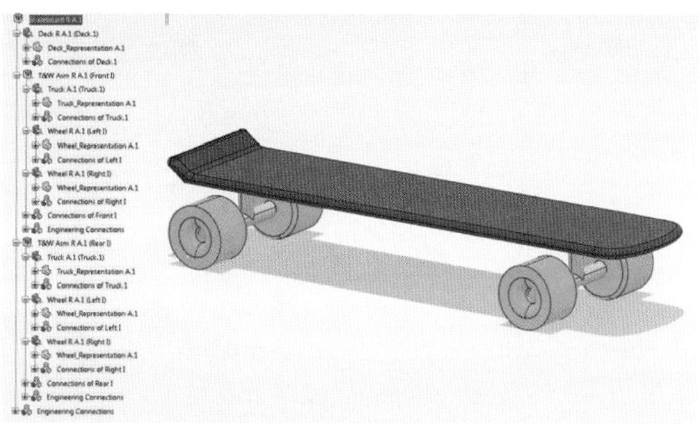

图 5-22 客户端会话中滑板的表达

滑板显示为三维模型和结构树,通常称为规范树。这是会话中同一模型的两个视图。

在 3D 视图中可以清楚地看到滑板有四个轮子，而不像 Instance/Reference 模型简化地只展示两个轮子。因此，这个 3D 视图不是 Instance/Reference 模型的粗略视图。它构建在一个名为 Occurrence Model 的模型之上，该模型是由 Instance/Reference 模型创建的。

Occurrence Model 不是持久性的，没有保存在数据库中。每次从数据库中读取 Instance/Reference 模型并将其加载到会话中时，就会重新构建该模型。这两个模型都驻留在会话内存中，可以交互访问，也可以通过编程访问。

1. Occurrence Model

Occurrence Model 是根据数据库中加载到会话的 Instance/Reference 模型创建的。图 5-23 显示了 Occurrence Model 创建的过程。

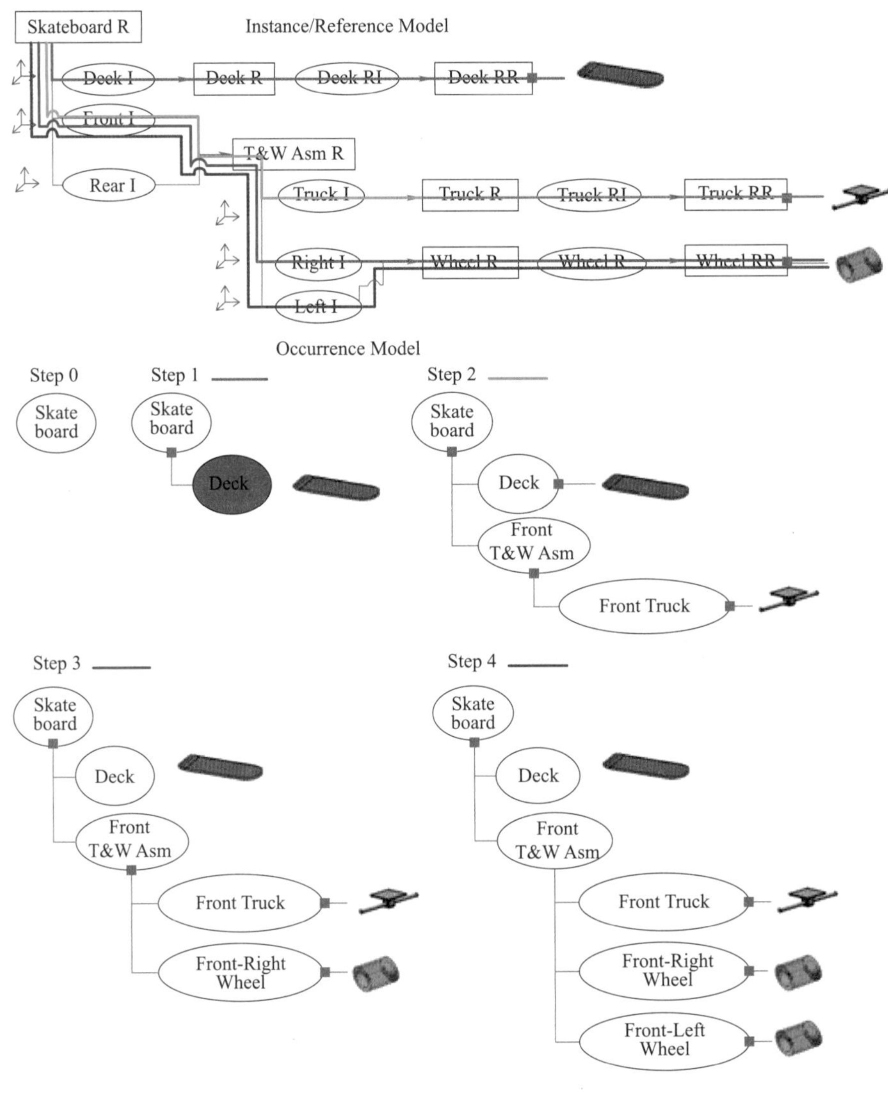

图 5-23 构建 Occurrence Model

创建 Occurrence Model，通过沿着从根对象到叶对象的所有可能路径运行来扩展或展开 Instance/Reference 模型。彩色线条显示了这些路径。

(1)Step 0:为根 Ref 创建 Occurrence。

(2)Step 1:沿着蓝色路径运行,从根到 Deck I、Deck R、Deck RI,一直到 Deck RR 及其尖部,创建 Deck Occurrence。

(3)Step 2:沿着黄色路径运行。

①从根通过 Front I 到 T&W Asm R,创建 Front T&W Asm Occurrence。

②然后从 T&W Asm R 通过 Truck I、Truck R、Truck RI 到达 Truck RR 及其尖部,生成 Front Truck Occurrence。

(4)Step 3:沿着红色路径运行。

①从根通过 Front I 到 T&W Asm R,和 Step2 中一样创建 Front T&W Asm Occurrence。

②然后从 T&W Asm R 到 Right I、Wheel R、Wheel RI,直到 Wheel RR 及其尖部,创建 Front Right Wheel Occurrence。

(5)沿着绿色路径运行。

①从根通过 Front I 到 T&W Asm R,和 Step2 中一样创建 Front T&W Asm Occurrence。

②然后从 T&W Asm R 到 Left I、Wheel R、Wheel RI,直到 Wheel RR 及其尖部,创建 Front Left Wheel Occurrence。

依此类推,直到运行通过所有叶子引用实例的所有可能路径。将为沿着这些路径遇到的每个 Instance 创建一个 Occurrence。因此,Occurrence 也被称为 Instance 路径,从根开始,从一个 Instance 跳到另一个 Instance。例如,Front Left Wheel Occurrence 是通过从根节点跳转到 Truck & Wheel Assembly Front Instance 和 wheel Left Instance 来构建的。

Occurrence Model 不使用 Rep Ref、Rep Instance、Connection 和 Port 对象。它不包括 Rep 及其零件模型。

2. 规格树与三维模型

Occurrence Model 将和结构树并排放置,从图 5-24 中可以看到 Occurrence Model 对象是如何构建结构树的。

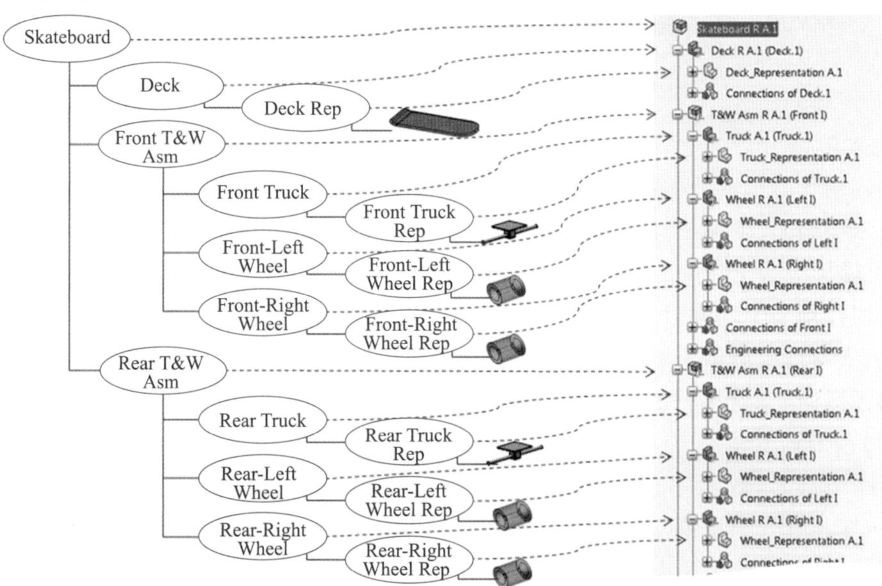

图 5-24　Occurrence Model 和结构树关系

5.2 会话内容

5.2.1 交互创作会话

在交互会话模式下，模型从数据库加载到客户端，根据模型加载的阶段不同，可分为三层：搜索层、导航层、创作层。

所有的会话只位于客户端，所以相应的 API 接口也是在客户端操作，如图 5-25 所示。

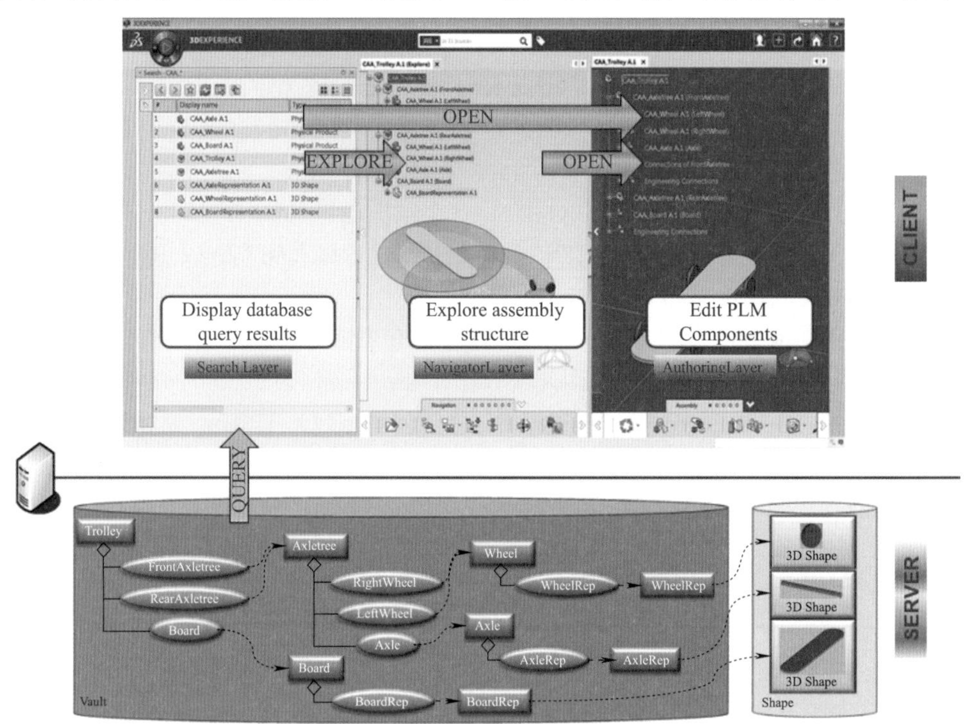

图 5-25 交互创作会话

1. 搜索层

搜索层用于展示数据库的搜索结果，如图 5-26 所示，输入关键词 prd 搜索所有产品模型，搜索结果以缩略图、平铺或数据网格视图方式展示。

CAA 提供了一个特定的选择代理 CATPLMNavPropertiesAcquisition 类，该类提供一个对话框获取代理来管理编辑器中 PLM 实体的选择方式。通过此对话框代理能够在沉浸式窗口(搜索结果窗口或浏览窗口)中选择对象。它提供对所选对象的 PLM 兼容过滤。该获取代理可以用于任何需要获取 PLM 实体属性的客户命令中。此代理支持所有 PLM 实体类型，特别是定制的 PLM 实体。

当选择一行时，数据库查询的结果将在搜索编辑器中运行，通过 CATPLMNavProperties Acquisition 实例化对象返回对应于该行的 PLM 对象上的 CATIAdpPLMIdentificator 接口指针。使用这个接口指针，可以执行很多简短的操作，如版本控制和那些必须打开的操作。打开将在编辑会话中完成，但不显示。只有用 CATAdpOpener 类才能打开 PLM 对象。

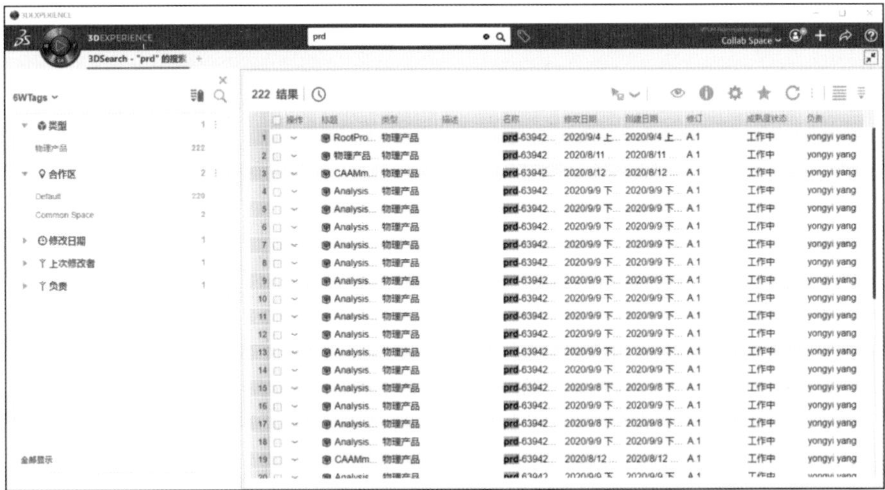

图 5-26 产品搜索结果示例

搜索层中 CAA 支持的功能包括:读取部分公开的 PLM 属性、打开创作层、从数据库中删除 PLM 对象、修改 PLM 对象版本、成熟度和锁定状态、显示 PLM 实体公开属性。

第一步是检索 PLM 实体的 CATIPLMComponent_var 类型。对 CATIPLMComponent 接口的 GetAdpType()的调用返回实体的 PLM 类型(CATIAdpType 类型)。

CATPLMTypeServices 类的静态调用 GetKweTypeFromAdpType()从 PLM 类型检索 Knowledge 类型(CATIType 类型)。

CATCkePLMNAVCustomAccessPublicServices 类的静态调用 ListFilteredatTributesFromMaskandCustomType()检索是由知识类型的树掩码筛选的属性列表。属性列表以 CATListValCATAttributeInfos 类型检索。

解析这个列表,并通过调用 CATAttributeInfos 类的 Name()检索属性名。

最后,调用 CATIPLMNavEntity 类的 GetPublicAttributes()检索 PLM 实体的公共属性值。

```
void DisplayAttributes(CATIPLMNavEntity_var spEntity,
    CATUnicodeString SpacesLevel)
{
    if ( NULL_var == spEntity) return;

    //Get the Knowledge type
    CATIPLMComponent_var spCompOnEntity = spEntity;
    if ( NULL_var == spCompOnEntity) return;

    CATIAdpType*  piAdpTypeOnEntity= NULL;
    spCompOnEntity-> GetAdpType(piAdpTypeOnEntity);

    CATIType *pTypeOnEntity = NULL;
```

```
if (NULL!=piAdpTypeOnEntity)
{
    CATPLMTypeServices::GetKweTypeFromAdpType
        (piAdpTypeOnEntity, pTypeOnEntity);
    piAdpTypeOnEntity-> Release(); piAdpTypeOnEntity = NULL;
}

//Get the list of attributes for the current type
// which is a custo type
//
CATListValCATAttributeInfos ListOfAttributes;
CATUnicodeString TypeName;
if ( NULL != pTypeOnEntity)
{
    CATCkePLMNavCustoAccessPublicServices::
        ListFilteredAttributesFromMaskAndCustoType(
            pTypeOnEntity, CATCkePLMTypeAttrServices::
                MaskTree, ListOfAttributes);

    TypeName = pTypeOnEntity-> Name();
    pTypeOnEntity-> Release(); pTypeOnEntity = NULL;

}

CATListOfCATUnicodeString ListAttr;
int i = 1;
for (; i <= ListOfAttributes.Size(); i+ + )
{
    CATUnicodeString attrName = ListOfAttributes[i].Name();
    ListAttr.Append(attrName);
}

//Get the values of each attribute of the TREE mask
CATListOfCATUnicodeString ListValue;
spEntity-> GetPublicAttributes(ListAttr,ListValue);
cout<<  SpacesLevel.ConvertToChar() <<
    TypeName.ConvertToChar()  << "= ";

//Displays the value
```

```
    for ( i= 1; i <= ListOfAttributes.Size(); i+ + )
    {
        cout<<  ListAttr[i].ConvertToChar()   <<  ": " <<
         ListValue[i].ConvertToChar() << " ";
    }
}
```

➢ 展示 PLM 组件锁定状态

与 PLM 组件锁定相关的操作用 CATPLMIntegrationAccess 框架下的 CATAdpLockServices 类。

```
HRESULT  DisplayLockStatus(CATIAdpPLMIdentificator*  ipiIDComp)
{
    HRESULT hr = S_OK;
    CATLISTP(CATIAdpPLMIdentificator) ListComp;
    ListComp.Append(ipiIDComp);

    CATLISTP(CATAdpLockInformation) ListLockState;
    hr = CATAdpLockServices::IsLocked(ListComp, ListLockState);
    if (FAILED(hr)) return 1;

    cout <<  "Success in the Lock Analysis of the Component in the
        database" <<  endl;

    CATAdpLockInformation *  LockInfoOnComp = ListLockState[1];
    if (NULL == LockInfoOnComp) return 1;
    cout <<  "Success in retrieving the Lock Information of the
        Component" <<  endl;
    // 4.2- Retrieve the Lock Status from the Info object
    CATAdpLockInformation::LockState LockStateonComp;
    hr = LockInfoOnComp-> GetLockState(LockStateonComp);
    if (FAILED(hr)) return 1;

    switch (LockStateonComp)
    {
        case CATAdpLockInformation::NotLocked:
        {
            cout <<  "The Input PLM component is Not Locked" <<  endl;
        }
        break;

        case CATAdpLockInformation::LockedByConnectedUser:
```

```
        {
            cout << "The Input PLM component is locked by User
            currenly logged in" << endl;
        }
        break;

        case CATAdpLockInformation::LockedByAnotherUser:
        {
            CATUnicodeString oLockedByUser;
            hr = LockInfoOnComp-> GetLockUser(oLockedByUser);
            if (FAILED(hr)) return 1;


            cout << "Success in retrieving the other user "
                << "who locked the input PLM Component" << endl;
            cout << "The Input PLM component is Locked by "
                << oLockedByUser.ConvertToChar() << endl;
        }
        break;

        case CATAdpLockInformation::LockAnalyzeFailure:
        {
            CATError *oLockAnalysisError = NULL;
            hr = LockInfoOnComp-> GetLockError
                (oLockAnalysisError);
            if (FAILED(hr) || (NULL == oLockAnalysisError))
                return 1;

            CATUnicodeString ErrMsg =
                oLockAnalysisError-> GetNLSMessage();
            cout << ErrMsg.ConvertToChar() << endl;
            oLockAnalysisError-> Release();
            oLockAnalysisError = NULL;

            return hr;
        }
        break;
    }
    // List of Lock State Info of PLM Components released
```

```
    for (int i = 1; i <= ListLockState.Size(); i++ )
    {
        LockInfoOnComp = ListLockState[i];
        if (NULL != LockInfoOnComp)
        {
            delete LockInfoOnComp;
            LockInfoOnComp = NULL;
        }
    }
    ListLockState.RemoveAll();
if (NULL != ipiIDComp)
    {
        ipiIDComp -> Release();
        ipiIDComp = NULL;
    }
    return hr;
}
```

➤ 展示 PLM 组件成熟度

与 PLM 组件成熟度相关的操作用 CATPLMIntegrationAccess 框架下的 CATAdpMaturity Services 类。

```
HRESULT DisplayMaturity(CATIAdpPLMIdentificator*  ipiIDComp)
{
    HRESULT hr = S_OK;
    CATUnicodeString CurrentState;
    CATListValCATUnicodeString ListOfPossibleTransitions;
    hr = CATAdpMaturityServices::GetStateAndPossibleTransitions
        (ipiIDComp, CurrentState, ListOfPossibleTransitions);
    if (FAILED(hr))
    {
        return hr;
    }


    cout << " 组件的当前成熟度: " << CurrentState.ConvertToChar()
        << endl;

    int NumberOfPossibleTransitions =
        ListOfPossibleTransitions.Size();
    cout << " 从当前状态可能的转换是: " << endl;
```

```
    for (int i = 1; i <= NumberOfPossibleTransitions; i++ )
    {
        CATUnicodeString TransitionName =
            ListOfPossibleTransitions[i];
        cout << "\t\t" << TransitionName.ConvertToChar() << endl;
    }
    return hr;
}
```

2. 导航层

当不希望耗费计算机资源完全打开模型时，可选择在导航层浏览模型的结构树，如图 5-27 所示。

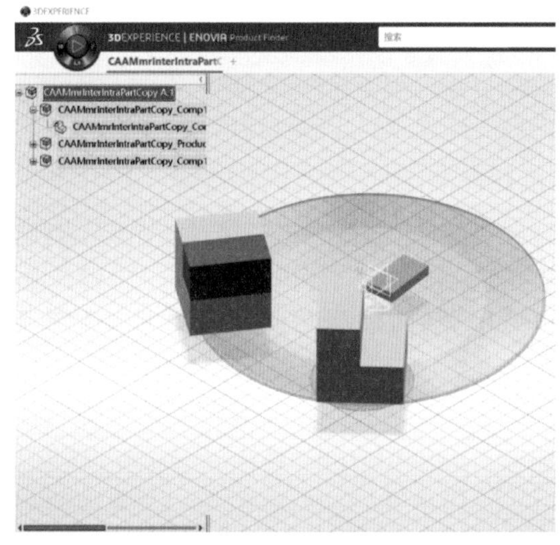

图 5-27 导航层模型

导航状态下的模型结构树的叶子节点为 Representation Reference，此时视图只显示装配体和零件的缩略图。

导航层中 CAA 支持的功能包括：导航产品结构、读取部分公开的 PLM 属性、打开创作层。

打开 PLM 组件的创作层使用 CATAdpOpener 类，打开参数采用 CATAdpExpandParameters::Authoring，具体代码如下所示：

```
CATAdpOpenParameters
    params_Auth(CATAdpExpandParameters::Authoring);
CATAdpOpener opener_Auth(iBag, params_Auth);
opener_Auth.CompleteAndOpen(ipiIdentOnPLMComp, iIID,
    opiPLMComp);
```

3. 创作层

与搜索层和导航层不同，创作层编辑的对象是公共对象，一个 PLM 组件（实例/引用模型）或一个 PLM 事件（事件模型）。这些对象是可编辑的，例如可以修改它们和获取它们的

PLM 属性等。有不同的方式可以获得它们：

- 可以从 CATPathElementAgent 类获得 PLM 组件或 PLM Occurence。
- 可以通过 CATPLMComponentInterfacesServicesClass 的 GetEditedRootPLMComponents 方法获得正在编辑的根 PLM 组件。

创作层中 CAA 支持的功能包括：读和写全部公开的 PLM 属性、保持对象到数据库、新建 PLM 组件、修改产品结构树等。

➢ 展示当前编辑对象的根 PLM 组件

```
HRESULT DisplayRootPLMComponents()
{
    HRESULT hr = S_OK;

    CATFrmLayout *  pCurrentLayout =
        CATFrmLayout::GetCurrentLayout();
    CATFrmWindow *  pCurrentWindow = NULL;
    if (NULL != pCurrentLayout)
    {
        pCurrentWindow = pCurrentLayout-> GetCurrentWindow();
    }
    else
        return E_FAIL;


    if (NULL != pCurrentWindow)
    {

        CATUnicodeString BaseNamewindow =
            pCurrentWindow-> GetBaseName();
        cout << "窗口的名称：" <<  BaseNamewindow.ConvertToChar() <<
            endl;

    }
    else
        return E_FAIL;

    CATFrmEditor*  pEditor = NULL;
    if (NULL != pCurrentWindow)
    {
        pEditor = pCurrentWindow-> GetEditor();
    }
```

```
    else
        return E_FAIL;

    if (pEditor != NULL)
    {
        CATListPtrCATIPLMComponent ListEditedRoot;
        CATPLMComponentInterfacesServices::
            GetEditedRootPLMComponents(pEditor, ListEditedRoot);

        for (int i = 1; i <= ListEditedRoot.Size(); i+ + )
        {
            CATIPLMComponent* pPLMCompOnRoot = ListEditedRoot[i];
            if (NULL != pPLMCompOnRoot)
            {
                CATIAlias_var Nameroot = pPLMCompOnRoot;
                if (NULL_var != Nameroot)
                {
                    CATUnicodeString strIdentifierRoot =
                        Nameroot-> GetAlias();
                    cout << "根对象的名称：" <<
                        strIdentifierRoot.ConvertToChar() << endl;
                }
                pPLMCompOnRoot-> Release(); pPLMCompOnRoot = NULL;
            }
        }
        ListEditedRoot.RemoveAll();
    }
    else
        return E_FAIL;

    return hr;
}
```

5.2.2 加载 PLM 对象

第 4 章已经说明了 PLM 对象的加载过程，此处只总结性地进行回顾。

可以使用 CATAdpOpener 类的 CompleteAndOpen 函数加载一个 Reference 或 Representation Reference 对象。

典型的打开方式如下所示：

```
CATAdpOpener opener_Nav(iBag, params_Nav);
    opener_Nav.CompleteAndOpen(piIdentOnPLMComp, iIID, opiPLMComp);
```

程序中 params_Nav 是 CATAdpOpenParameters 类的实例，这里只说明两个相对重要的参数，LoadingMode 和 ExpandMode。

CATAdpOpenParameters 类的 SetLoadingMode 函数输入变量为枚举型，该类型定义如下所示：

```
enum LoadingMode {
  VisuMode,
  PLMMode,
  EditMode
}
```

PLMMode：不在流中加载对象，即不显示对象；

VisuMode：只轻量化显示对象，不能编辑；

EditMode：显示对象，可以编辑。

CATAdpExpandParameters 类的 ExpandMode 枚举变量定义如下所示：

```
enum ExpandMode {
  Navigation,
  Authoring,
  OneLevelNavigation,
  Integrity,
  OneLevelAuthoring,
  OneLevelRepresentations,
  OneLevelRelational
}
```

Navigation：将只检索定义了结构的组件，即引用（PLMCoreReference）和实例（PLMCoreInstance），对根组件下的所有结构进行递归。

Authoring：将检索所有组件，即引用（PLMCoreReference）、实例（PLMCoreInstance）、表示引用（PLMCoreRepReference）、表示实例（PLMCoreRepReference）、端口（PLMPort）和连接（PLMConnection），对根下的所有结构进行递归。

OneLevelNavigation：只有定义第一层结构的组件才会被检索，即第一层的实例（又名 PLMCoreInstance）及其引用（又名 PLMCoreReference）。

Integrity：只有必要的部件才会重新安装。完整性代表引用（PLMCoreRepReference）、实例的（PLMCoreInstance）聚合的和拥有的引用（PLMCoreReference）、端口的（PLMPort）和连接的（PLMConnection）拥有的引用（PLMCoreReference）。

OneLevelAuthoring：与创作相同，但只进行一级扩展。

OneLevelRepresentations：使用完整性的强制元素完成，并使用表示引用组件（PLMCoreRepReference）和表示实例组件（PLMCoreRepReference）完成，只执行一个级别的扩展。

OneLevelRelational：使用完整性的强制元素完成，并使用端口（PLMPort）和连接

(PLMConnection)完成，只进行一级扩展。

5.2.3 持久模型和 Occurrence 模型

模型存储在 Vault 和 Store 服务器中，在创作会话时系统从数据库读取数据形成持久模型，由持久模型创建 Occurrence 模型如图 5-28 所示。持久模型包含在 Object Modeler 对象中，它们表示数据库中的每一个对象。由这些 OM 对象实现的 CATIPLMComponent 接口可以为每个对象返回它们的数据库标识符(一个 CATIAdpPLMIdentificator 接口指针)。

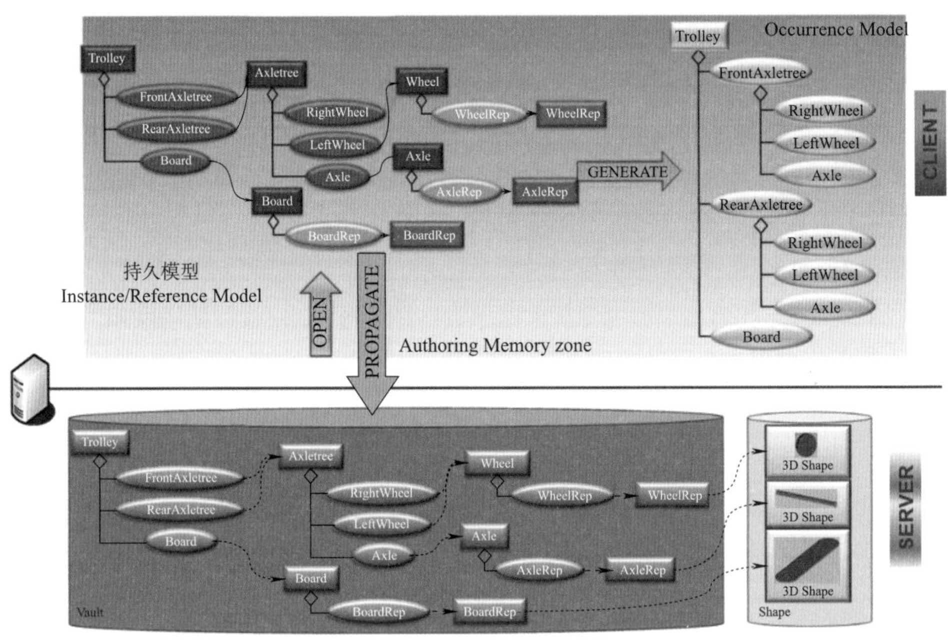

图 5-28 数据库、持久模型和会话模型关系示意

保存会话时，会保存持久模型对象。

在会话中加载根产品时，会在会话中自动创建持久模型对象。加载可以是部分的，但加载的内容表示数据库中的某些内容。

持久模型是为了改变程序集的结构而修改的模型：删除一个 PLM Instance 或添加一个 PLM Rep Instance。用户将始终在持久模型上工作，所有修改结构的接口都在持久模型对象上实现。

在批处理模式时，与持久模型不同，Occurrence 模型不是自动创建的。通过 CAA API 在批处理会话中加载根产品时，使用 CATIPrdOccurrenceMngt 接口的 GetOrCreateRootOccurrence 方法可以自动调用生成 Occurrence 模型。

交互模式下，在编辑根产品时，框架编辑器自动 Occurrence 模型。

PLM 属性只与持久模型相关联，不能为 Occurrence 模型赋予特定的 PLM 属性。CATICkeObject 接口是在 Occurrence 对象上实现的，但是将此接口与 CATCkeObjectAttrReadServices 或 CATCkeObjectAttrWriteServices 全局函数一起使用时，可以获取或设置持久模型上的 PLM 属性。

1. 持久模型

持久模型是持久的数据库模型。持久模型基于六个 PLM 核心对象，包括 PLM Reference、PLM Instance、PLM Representation Instance、PLM Representation Reference、PLM Port 和 PLM Connection。六者之间的关系如图 5-29 所示。

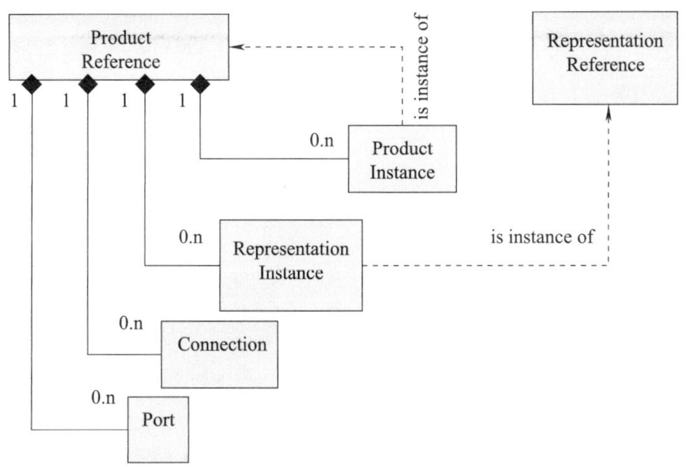

图 5-29　持久产品建模器 UML 图

- Product Reference 是唯一可以聚合其他组件的组件，Product Reference 或者 Product Representation Reference 可以被实例化，实例化结果分别是 Product instance 和 Product Representation Instance。
- Product Port 是一个组件，用于发布产品模型对象中不可访问的部分。
- Connection 是在产品模型组件之间建立语义关系的组件，连接示例包括 CATIA 上下文链接和装配约束。Product reference 可以聚合产品链接(来自产品建模器)。

持久模型常用接口说明见表 5-1。

表 5-1　持久模型常用接口说明

接　口	意　义
CATIPLMComponent	检索有关 PLM 对象的一般信息(标识符，PLM 类类型)
CATICkeObject	处理 PLM 属性(Get/Set)
CATIAlias	PLM 对象的 NLS 名字
CATIPLMNavReference	导航目的
CATIPLMNavInstance	导航目的
CATIPLMNavRepReference	导航目的＋ 应用程序容器管理
CATIPLMNavRepInstance	导航目的
CATIPLMProducts	创作 API
CATIPrdAggregatedRepresentations	创作 API
CATIPLMRepInstances	创作 API

2. Occurrence 模型

Occurrence 模型表示持久模型的展开视图，Occurrence 模型的 UML 模式如图 5-30 所示。

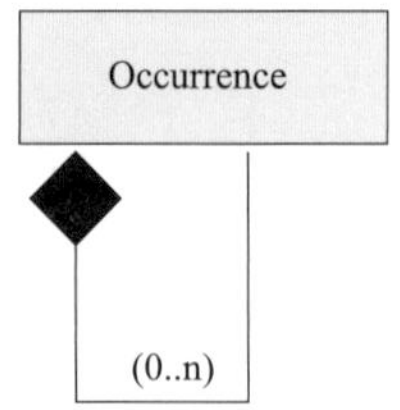

图 5-30 Occurrence 模型的 UML 图

一个 Occurrence 能够集合 0 个或者 n 个 Occurrence。

当它是根 Occurrence 时，Occurrence 表示 Ref(在持久模型中)，其他情况下表示 Instance(在持久模型中)。

Occurrence 模型是上下文相关的，原因有两个：

- 它的根 Reference；
- 应用于展开视图的过滤器。

同一个持久模型的两个配置意味着两个 Occurrence 模型。

创建 Occurrence 模型时，必须指定两个上下文。

创建 Occurrence 模型以简化 Occurrence 发生时可用的操作的管理：

- 更改图形属性

在滑板上，可以想象左后轮是红色的，右后轮是绿色的，这种变化是可能的，但不会持久。

- 改变位置矩阵

当这两个操作有效时，更改 Occurrence 模型将更改 Instance/Reference 模型。Instance/Reference 模型总是最新的，并且表示要保存的模型的"引用"。此 Occurrence 从未保存在数据库中。

会话模型常用接口说明见表 5-2。

表 5-2 会话模型常用接口说明

接　口	意　义
CATIPLMNavOccurrence	导航
CATIMovable	改变 Occurrence 对象位置
CATIVisProperties	改变 Occurrence 对象图形属性
CATICkeObject	用 CATCkeObjectAttrReadServices 或 CATCkeObjectAttrWriteServices 您能获得或修改关联的持久模型 PLM 属性
CATIAlias	occurrence 对象的 NL 名字

3. 持久模型与 Occurrence 模型相互关系

图 5-31 给出了从持久模型获取到会话模型根对象所需要的接口函数，并给出了相应的代码。图 5-32 给出了完整的持久模型和会话模型对象相互获取所需要的接口函数。

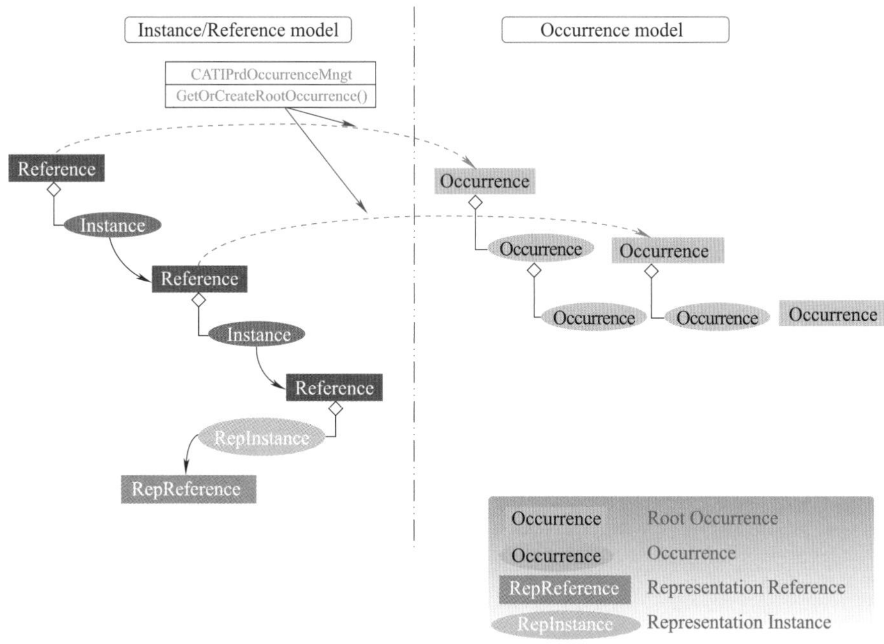

图 5-31　获取会话模型根对象

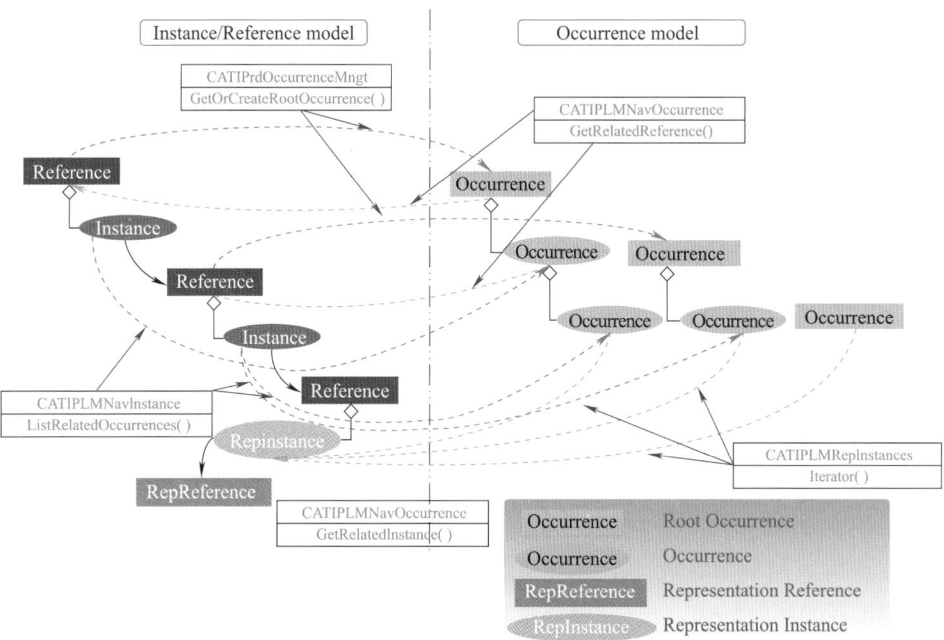

图 5-32　持久模型和会话模型之间的获取

```
HRESULT GetRootOccurrence(CATIPLMNavReference_var
ispiPLMNavRefOnRoot, CATIPLMNavOccurrence_var
    *ospPLMNavOccurrenceOnRoot)
{
    HRESULT rc = E_INVALIDARG;
    CATIPrdOccurrenceMngt* occMngt = NULL;
    if (SUCCEEDED(CATPrdGetOccurrenceMngt(occMngt)) && (NULL !=
        occMngt))
    {
        rc = occMngt-> GetOrCreateRootOccurrence
            (ispiPLMNavRefOnRoot, *ospPLMNavOccurrenceOnRoot);

        if (FAILED(rc) || (NULL_var ==
            *ospPLMNavOccurrenceOnRoot))
            return rc;
        occMngt-> Release();
        occMngt = NULL;
    }
    else
        return rc;
    return S_OK;
}
```

5.3 导　　航

前面学习了持久模型和 Occurrence 模型的生成原理，本节将学习如何导航持久模型和 Occurrence 模型。需要注意的是，只能导航位于创作层并且已加载到创作内存区域的对象。

5.3.1 导航持久模型

应使用 PLM 核心建模器的泛型 API 导航现有的产品模型，泛型 API 位于 CATPLMComponentInterfaces 框架下，通过它可以浏览泛型 PLM 数据模型。因此，PLMRef、PLMInstance、PLMRep Ref 和 PLMRep Instance 都是用这些 API 在产品模型中浏览的。

需要注意的是，不能用泛型 API 在产品模型中浏览发布和链接(尽管是 PLM 核心实体)。

为了实现产品模型导航，首先要获得根 PLM 对象，采用的函数是：

```
CATPLMComponentInterfacesServices::GetEditedRootPLMComponents()
```

获取根 PLM 对象的典型代码如下：

```
CATFrmEditor * pEditor= CATFrmEditor::GetCurrentEditor();
CATListPtrCATIPLMComponent RootPLMComponentList;
```

```
CATPLMComponentInterfacesServices::GetEditedRootPLMComponents(
    pEditor, RootPLMComponentList);
Int nbPLMComponent= RootPLMComponentList.Size();
For(int iPLMComponent= 1; iPLMComponent<= nbPLMComponent;
    iPLMComponent+ + )
{
    CATIPLMComponent * pRootPLMComponent=
        RootPLMComponentList[iPLMComponent];
    …;
}
```

可以根据需要采用 QueryInterface 将 CATIPLMComponent 接口转换为适合的接口。

➤ 根据 Ref 获取 Instance 或 RepInstance(图 5-33)

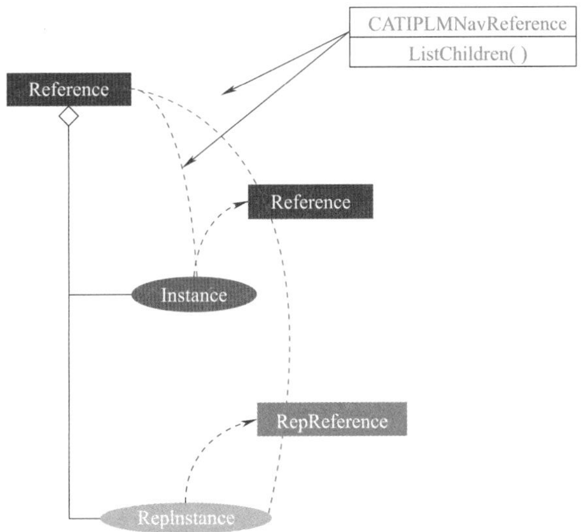

图 5-33　根据 Ref 获取 Instance 或 RepInstance

```
HRESULT GetRepInstanceFromReference(CATIPLMNavReference_var
ispiPLMNavReference, CATIPLMNavRepInstance_var
    &ospiRepInstance)
{
    HRESULT rc = E_INVALIDARG;
    CATListPtrCATIPLMNavEntity RepInstancelist;
    CATPLMCoreType coreType = PLMCoreRepInstance;
    rc = ispiPLMNavReference-> ListChildren(RepInstancelist, 1,
    &coreType);
    if (SUCCEEDED(rc))
    {
        if (RepInstancelist.Size() == 1)
```

```
            ospiRepInstance = RepInstancelist[1];
        else  rc = E_UNEXPECTED;
    }
    return rc;
}

HRESULT GetInstanceFromReference(CATIPLMNavReference_var
    ispiPLMNavReference, CATIPLMNavInstance_var &ospiInstance)
{
    HRESULT rc = E_INVALIDARG;
    CATListPtrCATIPLMNavEntity Instancelist;
    CATPLMCoreType coreType = PLMCoreInstance;
    rc = ispiPLMNavReference-> ListChildren(Instancelist, 1,
        &coreType);
    if (SUCCEEDED(rc))
    {
        if (Instancelist.Size() == 1)
            ospiInstance = Instancelist[1];
        else  rc = E_UNEXPECTED;
    }
    return rc;
}
```

也可采用 CATIPLMNavReference 接口的 ListInstances 函数获取 Instance。

```
CATIPLMNavReference *  pReferencePrd= …;
CATListPtrCATIPLMNavInstance instancesList;
if(SUCCEEDED(pReferencePrd-> ListInstances(instancesList)))
{
  int nbInstances= instancesList.Size();
  for(int iInstance=1; iInstance<= nbInstances; iInstance+ +)
{
  CATIPLMNavInstance * pInstance= instancesList[iInstance];
  …;
}
}
```

➢ 根据 Instance 获取 Ref(图 5-34)

```
CATIPLMNavInstance_var spInstance = …;
CATIPLMNavReference *  pReference = NULL;
spInstance-> GetReferenceInstanceOf(pReference);
…;
```

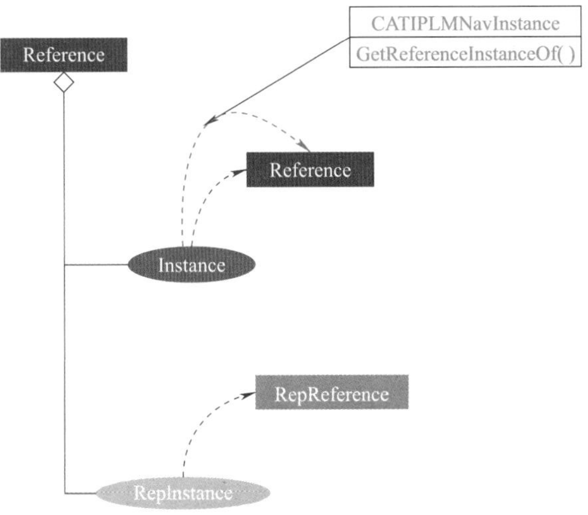

图 5-34　根据 Instance 获取 Ref

➤ 根据 RepInstance 获取 RepRef(图 5-35)

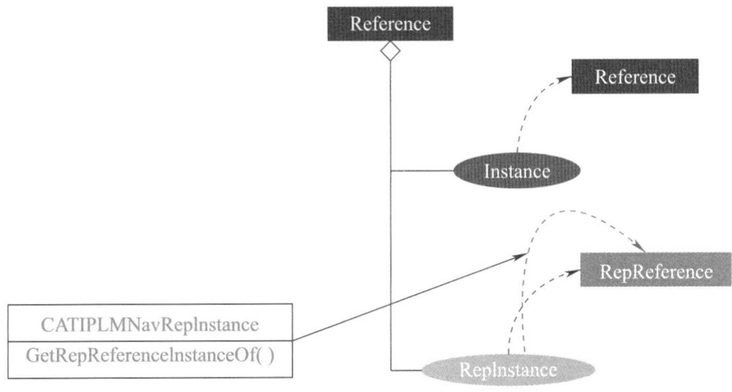

图 5-35　根据 RepInstance 获取 RepRef

➤ 根据 Ref 获取 Instance(图 5-36)

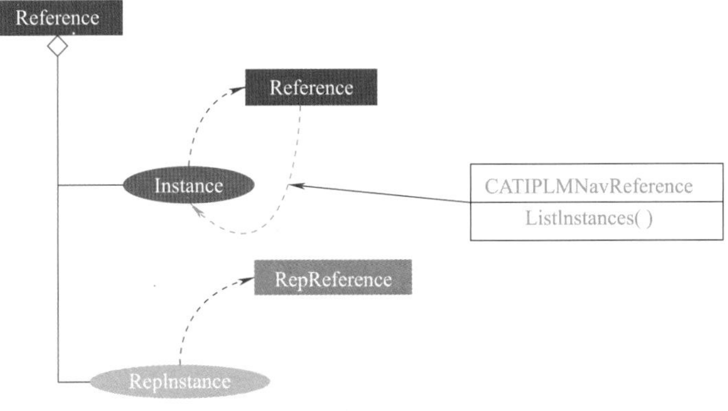

图 5-36　根据 Ref 获取 Instance

➤ 根据 RepRef 获取 RepInstance(图 5-37)

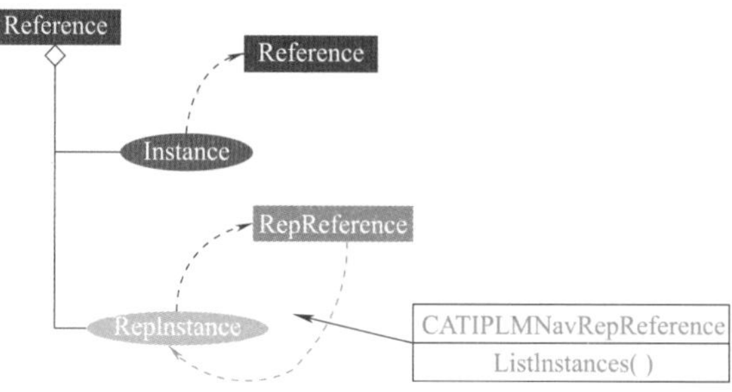

图 5-37 根据 RepRef 获取 RepInstance

➤ 根据 RepInstance 或 Instance 获取 Ref(图 5-38)

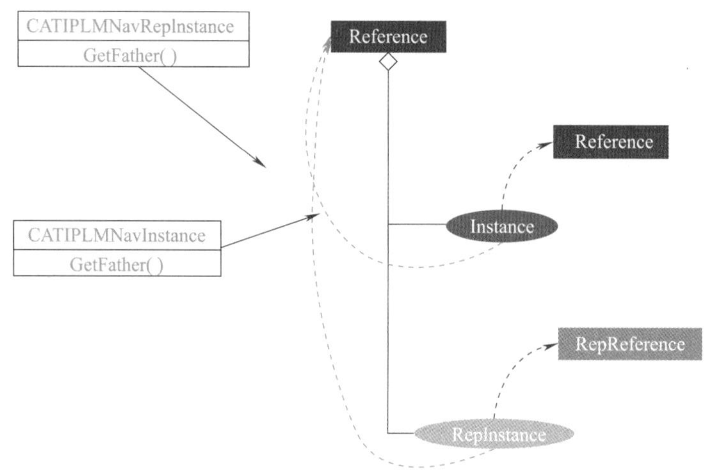

图 5-38 根据 RepInstance 或 Instance 获取 Ref

➤ 导航持久模型函数汇总(图 5-39)

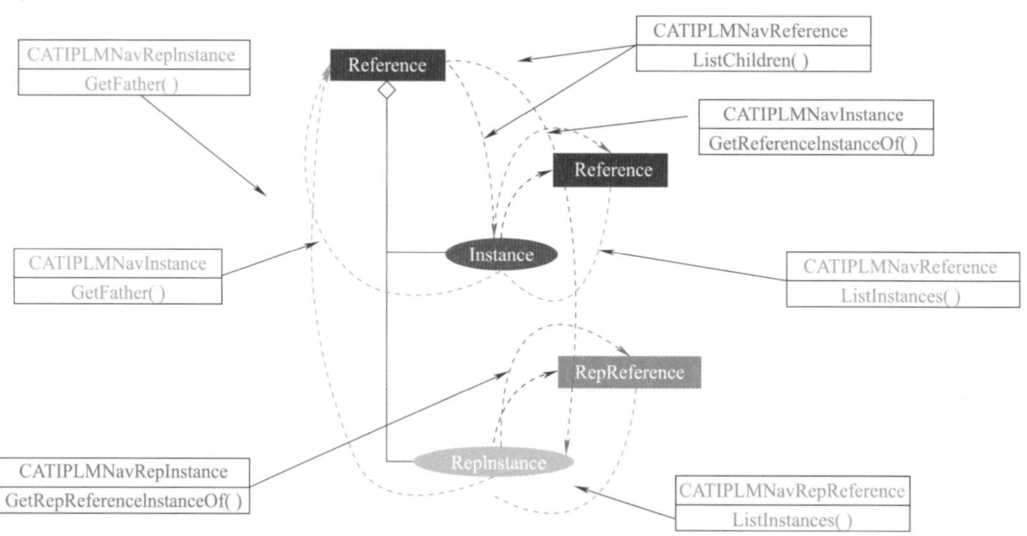

图 5-39 导航持久模型函数汇总

5.3.2 导航 Occurrence 模型

这部分介绍 Occurrence 模型的导航函数，图 5-40 给出了导航 Occurrence 模型所需的所有接口函数。

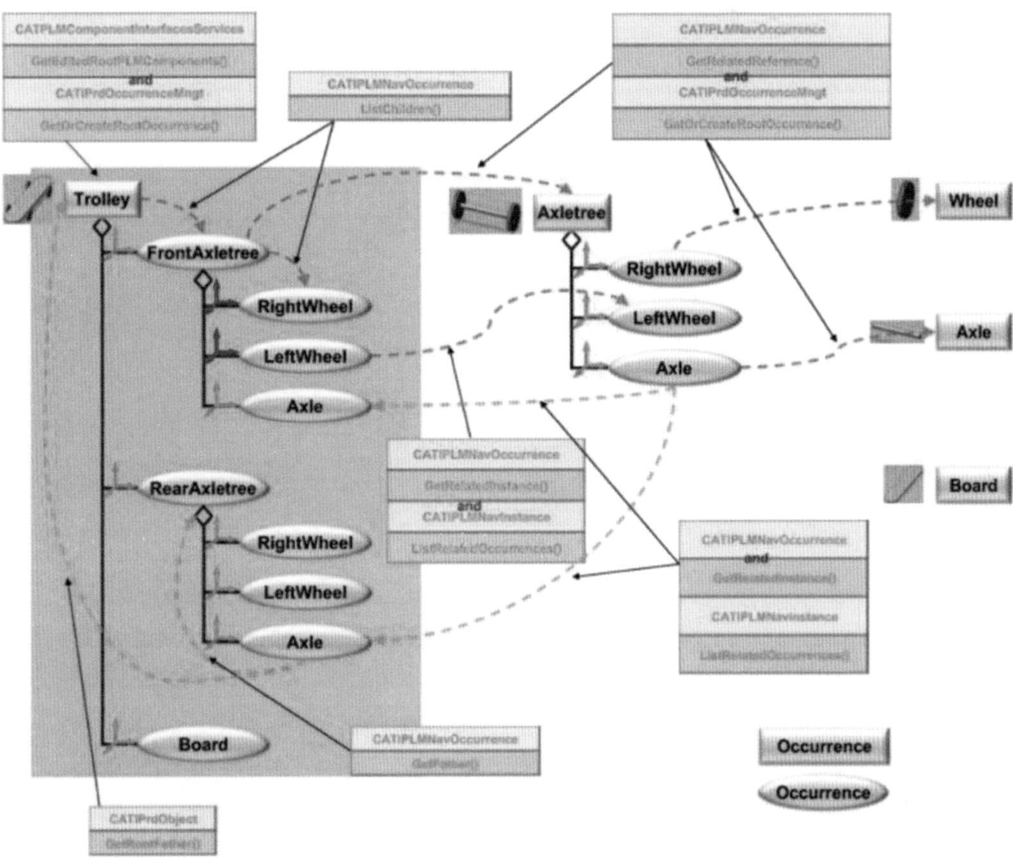

图 5-40 导航 Occurrence 模型接口函数汇总

➢ 获取根 Occurrence 对象

```
HRESULT GetRootOccurrence(CATIPLMNavReference_var
ispiPLMNavRefOnRoot, CATIPLMNavOccurrence_var
    *ospiPLMNavOccurrenceOnRoot)
{
    HRESULT rc = E_INVALIDARG;
    CATIPrdOccurrenceMngt* occMngt = NULL;
    if (SUCCEEDED(CATPrdGetOccurrenceMngt(occMngt)) && (NULL !=
        occMngt))
    {
        rc =
            occMngt-> GetOrCreateRootOccurrence(
```

```
                    ispiPLMNavRefOnRoot, *
                        ospiPLMNavOccurrenceOnRoot);

            if (FAILED(rc) || (NULL_var == *
                ospiPLMNavOccurrenceOnRoot))
                return rc;

            occMngt-> Release();
            occMngt = NULL;
        }
        else
            return rc;

        return S_OK;
    }
```

➢ 获取 Occurrence 的子对象

```
CATIPLMNavOccurrence_var spOccurrenceOfBootRef= …;
CATListPtrCATIPLMNavOccurrence ListChildOccurrences;
spOccurrenceOfBootRef-> ListChildren(ListChildOccurrences);
int nbChildren= ListChildOccurrences.Size();
for(int iChild= 1; iChild <= nbChildren; iChild+ +)
{
  CATIPLMNavOccurrence * pOccurrence=
      ListChildOccurrences[iChild];
  …;
}
```

5.4 创建/实例化 PLM 组件

5.4.1 PLM Product Reference(PLM 产品参考)

根据需要可以将 PLM Product Reference 创建成 Product 或 3D Part,如图 5-41 所示。

图 5-41 创建 Product 或 3D Part

Product(产品)是一个没有限制的 PLM Product Reference,其下可以集成:

- 0～N 个 PLM 产品实例;
- 0～N 个单实例化 PLM 产品 Rep Ref;
- 0～N 个多可实例化 PLM 产品 Rep Ref。

3D Part(3D 零件)也是一个 PLM Product Reference,

3D 零件是 Ref、RepInstance 和 RepRef 三者的有机整体，如图 5-42 所示，从属性层面来看，3D 零件和 Product 的区别在于它的 V_usage 属性值是“3DPart”，通常也采用这种方法来区分 Product 和 3D Part。

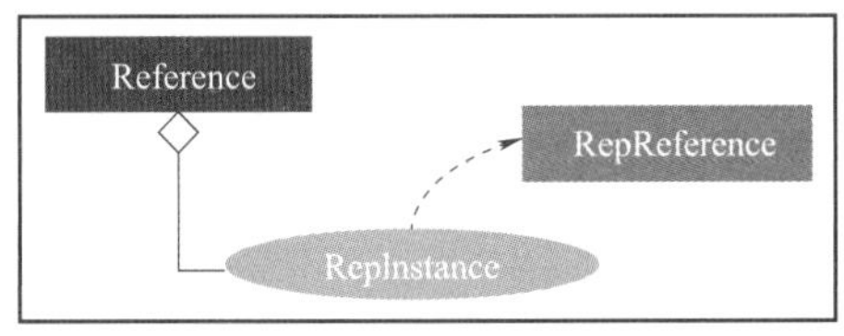

图 5-42 3D 零件组成

(1)3D 零件自动创建并实例化一个可单实例化的 PLM ProductRepRef，该引用的流是一个 3D 形状。

(2)无法通过交互操作或 API 删除此 3D 形状实例。

(3)由于 3D 零件是产品装配体中的一个叶子节点，因此无法插入 PLM 产品实例。

(4)3D 零件的生命周期与其 3D 形状相关联。3D 零件的删除、版本控制或复制意味着其 3D 形状的删除、版本控制或复制(像任何单实例化的 PLM ProductRep Ref)。

(5)与任何其他 Product Reference 一样，所有添加的 Rep Instance 都在 3DPart 上进行管理(创建/删除/版本控制)。

5.4.2 新建产品参考

图 5-43 给出了创建 Product 的 UML 图，图 5-44 给出了创建 3DPart 的 UML 图。

➤ 用 CATIPrdReferenceFactory 工厂创建 Product

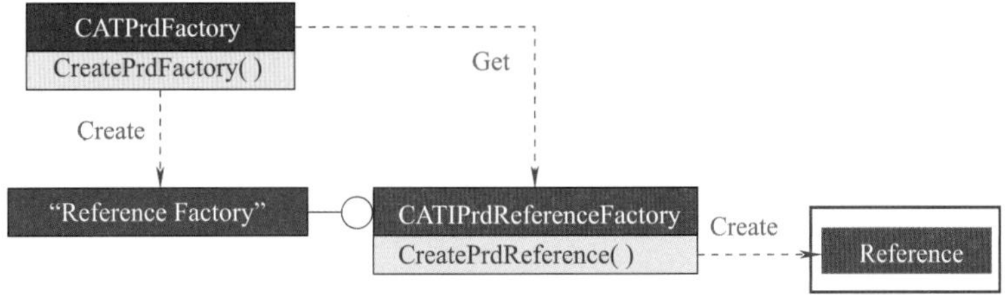

图 5-43 创建 Product 的 UML 图

用 CATIPrdReferenceFactory 工厂创建 Product 的主要代码如下所示：

```
CATIAdpEnvironment * pEnvironment = NULL;
…
CATIPrdReferenceFactory * pPrdFactory = NULL;
CATPrdFactory::CreatePrdFactory(IID_CATIPrdReferenceFactory,
    (void** )&pPrdFactory);

CATIType_var spRefType;
CATCkePLMNavPublicServices::RetrieveKnowledgeType("VPMReferenc
    e",spRefType);
```

```
CATLISTV(CATICkeParm_var) EmptyAttributeList;
CATIPLMProducts * pTmpRef = NULL;
pPrdFactory->CreatePrdReference(spRefType, EmptyAttributeList,
    pTmpRef, pEnvironment);
```

➢ 用 CATIPrd3DPartReferenceFactory 工厂创建 3DPart

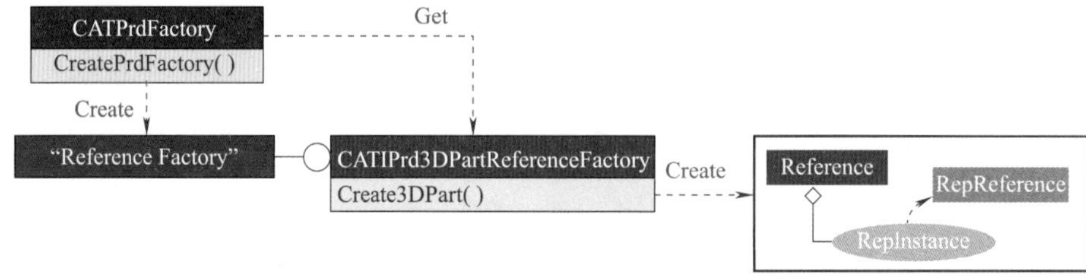

图 5-44 创建 3DPart 的 UML 图

用 CATIPrd3DPartReferenceFactory 工厂创建 3DPart 的函数如下所示：

```
HRESULT New3DPart(CATUnicodeString & i3DPartName, CATBaseUnknown
    ** opp3DPart)
{
    HRESULT rc = E_INVALIDARG;
    if (NULL != opp3DPart)
    {
        * opp3DPart = NULL;

        // Retrieve the PLM Type corresponding to the VPMReference
            CATIType_var spReferenceType;
        CATUnicodeString plmType = "VPMReference";
        rc = CATCkePLMNavPublicServices::RetrieveKnowledgeType
            (plmType, spReferenceType);

        // Retrieve the creation Factory
        CATIPrd3DPartReferenceFactory *  p3DPartFactory = NULL;
        if (SUCCEEDED(rc))   rc =
            CATPrdFactory::CreatePrdFactory(
                IID_CATIPrd3DPartReferenceFactory,
                  (void** )&p3DPartFactory);

        // Create the 3D Part
        CATIPLMProducts *  p3DPart = NULL;
        if (SUCCEEDED(rc))
        {
            CATListValCATICkeParm_var UselessList1;
```

```
        CATListValCATICkeParm_var UselessList2;
        rc = p3DPartFactory-> Create3DPart(NULL,
        spReferenceType, UselessList1, UselessList2,
            p3DPart);
        if (SUCCEEDED(rc))  rc =
            p3DPart-> QueryInterface(IID_CATBaseUnknown,
                (void** )opp3DPart);
        if (NULL != p3DPart) { p3DPart-> Release(); p3DPart =
            NULL; }
    }
    if (NULL != p3DPartFactory) { p3DPartFactory-> Release();
        p3DPartFactory = NULL; }

    // Rename the created '3D Part'
    if (SUCCEEDED(rc))  rc = Rename3DPart(* opp3DPart,
        i3DPartName);
  }
  return rc;
}
```

下面给出了重命名 3DPart 的代码。

```
///-----------------------------------------------------------------------------------------------
// Rename3DPart
//----------------------------------------------------------------------------------------------
HRESULT Rename3DPart(CATBaseUnknown *  ip3DPart, CATUnicodeString
    & i3DPartName)
{
    HRESULT rc = E_INVALIDARG;
    if (NULL != ip3DPart)
    {
        // Rename the Product Reference
        rc = RenamePLMComponent(ip3DPart, i3DPartName);

        // Retrieve the Representation Instance aggregated by the
            Product Reference (we assume there is only one)
        CATIPLMNavRepInstance_var spRepInstance;
        CATIPLMNavReference_var spNavReference = ip3DPart;
        if (NULL_var != spNavReference)
        {
            CATListPtrCATIPLMNavEntity RepInstancelist;
```

```
            CATPLMCoreType coreType = PLMCoreRepInstance;
            rc = spNavReference-> ListChildren(RepInstancelist, 1,
                &coreType);
            if (SUCCEEDED(rc))

            {
                if (RepInstancelist.Size() == 1)
                   spRepInstance = RepInstancelist[1];
                else  rc = E_UNEXPECTED;
            }
            for (int iRepInstance = 1; iRepInstance <=
                RepInstancelist.Size(); iRepInstance+ + )
            {
                CATIPLMNavEntity *  pRepInstance =
                    RepInstancelist[iRepInstance];
                if (NULL != pRepInstance) { pRepInstance-> Release();
                    pRepInstance = NULL; }
            }
        }

        // Rename the Representation Reference
        if (SUCCEEDED(rc))  rc = RenamePLMComponent(spRepInstance,
            i3DPartName);
    }
    return rc;
}
```

下面给出了重命名 PLMComponent 的代码。

```
//-----------------------------------------------------------------------------------------
// RenamePLMComponent
//-----------------------------------------------------------------------------------------
HRESULT RenamePLMComponent(CATBaseUnknown *  ipElement,
    CATUnicodeString & iName)
{
    HRESULT rc = E_INVALIDARG;
    if (NULL != ipElement)
    {
        CATIPLMComponent_var spPLMComponent;
        CATUnicodeString IDAttribute;
```

```
CATIPLMNavReference_var spReference = ipElement;
if (NULL_var != spReference)
{
    spPLMComponent = spReference;
    IDAttribute = "V_Name";
}
else
{
    CATIPLMNavInstance_var spInstance = ipElement;
    if (NULL_var != spInstance)
    {
        spPLMComponent = spInstance;
        IDAttribute = "PLM_ExternalID";
    }
    else
    {
        CATIPLMNavRepReference_var spNavRepReference =
        ipElement;
        if (NULL_var != spNavRepReference)
        {
            spPLMComponent = spNavRepReference;
            IDAttribute = "V_Name";
        }
        else
        {
            CATIPLMNavRepInstance_var spNavRepInstance =
            ipElement;
            if (NULL_var != spNavRepInstance)
            {
                CATIPLMNavRepReference *
                    pRepresentationReference = NULL;

                spNavRepInstance->
                    GetRepReferenceInstanceOf
                        (pRepresentationReference);
                if (NULL != pRepresentationReference)
                {
                    spPLMComponent =
                        pRepresentationReference;
```

```
                        IDAttribute = "V_Name";
                    }
                    if (NULL != pRepresentationReference)
                    {
                        pRepresentationReference-> Release();
                        pRepresentationReference = NULL;
                    }
                }
                else
                {
                    CATIMmiUsePrtPart_var spMechanicalPart =
                    ipElement;
                    if (NULL_var != spMechanicalPart)
                    {

                        CATPLMComponentInterfacesServices::
                            GetPLMComponentOf(ipElement,
                                spPLMComponent);
                        IDAttribute = "V_Name";
                    }
                }
            }
        }
    }

    if (NULL_var != spPLMComponent)
    {

        CATICkeObject_var spCkeObjectOnProduct =
            spPLMComponent;
        if (NULL_var != spCkeObjectOnProduct)  rc =
            CATCkeObjectAttrWriteServices::
                SetValueWithString(spCkeObjectOnProduct,
                    IDAttribute, iName);
    }
  }
  return rc;
}
```

5.4.3 Product Instance

1. 创建、删除和替换操作

通过 CATIPLMProducts 接口提供的方法，可以创建、删除和替换 ProductInstance，如图 5-45 所示。

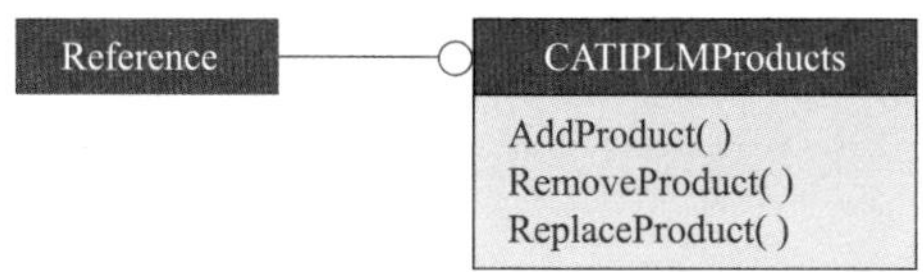

图 5-45 CATIPLMProducts 接口图

➢ 创建 3DPart 并加入指定 Product

```
HRESULT CreateAndInstantiate3DPart(CATBaseUnknown *
    ipFatherProduct, CATUnicodeString & i3DPartName,
        CATBaseUnknown **  opp3DPartProductInstance)
{
    HRESULT rc = E_INVALIDARG;

    CATIType_var spReferenceType;
    CATString plmType = "VPMReference";
    rc = CATCkePLMNavPublicServices::RetrieveKnowledgeType
        (plmType, spReferenceType);

    if (NULL != ipFatherProduct && NULL !=
        opp3DPartProductInstance)
    {
        *opp3DPartProductInstance = NULL;

        // Create the '3D Part'
        CATIPLMProducts *  p3DPart = NULL;
        CATIPrd3DPartReferenceFactory *  pPartReferenceFactory =
        NULL;
        rc = CATPrdFactory::CreatePrdFactory
            (IID_CATIPrd3DPartReferenceFactory,
                (void** )&pPartReferenceFactory);
        if (SUCCEEDED(rc))
        {
            CATLISTV(CATICkeParm_var) UselessList1, UselessList2;
            rc = pPartReferenceFactory-> Create3DPart(NULL,
```

```
            spReferenceType, UselessList1, UselessList1,
                p3DPart);
    }
    if (NULL != pPartReferenceFactory)
    {
        pPartReferenceFactory-> Release();
        pPartReferenceFactory = NULL;
    }

    // Rename the created "3D Part"
    if (SUCCEEDED(rc))   rc = Rename3DPart(p3DPart,
    i3DPartName);

    // Get the Father Reference Product
    CATIPLMProducts_var spFatherProductReference;
    if (SUCCEEDED(rc))
    {
        CATIPLMNavReference_var spReference = ipFatherProduct;
        if (NULL_var != spReference)
            spFatherProductReference = spReference;
        else
        {
            CATIPLMNavInstance_var spInstance =
                ipFatherProduct;
            if (NULL_var != spInstance)
            {
                CATIPLMNavReference *  pReference = NULL;
                rc =
                    spInstance-> GetReferenceInstanceOf
                        (pReference);
                if (SUCCEEDED(rc))
                {
                    spFatherProductReference = pReference;
                    if (NULL_var == spFatherProductReference)
                        rc = E_UNEXPECTED;
                }
                if (NULL != pReference) { pReference-> Release();
                    pReference = NULL; }
            }
```

```
                else  rc = E_NOINTERFACE;
            }
        }

        // Instantiate the created 3D Part under the Input Product
        if (SUCCEEDED(rc))  rc =
            spFatherProductReference-> AddProduct(p3DPart,
                (CATBaseUnknown* &)* opp3DPartProductInstance,
                    IID_CATIPLMProducts);
        if (NULL != p3DPart) { p3DPart-> Release(); p3DPart = NULL; }
    }
    return rc;
}
```

➤ 删除指定 Ref 下的所有子 Product

```
HRESULT RemoveAllChildProduct(CATIPLMNavReference_var ispiReference)
{
    HRESULT rc = S_OK;

    CATIPLMProducts_varspPLMProduct = NULL_var;
    rc = ispiReference-> QueryInterface(IID_CATIPLMProducts, (void** )
        &spPLMProduct);
    if (SUCCEEDED(rc))
    {
        CATListPtrCATIPLMNavEntity childrenList;
        CATPLMCoreType coreType = PLMCoreInstance;
        rc = ispiReference-> ListChildren(childrenList, 1, &coreType);
        for (int i = 1; i < = childrenList. Size(); i+ + )
        {
            CATIPLMNavEntity_var spNavEntity = childrenList[i];

            CATIPLMProducts_var spChildProduct(spNavEntity);

            rc = spPLMProduct-> RemoveProduct(spChildProduct);
        }
    }

    return rc;
}
```

➢ 替换子 Instance

```
...
CATBoolean iAllInstances = FALSE;
hr = poInputCmp-> ReplaceProduct(poOldChildInst,
    poNewChildRef,
iAllInstances,poNewChildInst);
...
```

2. 位置信息操作

在 CAA 中,只有 Instance 和 Occurrence 对象具有位置信息,因此,可以从对象的绝对或相对坐标中设置或获取对象位置信息,如图 5-46 所示。

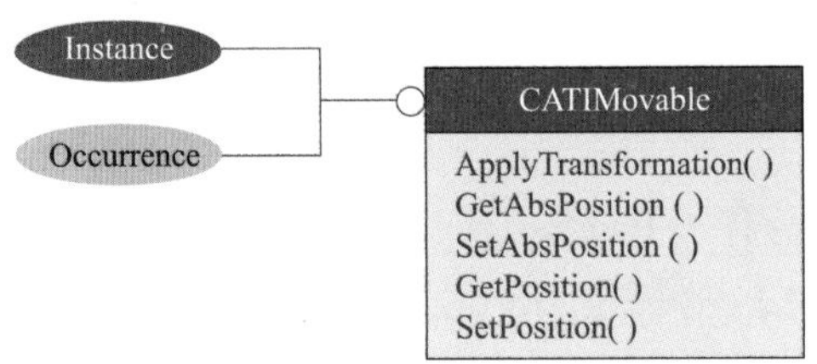

图 5-46 CATIMovable 接口图

Instance 和 Occurrence 对象的位置信息存储在对象的位置矩阵中,该矩阵是一个 CATMathTransformation 对象,3×4 的双精度矩阵。

[0] [3] [6] [9]
[1] [4] [7] [10]
[2] [5] [8] [11]

该矩阵由 3×3 矩阵(元素[0]~[8])和 3×1 向量(元素[9]~[11])组成,矩阵部分用于缩放、旋转、镜像变换,向量部分用于平移变换。

➢ 显示绝对坐标信息

```
HRESULT  DisplayAbsPosition(CATBaseUnknown*  pInst, const char*
InstName, int levelSpece)
{
    HRESULT hr = E_FAIL;
    if (NULL == pInst) return hr;

    CATIMovable*  piMovable = NULL;
    hr = pInst-> QueryInterface(IID_CATIMovable,
        (void** )&piMovable);
    if (SUCCEEDED(hr))
    {
        CATMathTransformation mat;
        hr = piMovable-> GetAbsPosition(mat);
```

```
        if (SUCCEEDED(hr))
        {
            // Print the absolute position of Inst
            double * aAbsoluteCoeff = new double[12];
            mat.GetCoef(aAbsoluteCoeff);
            //int levelSpece = 3;
            for (int Z= 0; Z< levelSpece; Z+ + )
                cout<<  "   ";

            cout <<  InstName << " (Absolute position)" <<  endl <<
                flush;

            for (int k= 0; k< 3; k+ + )
            {
                for (int p= 0; p< levelSpece; p+ + )
                    cout<<  "   ";

                cout <<  aAbsoluteCoeff[k] <<   " " <<
                    aAbsoluteCoeff[k+ 3] <<   " " <<  aAbsoluteCoeff[k+ 6]
                        <<  " " <<  aAbsoluteCoeff[k+ 9] <<  endl <<  endl;
            }
            delete[] aAbsoluteCoeff;
            aAbsoluteCoeff = NULL;
        }
        piMovable-> Release();
        piMovable = NULL;
    }

    return hr;
}
```

➢ 显示相对坐标信息

```
HRESULT DisplayRelativePosition(CATBaseUnknown*  pInst, const
char*  InstName, CATBaseUnknown*  Context, int levelSpece)
{
    HRESULT hr = E_FAIL;
    if (NULL == pInst) return hr;

    CATIMovable*  piMovable = NULL;
    hr = pInst-> QueryInterface(IID_CATIMovable,(void** )
```

```
        &piMovable);
    if (SUCCEEDED(hr))
    {
        CATIMovable_var spMovContext = Context;
        CATMathTransformation mat;
        mat = piMovable-> GetPosition(spMovContext);
        // Print the relative position of Inst
        double * aAbsoluteCoeff = new double[12];
        mat.GetCoef(aAbsoluteCoeff);
        for (int Y= 0; Y< levelSpece; Y+ + )
                cout<<  "  ";
        cout << InstName <<  " (Relative position) in the context of:
            Default" << endl << flush;
        for (int k= 0; k< 3; k+ + )
        {
            for (int q= 0; q< levelSpece; q+ + )
                    cout<<  "  ";

            cout << aAbsoluteCoeff[k] << " " << aAbsoluteCoeff[k+3]
                << " " << aAbsoluteCoeff[k+ 6] << " " <<
            aAbsoluteCoeff[k+ 9] << endl << endl;
        }
        delete[] aAbsoluteCoeff;
        aAbsoluteCoeff = NULL;

        piMovable-> Release();
        piMovable = NULL;
    }
    return hr;
}
```

➤ 创建坐标平移转换矩阵

```
CATMathTransformation CreateTransformationMatrix(int x, int y,
    int z)
{
    double *aPositionAlt = new double[12];
    for (int i= 0; i< 12; i+ +)
            aPositionAlt[i]=0;

    // modify the cell according to the matrix
```

```
    aPositionAlt[0] = 1.;
    aPositionAlt[4] = 1.;
    aPositionAlt[8] = 1.;

    aPositionAlt[9]  = x;
    aPositionAlt[10] = y;
    aPositionAlt[11] = z;

    // create the matrix from the array
    CATMathTransformation Position(aPositionAlt);

    // delete the array
    delete[] aPositionAlt;

    aPositionAlt = NULL;

    return Position;
}
```

5.4.4 PLM Representation Reference

PLM Rep Ref 是具有 PLM 属性的 PLM 对象，与其他 PLM 对象相比 PLM Rep Ref 具有特殊性，它是一个与数据文件关联的对象，CATIA 称这些数据文件为流。PLM Rep Ref 可以包含 3D 几何、2D 几何和其他非几何的东西，如分析结果、注释元素等。PLM Rep Ref 是唯一能够指向流(流存储在 Store)的 PLM 对象。PLM Rep Ref 能指向三种流对象，如图 5-47 所示。

- 3D Shape：包含机械特性和几何。
- Drawing：包含绘图特征。
- Technological Representation Stream：包含应用程序特征。

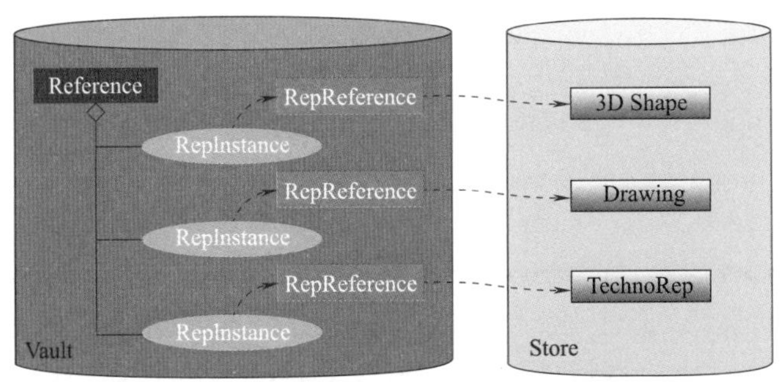

图 5-47　PLM Rep Ref 指向的三种流对象

CATIA 可以创建一个 PLM 产品 Rep Ref 来表示三种内容：

- Rep Modeler 内容，数据文件包含通过 DS 表示 Modeler(如机械 Modeler)创建的特征。

- 技术内容，数据文件包含 CAA 应用程序或 DS 应用程序创建的特性。
- 非 CATIA 内容，用于数据文件，如 cgr 和 .model(V4 文件)。

CATIA 至少有三种 Rep 建模器，每一种都创建自己的主流和次级流。

- 机械建模器，主流是一个 3DShape。
- 绘图建模器，主流是一张图纸。
- 材料建模器，主流是 CATMaterial。

一个 PLM 产品 Rep Ref 可以是独立的，如一个 3D 形状，也可以被实例化来创建一个装配。在实例化中，PLM 产品 RepInstance 总是由 PLM 产品 Ref 聚合。就像交互式模式一样，通过 CAA API 可以创建两种 PLM 产品 Rep Ref。

- 单实例化，指 PLM 产品 Rep Ref 只能实例化一次。
- Multi-instantiable 或 shared，指可以多次实例化。

有了 PLM 产品 Rep Ref 后，要知道它的状态(单实例或多实例)，可以使用 CATIPLMNavRepReference 接口(CATPLMComponentInterfaces 框架)及其 IsOnceInstantiable( )方法。

1. 单实例化

创建单实例化 PLM 产品 Rep Ref 的第一种方法是使用 API 创建引用及其实例。它是 CATIPrdAggregatedRepresentations 接口(ProductStructureUseItf 框架)。此接口包含以下具有显式命名的方法：

- Add3DShape(图 5-48)。
- AddNonCATIA 用于非 CATIA 内容(使用此方法，文件扩展名不能是 cgr 或 model)。
- Add3DShapeFromCgrOrModel 用于具有 cgr 或 model 文件扩展名的非 CATIA 内容。

上述方法通过实现 CATIPrdAggregatedRepresentations 接口创建 PLM 产品 Rep Ref，并将其实例化。

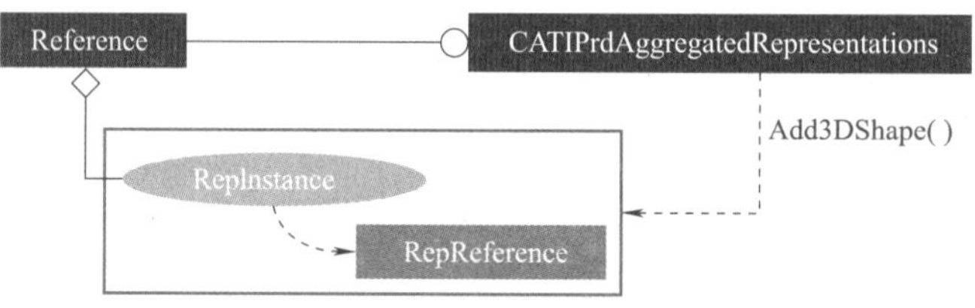

图 5-48 CATIPrdAggregatedRepresentations 接口 UML 图

```
CATIAdpEnvironment * pEnvironment = NULL;
…
CATIPrdAggregatedRepresentations_var spProductReference= …;
CATIPsiRepresentationReference * pRepresentationReference= NULL;
CATListValCATICkeParm_var UselessList;
spProductReference->Add3DShape(pEnvironment, UselessList,
    pRepresentationReference);
```

一旦创建了 PLM 产品 Rep Ref 及其唯一实例，就不能再使用 CATIPLMRepInstance 类的 AddRepInstance，此方法同时可用于检查单实例化规则。检查此规则的另一个 API 是 CATIPLMRepInstances 接口的 ReplaceRepInstance。

- 无论输入的 PLM 产品 RepInstance(第一个参数)的引用是什么,都不能用单实例化的 PLM 产品 Rep Ref 的实例替换它。
- 如果输入实例(仍然是第一个参数)是一个单实例化的 PLM 产品 Rep Ref 的实例,那么无论要实例化的输入 PLM Rep Ref(第二个参数)如何,替换都是不可能的。

CATIPrdAggregatedRepresentations 接口包含 RemoveRepresentation。此方法仅删除可单实例化的 PLM 产品 Rep Ref 的唯一实例。所以即使 API 的参数是 PLM 产品 Rep Ref 指针,删除的也是它的实例。此 API 不删除 PLM 产品 Rep Ref。

若要删除单实例化 PLM 产品 Rep Ref 的实例,还可以使用 CATIPLMRepInstance 接口的 RemoveRepInstance。这两种方法是等价的。在 PLM 产品 Rep Ref 不再实例化的情况下,可以通过 CATPLMPrdDeleteServices 类(ProductStructureAccess 框架)删除单实例化的 PLM 产品 Rep Ref。

2. 多实例化

应采用 CATPrdFactory 类(PLMSSessionInterfactes 框架)的 CreatePrdFactory 方法创建 CATIPrdRepresentationReferenceFactory 工厂接口,实现该接口的 Create3DShape 方法创建多实例化的 Rep Ref,如图 5-49 所示。

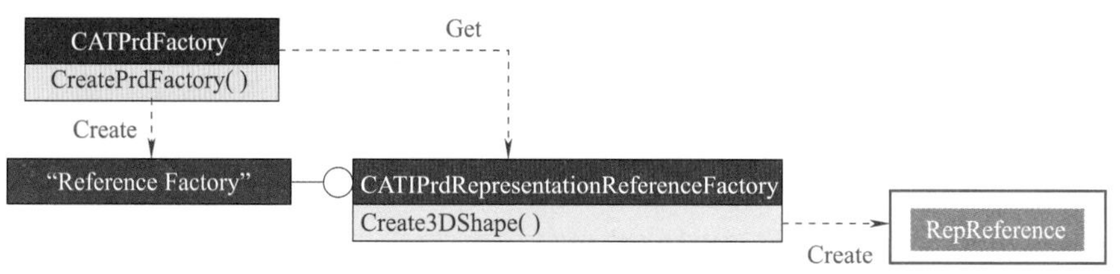

图 5-49　CATIPrdRepresentationReferenceFactory 接口的 UML 图

与单实例化相同,CATIPrdRepresentationReferenceFactory 工厂接口也提供具有显式命名的方法。

- Create3DShape 创建 3D 形状。
- CreateNonCATIA 用于非 CATIA 内容。
- Create3DShapeFromCgrOrModel 为具有 cgr 或模型文件扩展名的非 CATIA 内容创建。

下面的代码给出了如何创建 3DShape 示例。

```
CATIMmiUsePrtPart_var CreateRepRef(CATBaseUnknown*  iRefProduct)
{
    CATIPrdRepresentationReferenceFactory *  pFactory = NULL;
    HRESULT hr = CATPrdFactory::CreatePrdFactory
        (IID_CATIPrdRepresentationReferenceFactory,
            (void** )&pFactory);
    if (SUCCEEDED(hr) && pFactory)
    {
        // The env has been set previously- so here, Env= NULL ,
            means current env.
        CATIPsiRepresentationReference*  pRepRef = NULL;
        CATListValCATICkeParm_var EmptyListAttr;
```

```
        CATIType_var typeNull;

        CATCkePLMNavPublicServices::RetrieveKnowledgeType
            ("3DShape", typeNull);
        hr = pFactory-> Create3DShape(typeNull, EmptyListAttr,
        pRepRef);

        CATIPLMRepInstances_var spRepInstance = iRefProduct;
        CATBaseUnknown *  oRepInstance = NULL;
        hr = spRepInstance-> AddRepInstance("Shape", pRepRef,
            oRepInstance);

        CATIPLMNavRepReference*  piNavRep = NULL;
        hr = pRepRef-> QueryInterface(IID_CATIPLMNavRepReference,
            (void** )&piNavRep);
        CATIMmiPrtContainer * piPrtCont = NULL;
        If (SUCCEEDED(piNavRep-> RetrieveApplicativeContainer
            ("CATPrtCont", IID_CATIMmiPrtContainer,
            (void** )&piPrtCont)))
        {
            CATIMmiMechanicalFeature_var spMmiMecFeat;
            CATIMmiUsePrtPart_var spMmiPart;
            if (SUCCEEDED(piPrtCont-> GetMechanicalPart
                (spMmiMecFeat))&& (NULL_var != (spMmiPart =
                    spMmiMecFeat)))
            {
                return spMmiPart;
            }
        }
        pFactory-> Release();
        pFactory = NULL;
    }
    return NULL_var;
}
```

可以用 CATDftDrawingPLMServices 类(DraftingUseItf 框架)的静态函数 CreateDrawingRepReference 创建 Rep Ref,如图 5-50 所示。

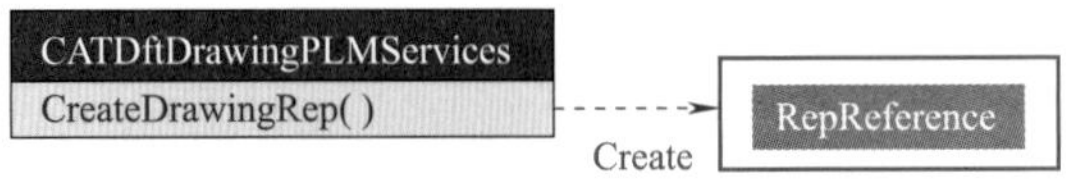

图 5-50　创建 Rep Ref 的 UML 图

下面的代码给出了如何创建图纸 Rep 的实例。

```
CATListOfCATUnicodeString DrawingStandardList;
CATDftDrawingPLMServices::GetAvailableDrawingStandards(
    DrawingStandardList);

CATUnicodeString Standardname= DrawingStandardList[2];
CATListOfCATUnicodeStringSheetStyleList;
CATDftDrawingPLMServices::GetListOfSheetStyles(StandardName,
    SheetStyleList);

CATUnicodeString SheetStyle= SheetStyleList[2];
CATIPsiRepresentationReference * pRepresentationReference= NULL;
CATListValCATICkeParm_var UselessList;
CATDftDrawingPLMServices::CreateDrawingRep(StandardName,
    SheetStyle, UselessList,NULL,& pRepresentationReference);
```

可以通过 CATPLMPRDeleteServices 类(ProductStructureAccess 框架)删除多实例化的 PLM 产品 Rep Ref。

5.5 PLM 组件管理

CAT3DPhysicalRepInterface 框架中的 PLMRep Ref 实现了三个接口:

- CATIPsiRepresentationLoadMode:获取/更改流加载模式;
- CATIPsiRepresentationReference:获取有关作为主流类型的流数据的一些通用信息;
- CATIPLMNavRepReference:访问主流数据。

也可以使用 CATPLMComponentInterfaces 框架的接口对 PLMRep Ref 进行操作:

- CATIPLMNavEntity;
- CATIPLMNavRepReference。

5.5.1 加载模式

加载模式是管理流加载的模式,为了轻量化内存,可以选择加载流。一个 3D 形状 Rep Ref 可以指向两种流(图 5-51):主流和其他的都是次级流 PLM。Rep Ref 通常与主流、0 个或多个次级流相关联。

- 可以通过 CAA 的 API 访问主流。
- 次流是在内部使用的,无法通过 CAA 的 API 访问。

可以通过调用 CATIPsiRepresentationLoadMode 接口的 ComputeLoadingMode 方法来确定 Product Rep Ref 的当前加载模式,还可以使用 ChangeLoadingMode 方法从一种加载模式切换到另一种加载模式,如图 5-52 所示。

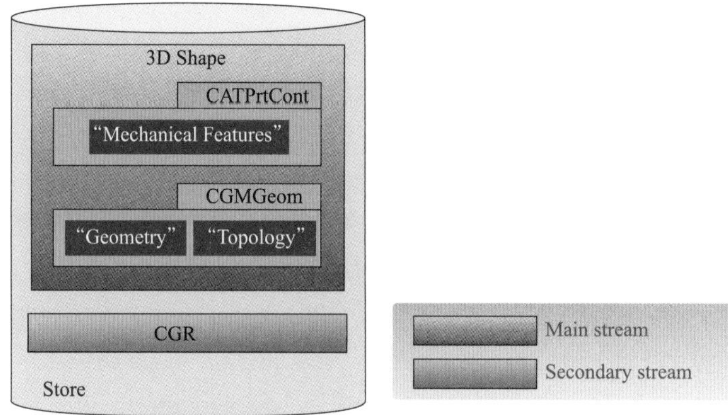

图 5-51　主流和次流

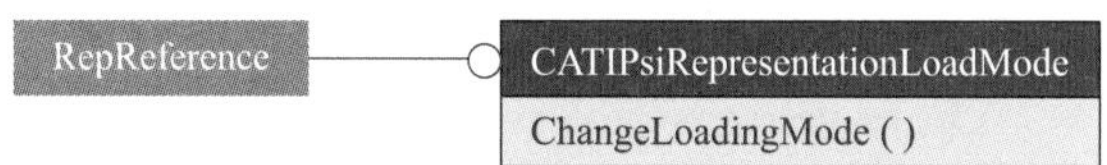

图 5-52　CATIPsiRepresentationLoadMode 接口的 UML 图

更改 Rep Ref 加载方式函数如下所示：

```
HRESULT ChangeRepresentationLoadMode(CATBaseUnknown*  iRepRef,
    CATIPsiRepresentationLoadMode::LoadingMode loadingMode)
{
    HRESULT rc = E_INVALIDARG;
    CATIPsiRepresentationLoadMode * piRepLoadMode = NULL;
    rc = iRepRef-> QueryInterface(IID_CATIPsiRepresentationLoadMode,
        (void ** )&piRepLoadMode);
    if (FAILED(rc)|| piRepLoadMode== NULL)
        return rc;

    CATIPsiRepresentationLoadMode::LoadingMode oLoadingMode;
    rc = piRepLoadMode->ComputeLoadingMode(oLoadingMode);
    if (FAILED(rc))
        return rc;
    if (oLoadingMode != loadingMode)
    {
        rc = piRepLoadMode->ChangeLoadingMode(loadingMode);
        if (FAILED(rc))
            return rc;
    }

    piRepLoadMode->Release();
```

```
    piRepLoadMode = NULL;

    return rc;
    }
```

5.5.2　访问主流

只有 PLM Rep Ref 处于“EditMode”加载模式下，才能访问主流数据。

CATIPsi RepresentationReference 接口实现了三个方法：GetMainDataType、Is3DGeometry 和 GetRepInstances。

可以利用 GetMainDataType 方法返回的字符串来获取主流类型，如图 5-53 所示，主流类型见表 5-3。

图 5-53　CATIPsiRepresentationReference 接口 UML 图

表 5-3　主流类型表

Rep Ref 类型		返回的字符串
Rep Modeler Contents	3DShape	CATPart
	Drawing	CATDrawing
	material	CATMaterial
Technological Contents		TechnologicalRepresentation
Non CATIA Contents		The type of the existing non CATIA V5

可以用 Is3DGeometry 方法检查 PLMRep Ref 是否具有 3D 几何图形。检查包括 CATPart、TechnologicalRepresentation、model 和 CGR 在内的主流类型返回的值为 TRUE。

使用 GetRepInstances 方法检索 PLM 产品 Rep Ref 的所有加载实例。PLM 产品 RepInstance 可以由 CATIPrdRepInstance 接口或 CATIPLMNavRepInstance 接口处理。

CATIPLMNavRepReference 接口可以利用容器的名称访问 3D 形状和 TechnoRep，如图 5-54 所示。

3D 形状容器：

- CATPrtCont：机械零件特征容器。
- CGMGeom：几何对象容器。
- TechnoRep：流容器。
- 容器名称由用户自定义：应用程序容器。

➢ 获取机械零件容器

```
CATIPLMNavRepReference_var spRepReference = …;
CATIMmiPrtContainer * pMechanicalContainer = NULL;
rc = spRepReference->RetrieveApplicativeContainer("CATPrtCont"
    , IID_CATIMmiPrtContainer, (void**)&pMechanicalContainer);
```

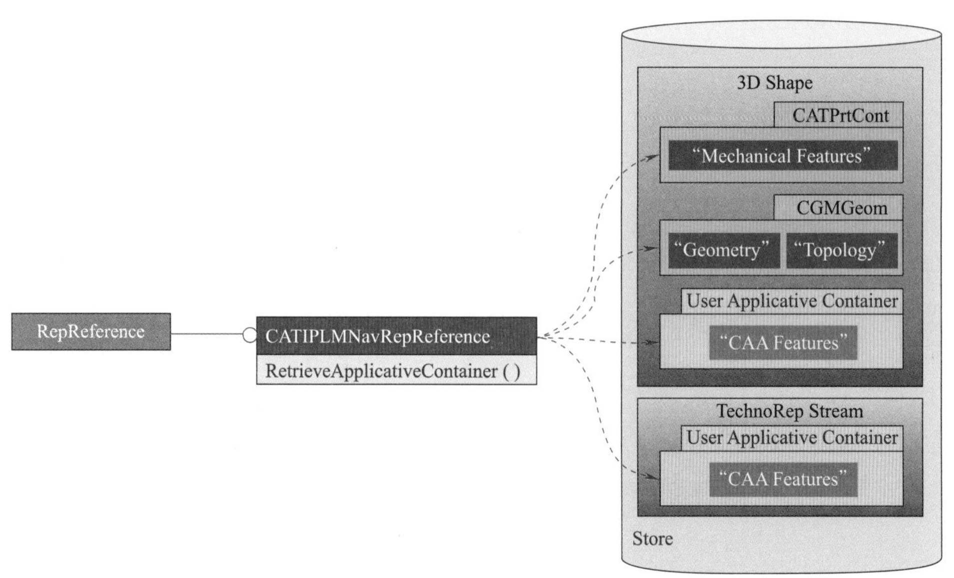

图 5-54 CATIPLMNavRepReference 接口 UML 图

➤ 获取几何对象工厂

```
...
CATIPLMNavRepReference_var spRepRef  = ... ;
CATGeoFactory * pContainer = NULL;
spRepRef->RetrieveApplicativeContainer("CGMGeom"
    ,IID_CATGeoFactory, pContainer)
...
```

➤ 获取应用程序容器

```
HRESULT GetContainerInRepresentationReference(CATBaseUnknown *
    ipRepresentationReference, CATUnicodeString & iContainerName,
        CATBaseUnknown ** oppContainer)
{
    HRESULT rc = E_INVALIDARG;
    if (NULL != ipRepresentationReference && NULL != oppContainer)
    {
        *oppContainer = NULL;

        CATIPLMNavRepReference_var spRepReference =
        ipRepresentationReference;
        if (NULL_var != spRepReference)  rc = spRepReference->
            RetrieveApplicativeContainer(iContainerName,
                IID_CATBaseUnknown, (void** )oppContainer);
    }
```

```
    return rc;
}
```

5.5.3　PLM 组件属性管理

获取 PLM 组件属性，首先需要实现相应组件的 CATICkeObject 接口，如图 5-55 所示。

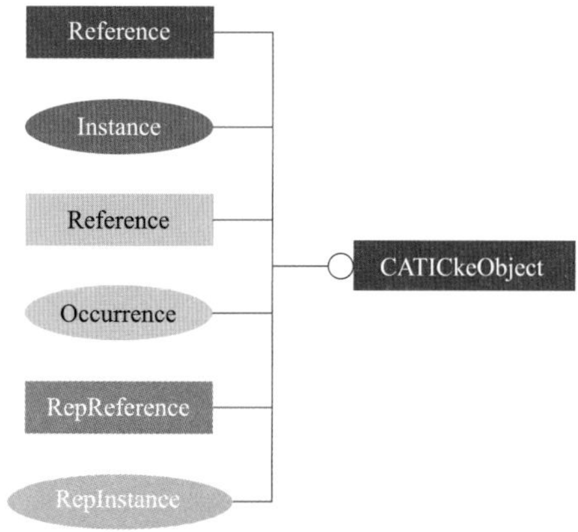

图 5-55　CATICkeObject 接口 UML 图

可以用 CATCkePLMNavPublicServices 类（PLMDictionaryNavServices 框架）提供的各种静态函数获取 PLM 组件属性，图 5-56 给出了常用的获取属性方法。

图 5-56　CATCkePLMNavPublicServices 类 UML 图

也可以用 KnowledgeInterfaces 框架下的 CATCkeObjectAttrReadServices 类和 CATCkeObjectAttrWriteServices 类获取和修改 PLM 组件属性。

➢ 获取和修改 PLM 组件字符串属性

```
HRESULT GetAttrStringValue(CATBaseUnknown_var iRef,
    CATUnicodeString iAttrName, CATUnicodeString &oAttrValue)
{
    HRESULT rc = E_FAIL;
    CATICkeObject*  piCkeObject = NULL;
    rc= iRef-> QueryInterface(IID_CATICkeObject,
        (void** )&piCkeObject);
    if (SUCCEEDED(rc))
    {

    rc= CATCkeObjectAttrReadServices::GetValueAsString(piCkeObject,
        iAttrName, oAttrValue);
```

```
        piCkeObject-> Release();
        piCkeObject = NULL;
    }
    return rc;
}

HRESULT SetAttrStringValue(CATBaseUnknown_var iRef,
    CATUnicodeString iAttrName, CATUnicodeString iAttrValue)
{
    HRESULT rc = E_FAIL;
    CATICkeObject*  piCkeObject = NULL;
    rc = iRef-> QueryInterface(IID_CATICkeObject,
        (void** )&piCkeObject);
    if (SUCCEEDED(rc))
    {
        rc = CATCkeObjectAttrWriteServices::
            SetValueWithString(piCkeObject, iAttrName, iAttrValue);
        piCkeObject-> Release();
        piCkeObject = NULL;
    }
    return rc;
}
```

5.6 上下文对象

上下文对象(Object in Context)用于在产品结构中建立对象之间的关联关系,适用于所有的PLM组件和流中的所有对象。可以将上下文对象用于发布(Publication)、约束(Constraints)等用途,通过上下文对象可以区分产品结构中同名的对象。

➢ 创建特征的上下文对象

```
HRESULT CreateObjectInContextForFeature(CATBaseUnknown *  ipFeature,
    CATIPLMComponent *  ipRepInstance, CATOmbObjectInContext_var &
        ospObjectInContext)
{
    HRESULT rc = E_INVALIDARG;
    if (NULL != ipFeature)
    {
        CATLISTP(CATIPLMComponent) ListComponent;
        rc = CATOmbObjectInContext::CreateObjectInContext(
            ListComponent, ipRepInstance, ipFeature,
```

```
            ospObjectInContext);
    }
    return rc;
    }
```

➢ 从上下文对象获取特征

```
HRESULT GetFeatureFromObjectInContext(CATBaseUnknown *
    ipObjectInContext, CATBaseUnknown **  oppFeature)
{
    HRESULT rc = E_INVALIDARG;
    if (NULL != ipObjectInContext && NULL != oppFeature)
    {
        HRESULT rc = E_INVALIDARG;
        if (NULL != ipObjectInContext && NULL != oppFeature)
        {
            * oppFeature = NULL;

            CATOmbObjectInContext_var spObjectInContext =
                ipObjectInContext;
            if (NULL_var != spObjectInContext)  rc = spObjectInContext
                -> GetObjectOutOfContext(* oppFeature);
        }
        return rc;
    }
    return rc;
    }
```

➢ 创建 3D Part 上下文对象

```
HRESULT CreateObjectInContextFor3DPartInstance(CATBaseUnknown *
    ipPart, CATOmbObjectInContext_var & ospObjectInContext)
{
    HRESULT rc = E_INVALIDARG;
    if (NULL != ipPart)
    {
        HRESULT rc = E_INVALIDARG;
        if (NULL != ipPart)
        {
            CATIPLMComponent_var spComponent = ipPart;
            if (NULL_var != spComponent)
            {
                CATLISTP(CATIPLMComponent) ListComponent;
```

```
                ListComponent.Append(spComponent);
                rc = CATOmbObjectInContext::CreateObjectInContext
                    (ListComponent, NULL, NULL, ospObjectInContext);
            }
        }
        return rc;
    }
    return rc;
    }
```

➢ 通过上下文对象获取 3D Part

```
HRESULT Get3DPartInstanceFromObjectInContext(CATBaseUnknown *
    ipObjectInContext, CATBaseUnknown **  opp3DPartInstance)
{
    HRESULT rc = E_INVALIDARG;
    if (NULL != ipObjectInContext && NULL != opp3DPartInstance)
    {
        * opp3DPartInstance = NULL;

        CATLISTP(CATIPLMComponent) ListComponent;
        CATOmbObjectInContext_var spObjectInContext =
            ipObjectInContext;
        if (NULL_var != spObjectInContext) rc = spObjectInContext
            -> GetPathOfInstances(ListComponent);

        if (SUCCEEDED(rc))
        {
            if (ListComponent.Size() == 1)
            {
                CATIPLMComponent *  pComponent = ListComponent[1];
                if (NULL != pComponent)
                    rc = pComponent-> QueryInterface(IID_CATBaseUnknown
                        , (void** )opp3DPartInstance);
                else rc = E_FAIL;
            }
            else rc = E_FAIL;
        }

        for (int iComponent = 1; iComponent < = ListComponent.Size();
            iComponent+ + )
```

```
        {
            CATIPLMComponent *  pComponent = ListComponent[iComponent];
            if (NULL != pComponent) { pComponent-> Release(); pComponent
                = NULL; }
        }
    }
    return rc;
    }
```

➤ 浏览上下文对象信息

```
HRESULT BrowsePointedObjInfo(CATOmbObjectInContext* & pPointedObj)
{
    cout <<  endl;

    if ( NULL == pPointedObj)
    {
        return E_INVALIDARG;
    }
    HRESULT hr = E_FAIL;

    //=========================================================
    // 获得上下文对象的根 Ref
    //=========================================================
    cout <<  "";
    CATIPLMComponent*  opiCompOnRootProd= NULL;
    hr = pPointedObj-> GetContextRootReference(opiCompOnRootProd);
    if (SUCCEEDED(hr) && (NULL!= opiCompOnRootProd))
    {
        CATIPLMIdentifierSet * pIdentifier = NULL;
        hr = opiCompOnRootProd-> QueryInterface(
            IID_CATIPLMIdentifierSet,(void** ) &pIdentifier);
        if (SUCCEEDED(hr))
        {
            CATUnicodeString oProdName;
            hr = pIdentifier-> GetIdentifierSet(oProdName);
            if (SUCCEEDED(hr))
            {
                cout <<  "< " <<  "GetContextRootReference" <<  "= "  <<
                    oProdName. ConvertToChar() <<  "> " <<  endl;
            }
```

```
            pIdentifier-> Release();
            pIdentifier = NULL;
        }

        opiCompOnRootProd-> Release();
        opiCompOnRootProd = NULL;
    }
    else if(S_FALSE == hr)
            cout<< "  No Context Root Reference found"<< endl;
        else
            cout<< "  Error for GetContextRootReference"<< endl;



    //==========================================================
    // 获取上下文指向对象的 RepInstance
    //==========================================================
    if ( SUCCEEDED(hr))
    {
        cout <<  "";
        CATIPLMComponent * opRepresentationInstance= NULL;
        hr = pPointedObj-> GetInstanceOfRepresentation(
            opRepresentationInstance);

        if (SUCCEEDED(hr) && (NULL!= opRepresentationInstance))
        {
            CATIAlias * pAlias = NULL;
            hr = opRepresentationInstance-> QueryInterface(
                IID_CATIAlias,(void** )&pAlias);
            if (SUCCEEDED(hr))
            {
                CATUnicodeString  repInstName = pAlias-> GetAlias();

                cout << "< " << "GetInstanceOfRepresentation" << "= "  <<
                    repInstName. ConvertToChar() << "> " << endl;

                pAlias-> Release();
                pAlias = NULL;
            }
```

```
        opRepresentationInstance-> Release();
        opRepresentationInstance= NULL;

    } else if(S_FALSE == hr)
        cout << " No Rep Instance found" << endl;
    else
        cout<< " Error for GetInstanceOfRepresentation"<< endl;
}

//=============================================================
// 获取上下文指向对象的路径
//=============================================================
if ( SUCCEEDED(hr))
{
    cout << "";
    CATLISTP(CATIPLMComponent) oPathOfInstances;
    hr = pPointedObj-> GetPathOfInstances(oPathOfInstances);
    if (SUCCEEDED(hr) && (oPathOfInstances.Size()!= 0))
    {
        for (int i= 1; i< = oPathOfInstances.Size(); i+ + )
        {
            CATIPLMComponent * piCompOnInstance= NULL;
            piCompOnInstance= oPathOfInstances[i];
            if (NULL!= piCompOnInstance)
            {
                CATIAlias * piAlias = NULL;
                HRESULT rc = piCompOnInstance-> QueryInterface(
                    IID_CATIAlias,(void** ) &piAlias);
                if (SUCCEEDED(rc) && ( NULL!= piAlias))
                {
                    CATUnicodeString oFIName;
                    oFIName = piAlias-> GetAlias();

                    cout << "< " << "Instance" << "= " <<
                        oFIName.ConvertToChar() << "> " << endl;

                    piAlias-> Release();
                    piAlias = NULL;
```

```
                    piCompOnInstance-> Release();
                    piCompOnInstance= NULL;
                }
            }
        }
    } else if(S_FALSE == hr)
        cout<< "  No Path of Instances found"<< endl;
    else
        cout<< "  Error for GetPathOfInstances"<< endl;
}

//=====================================================================
// 获取上下文指向对象的数学变换
//=====================================================================
if (hr == S_OK)
{
    cout << "";
    CATIPLM3DPositionMng * pPLM3DPositionMng = NULL;
    hr = ::CATInstantiateComponent(
        CATIPLM3DPositionMng_Component,IID_CATIPLM3DPositionMng
            , (void** )&pPLM3DPositionMng);
    if(SUCCEEDED(hr))
    {
        CATMathTransformation  roTransfo;
        hr= pPLM3DPositionMng-> RetrievePosition(pPointedObj,
            roTransfo);

        if (SUCCEEDED(hr))
        {
            // Print the Transformation matrix
            double * aAbsoluteCoeff = new double[12];
            if (aAbsoluteCoeff)
                roTransfo.GetCoef(aAbsoluteCoeff);


            cout << "MathTransformation"<< endl << flush;

            for (int k= 0; k< 3; k+ + )
```

```
            {
                cout << "";
                cout << aAbsoluteCoeff[k] << " " <<
                     aAbsoluteCoeff[k+ 3] << " " <<
                          aAbsoluteCoeff[k+ 6] << " " <<
                               aAbsoluteCoeff[k+ 9] << endl << endl;
            }
            delete[] aAbsoluteCoeff;
        }
        else
            cout<< " Error for RetrievePosition"<< endl;

        pPLM3DPositionMng-> Release();
        pPLM3DPositionMng= NULL;
    }
}

//=========================================================
//获取上下文指向的对象
//=========================================================
if ( SUCCEEDED(hr))
{
    cout << "";
    CATBaseUnknown * opObject= NULL;
    hr = pPointedObj-> GetObjectOutOfContext(opObject);

    if (SUCCEEDED(hr) && (NULL!= opObject))
    {
        CATIAlias * pAlias = NULL;
        hr = opObject-> QueryInterface(IID_CATIAlias,
            (void** )&pAlias);
        if (SUCCEEDED(hr))
        {
            CATUnicodeString  targetName = pAlias-> GetAlias();

            cout << "< " << "GetObjectOutOfContext " << "= "  <<
                targetName.ConvertToChar() << "> " << endl;

            pAlias-> Release();
```

```
                pAlias = NULL;
            }

            opObject-> Release();
            opObject = NULL;

        } else if(S_FALSE == hr)
            cout << "  No Target defined" << endl;
        else
            cout<< "  Error for GetObjectOutOfContext"<< endl;
    }
    return hr;
    }
```

5.7 发　　布

发布是发布一个属于 Rep 的子对象,该对象可以是几何、参数或另外一个发布对象,使用 CATIPrdPublications 接口管理集成在产品 Ref 下的发布对象,如图 5-57 所示。

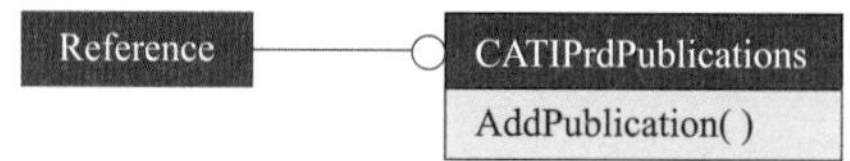

图 5-57　CATIPrdPublications 接口 UML 图

➢ 发布特征,代码中用到了上下文对象小节中的函数

```
HRESULT PublishFeature(CATIPLMNavReference_var ispNavReference,
    CATBaseUnknown_var ispFeature, CATUnicodeString iPublishName)
{
    HRESULT rc = S_OK;

    CATIPrdPublications_var spPublications = NULL_var;
    rc = ispNavReference-> QueryInterface(IID_CATIPrdPublications,
        (void** )&spPublications);
    if (rc != S_OK)
        return rc;
    //从 ref 获取 RepInstance
    CATListPtrCATIPLMNavEntity  ioChildrenList;
    CATPLMCoreType coreType = PLMCoreRepInstance;
    rc = ispNavReference-> ListChildren(ioChildrenList, 1,
        &coreType);
    if (rc != S_OK)
```

```
    return rc;
CATIPLMNavEntity_var  spChild = ioChildrenList[1];
CATIPLMNavRepInstance*  spPLMRepInstance;
rc = spChild-> QueryInterface(IID_CATIPLMNavRepInstance,
    (void** )&spPLMRepInstance);
if (rc != S_OK)
    return rc;
CATIPLMComponent *  ipRepInstance = NULL;
spPLMRepInstance-> QueryInterface(IID_CATIPLMComponent,
    (void** )&ipRepInstance);

//创建特征的上下文
CATOmbObjectInContext_var  ospObjectInContext = NULL_var;
CreateObjectInContextForFeature(ispFeature, ipRepInstance,
    ospObjectInContext);

//创建发布
CATListValCATICkeParm_var  ControlledListValues;
CATICkeParmFactory_var spCkeParmFactory =
    CATCkeGlobalFunctions::GetVolatileFactory();
CATICkeParm_var spParm;
if (iPublishName == "")
{
    CATIAlias_var spAlias = ispFeature;
    spParm = spCkeParmFactory-> CreateString("V_FunctionalName",
        spAlias-> GetAlias());
}
else
{
    spParm = spCkeParmFactory-> CreateString("V_FunctionalName",
        iPublishName);
}

ControlledListValues.Append(spParm);
CATIPrdPublication_var Pub_PointedWithSet;
rc = spPublications-> AddPrdPublication(NULL,
    ControlledListValues, NULL, Pub_PointedWithSet);
if(SUCCEEDED(rc)&& Pub_PointedWithSet!= NULL)
    rc = Pub_PointedWithSet-> SetPointed(ospObjectInContext);
```

```
    return rc;
}
```

➤ 浏览发布信息

```
HRESULT BrowsePublications(CATIPLMNavReference*  ipNavRef)
{
    if (NULL == ipNavRef)
        return E_INVALIDARG;

    HRESULT hr = E_FAIL;

    CATIPrdPublications*  ipPublicationsOnReference = NULL;
    hr = ipNavRef-> QueryInterface(IID_CATIPrdPublications,(void ** )
        &ipPublicationsOnReference);
    //
    // 获取当前 Ref 所有的发布
    //
    if ( SUCCEEDED(hr))
    {
        CATIPrdIterator * piIterator = NULL;
        hr = ipPublicationsOnReference-> Iterator(piIterator);
        if ( SUCCEEDED(hr) && (NULL != piIterator))
        {
            CATBaseUnknown*  pCBUonPublication = NULL;
            piIterator-> Next(pCBUonPublication);
            while ( (NULL != pCBUonPublication) && (SUCCEEDED(hr)))
            {
                CATIPrdPublication*  pPublication = NULL;
                hr = pCBUonPublication-> QueryInterface(
                    IID_CATIPrdPublication,(void** )&pPublication);
                //
                // 输出发布名称
                //
                if ( SUCCEEDED(hr))
                {
                    CATUnicodeString oPublicationName;
                    hr = pPublication-> GetName(oPublicationName);
                    if (SUCCEEDED(hr))
                    {
                        cout <<  endl;
```

```
                cout << "< " << "Publication Name" << "= "
                    << oPublicationName.ConvertToChar()
                        << "> " << endl;
            }
        }
        //
=================================================================
        // 寻找发布指向的上下文对象
        //
=================================================================

    //==========================================================
        // 4-3-1 : Browse the Publication Info with
CATOmbObjectInContext API's 浏览发布指向的上下文对象信息(只浏览发布对象)
    //==========================================================
        CATOmbObjectInContext* oObjInCxt_OnPointedObj= NULL;

        if ( SUCCEEDED(hr) && (NULL != pPublication))
        {
            hr = pPublication-> GetPointed
                (oObjInCxt_OnPointedObj);
            if (SUCCEEDED(hr))
            {
                if (S_FALSE == hr)
                {
                    cout << "" << "Empty Publication.
                        Hence no more information" << endl;
                }
                else if( (S_OK == hr))
                {
                    hr = BrowsePointedObjInfo(
                        oObjInCxt_OnPointedObj);

                    if(NULL!= oObjInCxt_OnPointedObj)
                    {
                        oObjInCxt_OnPointedObj-> Release();
                        oObjInCxt_OnPointedObj = NULL;
                    }
                }
```

```
                }
            }

//==================================================================
// 浏览发布指向的上下文对象信息(进行深层次搜索,发布对象指向另一个发布对象)
//==================================================================
            if ( S_OK == hr && (NULL != pPublication))
            {
                hr = pPublication-> GetPointed(
                    oObjInCxt_OnPointedObj,TRUE);
                if( S_OK == hr)
                {
                    hr = BrowsePointedObjInfo(
                        oObjInCxt_OnPointedObj);

                    if(NULL!= oObjInCxt_OnPointedObj)
                    {
                        oObjInCxt_OnPointedObj-> Release();
                        oObjInCxt_OnPointedObj = NULL;
                    }
                }
            }

            pCBUonPublication-> Release();
            pCBUonPublication = NULL;

            if ( NULL != pPublication)
            {
                pPublication-> Release();
                pPublication = NULL;
              }
              piIterator-> Next(pCBUonPublication);
            }
            piIterator-> Release();
            piIterator = NULL;
        }
        ipPublicationsOnReference-> Release();
        ipPublicationsOnReference = NULL;
    }
```

```
    return hr;
}
```

➤ 通过发布名称获取发布对象

```
HRESULT SearchPublicationByName( CATIPrdObject_var ispNavRef,
    CATUnicodeString & name ,CATBaseUnknown **   opPubUN)
{
    HRESULT hr = E_FAIL;
    CATIPrdPublications *  piPrdPublications = NULL;
    if (ispNavRef-> IsReference())
    {
        ispNavRef-> QueryInterface(IID_CATIPrdPublications,
            (void** )& piPrdPublications);
    }
    else
    {
        CATIPLMNavReference *  piRef= NULL;
        ispNavRef-> GetReferenceObject((CATBaseUnknown* &) piRef,
            IID_CATIPLMNavReference);
        if ( piRef)
        {
            hr = piRef-> QueryInterface(IID_CATIPrdPublications,
                (void** )& piPrdPublications);
            piRef-> Release();
            piRef = NULL;
        }
    }

    if( NULL  != piPrdPublications)
    {
        CATIPrdPublication_var  spPrdPub;
        if (SUCCEEDED(piPrdPublications-> GetByName (name,
            spPrdPub)))
        {
        hr = spPrdPub-> QueryInterface(IID_CATBaseUnknown,(void** )
            opPubUN);
        }
        piPrdPublications-> Release();
        piPrdPublications = NULL;
```

```
    }
    return hr;
}
```

5.8 约　　束

约束是装配体中指定组件相对于其他组件正确的关联关系。只需指定在一个组件上、两个组件之间或三个组件之间设置的约束类型，系统就会完全按照要求的方式放置组件。

系统提供了以下几种约束方式：固定约束、偏移约束、同心约束、角约束和接触约束。CATIAssemblyConstraint 接口（CATAssemblyConstraintUseItf 框架）的枚举变量 CATIAssemblyConstraint::Type 定义了系统支持的所有约束类型，如图 5-58 所示。

```
o Type
    enum Type {
      Type_Error,
      Type_FixInstance,
      Type_FixAxisSystem,
      Type_FixInstanceInstance,
      Type_FixInstanceAxisSystem,
      Type_FixAxisSystemAxisSystem,
      Type_FixTransfoInstance,
      Type_FixTransfoAxisSystem,
      Type_FixTransfoInstanceInstance,
      Type_FixTransfoInstanceAxisSystem,
      Type_FixTransfoAxisSystemAxisSystem,
      Type_CoincidencePointPoint,
      Type_CoincidencePointLine,
      Type_CoincidencePointCurve,
      Type_CoincidencePointPlane,
      Type_CoincidencePointSurface,
      Type_CoincidenceLineLine,
      Type_CoincidenceLinePlane,
      Type_CoincidencePlanePlane,
      Type_CoincidenceAxisSystemAxisSystem,
      Type_ContactCircleSphere,
      Type_ContactCircleCone,
      Type_ContactPlanePlane,
      Type_ContactPlaneCylinder,
```

图 5-58　约束类型

- CATIAssemblyConstraint::Type_CoincidenceXXX，对齐约束；
- CATIAssemblyConstraint::Type_ContactXXX，接触约束；
- CATIAssemblyConstraint::Type_DistanceXXX，距离约束；
- CATIAssemblyConstraint::Type_AngleXXX，角度约束；
- CATIAssemblyConstraint::Type_PlanarAngleXXX，平面角度约束；
- CATIAssemblyConstraint::Type_ParallelXXX，平行约束；

- CATIAssemblyConstraint::Type_PerpendicularXXX，正交约束；
- CATIAssemblyConstraint::Type_FixXXX，固定约束。

创建两个组件间的约束，需要用到 CATIEngConnectionManager 和 CATIAssemblyConstraintManager 类，一般可分为以下两步：

（1）通过 CATIEngConnectionManager 接口创建工程连接 CATIEngConnection；

（2）通过 CATIAssemblyConstraintManager 接口创建约束并添加到工程连接。

创建工程连接如图 5-59 所示。

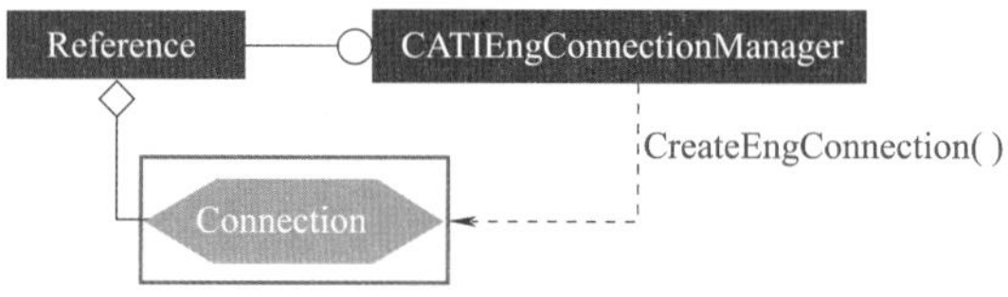

图 5-59　CATIEngConnectionManager 接口 UML 图

创建约束如图 5-60 所示。

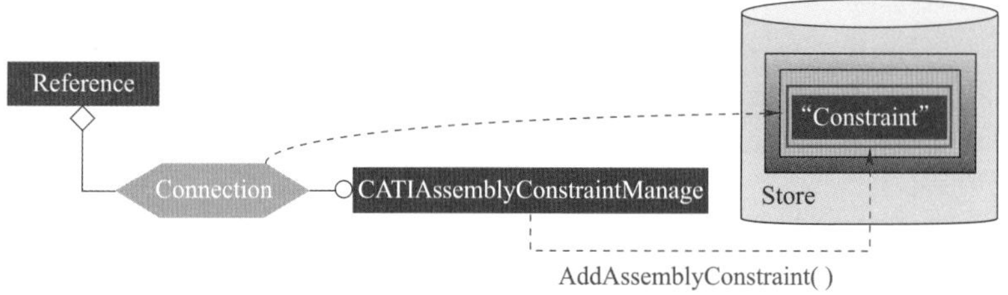

图 5-60　CATIAssemblyConstraintManager 接口 UML 图

第 6 章　机械建模器

6.1 概　　述

机械建模器是一个专门用于机械和形状应用的 Rep 建模器(图 6-1),例如零件设计、创成式形状设计和草图绘制器。它是一个基于特征、规格驱动和生成的建模器,使用户在设计时能够集中精力于设计规格,系统则负责根据设计规格计算结果几何形状。并且,该建模器提供了一套完整的工具来创建、修改和浏览 3D 形状。机械建模器提供了机械特征的层次及其接口,如图 6-2 所示。

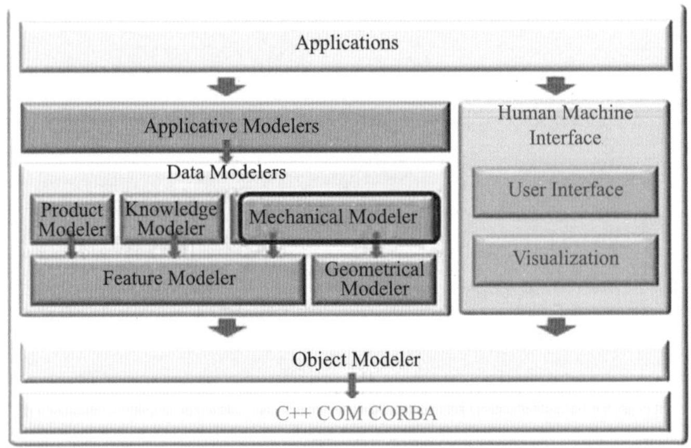

图 6-1　机械建模器体系结构

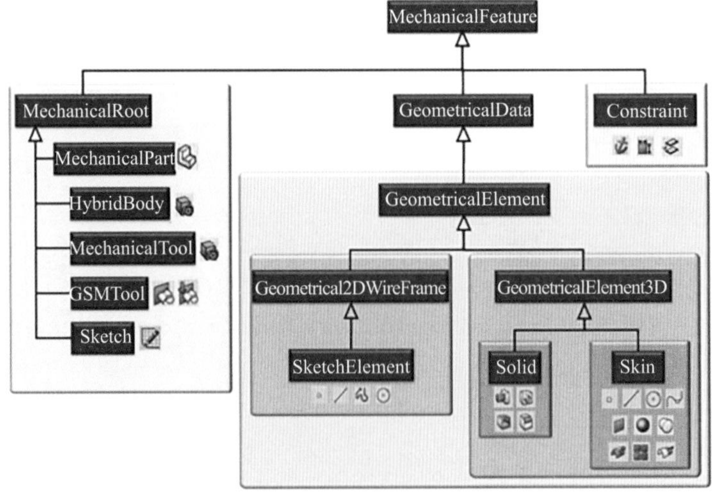

图 6-2　机械特征层次结构

6.1.1　3D 形状

机械建模器的 PLM Rep Ref 的主数据流称为 3D 形状，它包含了机械零件的完整设计。3D 形状由容器构成，每种类型容器用于不同类别的特征，如图 6-3 所示。

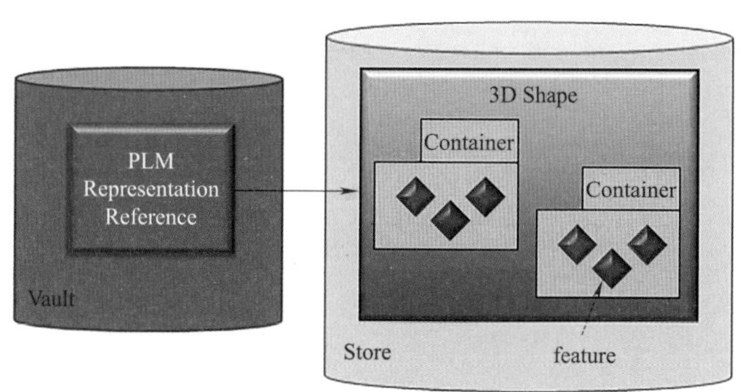

图 6-3　3D 形状数据流

6.1.2　机械特征

机械零件是使用一组不同类型的机械特征来设计的，这些特征从特征建模器基础结构中派生。每种类型的特征都与驱动其特定行为的专用接口相关联。CATIMmiMechanicalFeature 是所有机械特征的通用接口。

机械特征主要有三大类：

(1)零件特征：三维形状中的顶层特征。

(2)几何特征：生成几何形状的特征。

(3)几何特征集：集成其他几何特征集或几何特征的特征。

CATIA 采用浸入工作区的结构规格树来表示机械零件设计，树的结构和图标使用户能够一目了然地看到特征类型以及它们是如何构建的，如图 6-4 所示。

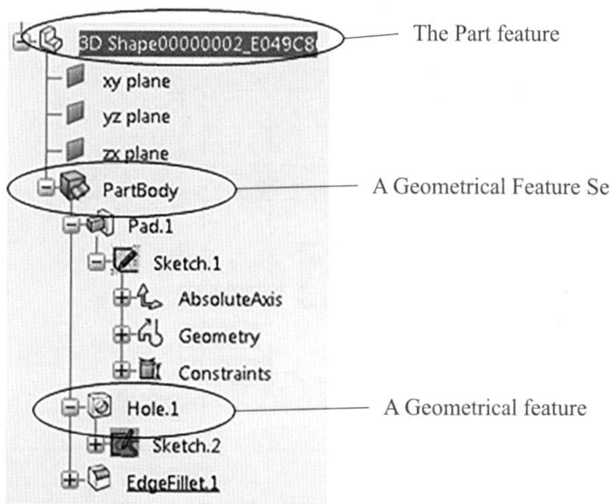

图 6-4　结构规格树

6.1.3 规格/结果模型

机械建模器基于特征建模器的规格/结果模型。在 CATIA 的工作区中，系统可以用其机械特征对规格进行建模，从而生成几何结果，如图 6-5 所示。

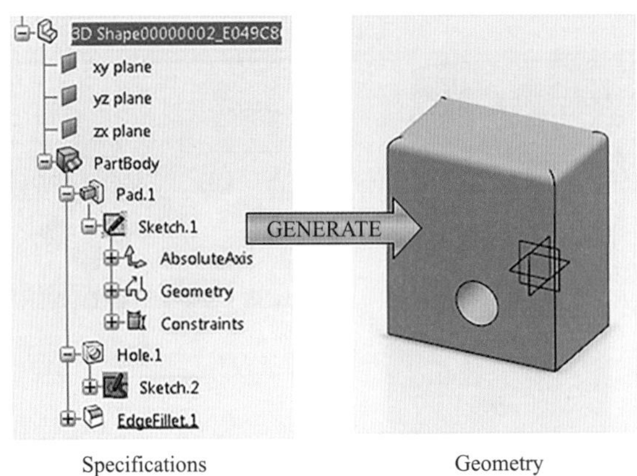

图 6-5 规格/结果模型

特征建模器对定义特征的属性有以下三个限定(图 6-6)：

(1)输入属性是规格属性。

(2)输出属性包含一个生成的结果，每次修改输入属性时都需要更新。

(3)中性属性包含附加信息。

一个特征的输入属性可以引用其他特征。因此，复杂机械零件的设计可以形成由相互依赖的特征而组成的巨大网络。系统采用特征建模器的构建/更新机制计算驱动的结果，并确保特征网络的一致性，每个特征则处理自己的创建结果，如图 6-7 所示。

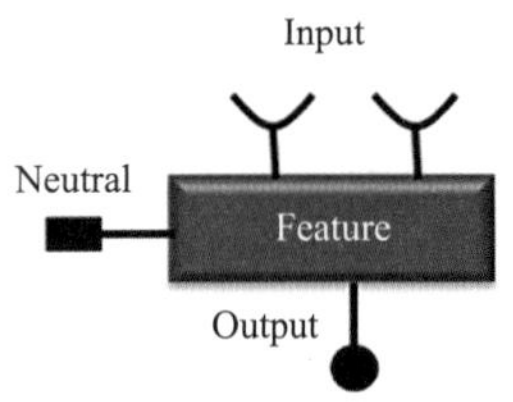

图 6-6 特征模型数据结构

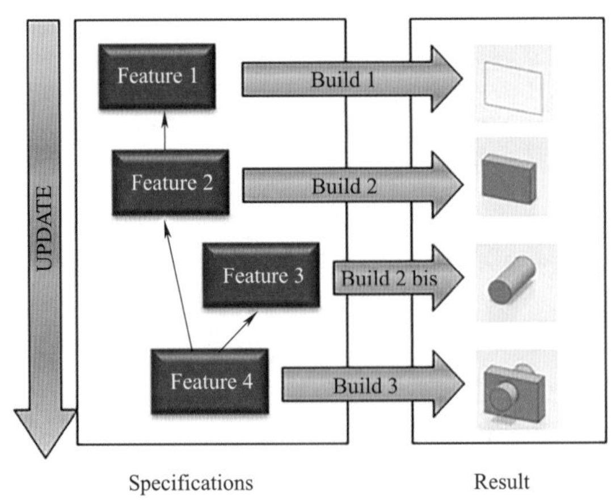

图 6-7 机械特征更新机制

6.1.4 泛型命名

在设计过程中，可以选择拓扑子元素（如边或面）作为新特征的输入。

拓扑对象是不稳定的，因为它们可以在更新过程中被删除和重建。因此，机械特性不应直接引用它们，在机械建模器中采用名称而不是直接引用拓扑的解决方案，该方案提供了一种稳定的方法来引用拓扑单元，如图 6-8 所示。

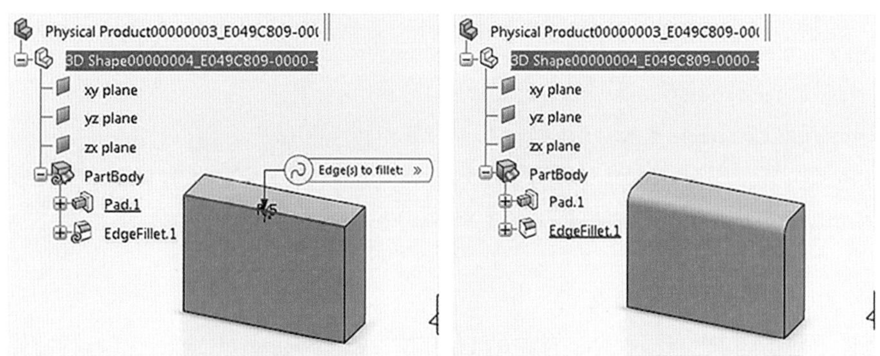

图 6-8　选择边缘创建倒角

泛型名称是通过一个表示选择几何图形的临时对象（称为 BRep Access）构建的。BRep Access 可以通过生成 BRep 特征的方式使其持久化，BRep 特征可以由机械特征引用。

6.2 3D 形状的内容

3D 形状的内容由容器构成，有两个强链接的主容器，如图 6-9 所示。

（1）CATPrtCont（规格容器）：包含机械特性。

（2）CGMGeom（几何容器）：包含结果拓扑。

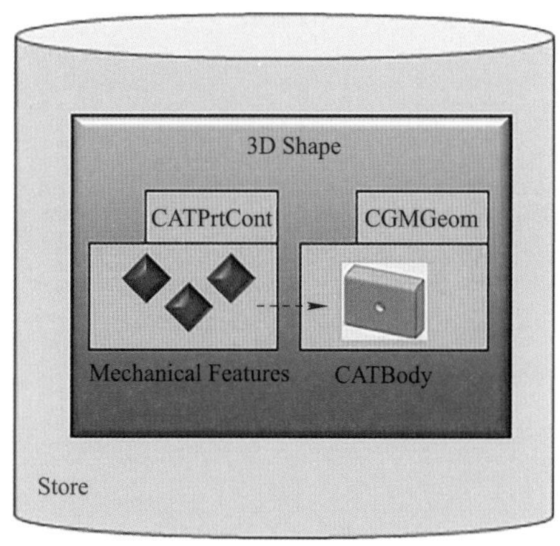

图 6-9　3D 形状结构

6.2.1 规格容器

规格容器包含机械特征，在 CATIA 工作区域中以浸没 2D 图形即规格树表示。对于不同类型的特征采用相关联的图形结构和图标表示，可以使用户清晰地看到特征类型以及设计的过程。

可以用 CATIPLMNavRepReference 接口的 RetrieveApplicativeContainer 方法根据容器的名称检索容器。

```
...
CATIPLMNavRepReference_var spRepRef  = ...;
CATIMmiPrtContainer *pContainer = NULL ;
spRepRef-> RetrieveApplicativeContainer("CATPrtCont",IID_CATIMm
iPrtContainer,(void ** ) & pContainer);
...
```

CATPrtCont 是规格容器的名称。

spRepRef 是指向 PLMRep Ref 对象的 CATIPLMNavRepReference 接口智能指针。

pContainer 是 CATPrtCont 容器的结果指针，指针的类型取决于第二个参数，这里是一个 CATIMmiPrtContainer 接口指针。

6.2.2 几何容器

机械特性反映了最终用户的设计意图。当涉及计算对应于这个意图的形状时，依赖于一个底层建模器，叫作拓扑建模器。

几何容器包含几何特征的拓扑结果，几何容器的内容在 CATIA 的工作区中可视化，如图 6-10 所示。

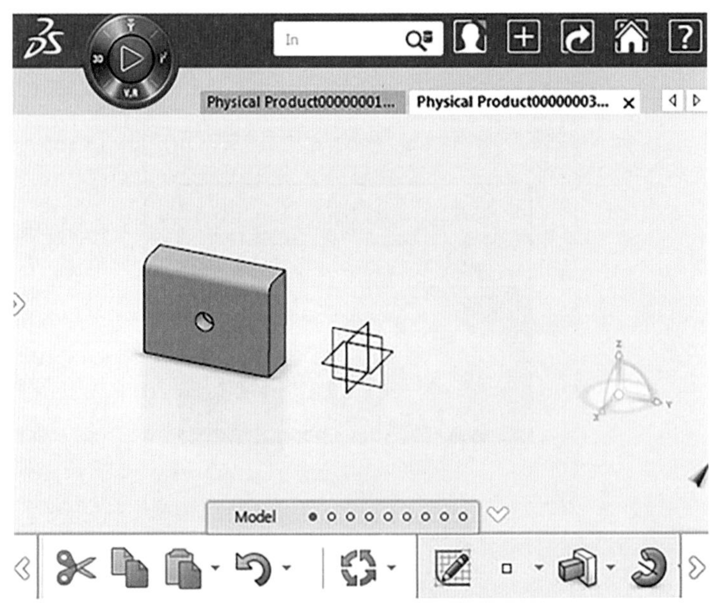

图 6-10 三维几何区域

若要检索此容器，请使用 CATIPLMNavRepReference 接口的 RetrieveApplicativeContainer 方法：

```
...
CATIPLMNavRepReference_var spRepRef  = ...;
CATGeoFactory *pContainer = NULL ;
spRepRef-> RetrieveApplicativeContainer("CGMGeom",IID_CATGeoFac
tory, pContainer)
...
```

CGMGeom 是几何容器的名称。

spRepRef 是指向 PLM 表示引用对象的 CATIPLMNavRepReference 接口智能指针。

pContaincr 是指向 CGMGcom 容器的结果指针，指针的类型取决于第二个参数，这里是一个 CATGeoFactory 接口指针。

6.3　零件特征

零件特征是三维形状的顶层特征，它集成了构成机械零件设计的所有特征。它在三维形状中具有唯一性和强制性，是从表示参考到机械零件设计的切入点。有时零件特征也称为 MechanicalPart，这是定义它启动程序的名称。零件特征在规格树中用图标表示，如图 6-11 所示。

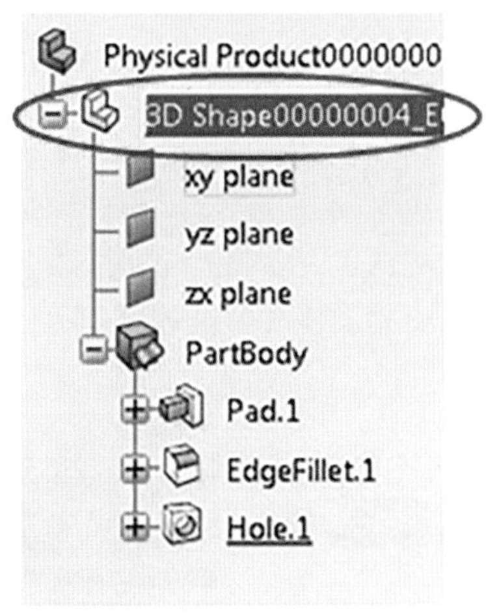

图 6-11　零件特征

6.3.1　零件特征内容

零件特征集合了其他机械特征，图 6-12 描述了零件特性的内容。

（1）三个参考平面：*XY*、*YZ*、*YZ* 平面定义机械零件三维空间的原点，在 3D 形状创建时自动创建。

（2）PartBody：机械零件的主体，在 3D 形状创建时自动创建。

(3)几何集、有序几何集与 Body:表示机械零件的子零件,能够使设计变得更加清晰和方便 PartBody、Body、几何集和有序几何集称为几何特征集。

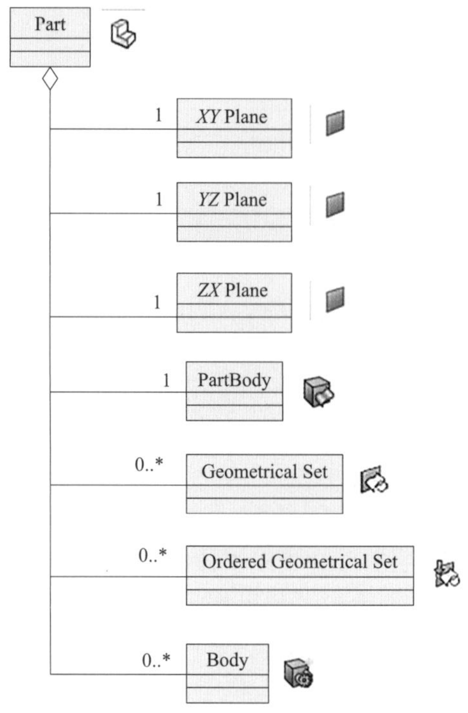

图 6-12 零件特征 UML 图

6.3.2 检索零件特征

1. 从规格容器中检索

用规格容器上实现的 CATIMmiPrtContainer 接口的 GetMechanicalPart 方法检索零件特征。图 6-13 给出了从 RepReference 检索零件特征的原理示意。

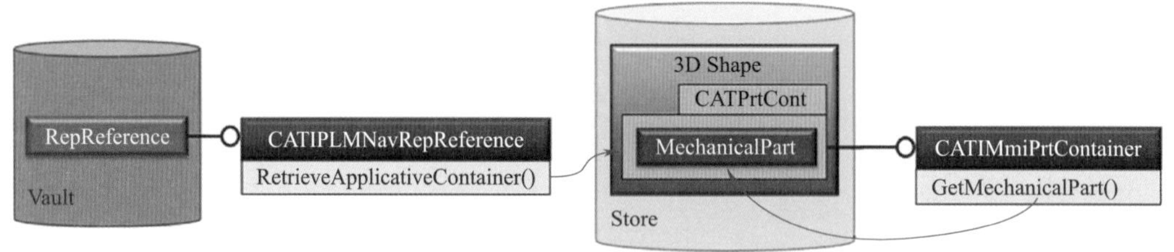

图 6-13 检索零件特征

下面的代码给出了从 Rep Ref 检索零件特征的实现过程。

```
HRESULT GetPartFromRepRef (CATBaseUnknown* iRepRef,
    CATIMmiMechanicalFeature_var  & ospMmiMecFeat)
{
    HRESULT rc = E_FAIL;
```

```
    CATIPLMNavRepReference_var spNavRepRef = iRepRef;
    if (spNavRepRef == NULL_var)
       return rc;

    CATIMmiPrtContainer *  pContainer = NULL;
    rc = spNavRepRef-> RetrieveApplicativeContainer("CATPrtCont",
         IID_CATIMmiPrtContainer, (void ** )&pContainer);
    if ( rc!= S_OK)
       return rc;
    if (pContainer-> GetMechanicalPart(ospMmiMecFeat) != S_OK)
       return rc;
    return S_OK;
}
```

2. 从零件层次结构中包含的任何特性

用 CATIMmiMechanicalFeature 接口的 GetMechanicalPart 方法检索零件特征。

```
HRESULT GetMechanicalPartFromFeature(CATBaseUnknown * ipFeature,
   CATBaseUnknown **  oppMechanicalPartFeature)
{
    HRESULT rc = E_INVALIDARG;
    if (NULL != ipFeature && NULL != oppMechanicalPartFeature)
    {
        *oppMechanicalPartFeature = NULL;

        // Retrieve the Mechanical Container
        CATBaseUnknown *  pMechanicalContainer = NULL;
        rc = GetMechanicalContainerFromFeature(ipFeature,
        &pMechanicalContainer);

        // Retrieve the Mechanical Part
        if (SUCCEEDED(rc))
        {
            CATIMmiPrtContainer_var spMechanicalContainer =
               pMechanicalContainer;
            if (NULL_var != spMechanicalContainer)
            {
                CATIMmiMechanicalFeature_var
                   spMechanicalPartFeature;
                rc= spMechanicalContainer-> GetMechanicalPart(spMec
                   hanicalPartFeature);
```

```
                if (SUCCEEDED(rc)) rc = spMechanicalPartFeature->
                  QueryInterface(IID_CATBaseUnknown, (void** )opp
                    MechanicalPartFeature);
            }
            else  rc = E_NOINTERFACE;
        }
        if (NULL != pMechanicalContainer)
        {
            pMechanicalContainer->Release();
            pMechanicalContainer = NULL;
        }
    }
    return rc;
}
```

6.3.3 检索参考平面

用零件特征上实现的 CATIMmiUsePrtPart 接口的 RetrievereferencePlanes 方法检索零件上的三个参考平面。

下面的代码说明如何检索并隐藏参考平面。

```
HRESULT HideReferencePlanes(CATBaseUnknown *ipMechanicalPart)
{
    HRESULT rc = E_UNEXPECTED;
    if (NULL != ipMechanicalPart)
    {
        CATIMmiUsePrtPart_var spPrtPart = ipMechanicalPart;
        if (NULL_var != spPrtPart)
        {
            rc = S_OK;

            CATListValCATIMmiMechanicalFeature_var
               ReferencePlaneList;

            spPrtPart-> RetrieveReferencePlanes(ReferencePlaneList);
            int nb_ReferencePlanes = ReferencePlaneList.Size();
            if (nb_ReferencePlanes == 3)
            {
                CATVisPropertiesValues visPropertiesValues;
                visPropertiesValues.SetShow(CATNoShowAttr);
                CATIVisProperties_var spVisProperties;
```

```
            for (int iPlane = 1; SUCCEEDED(rc) && iPlane <=
                nb_ReferencePlanes; iPlane+ + )
            {
                spVisProperties = ReferencePlaneList[iPlane];
                if (NULL_var != spVisProperties)
                   spVisProperties->SetPropertiesAtt(visPrope
                       rtiesValues, CATVPShow, CATVPGlobalType);
                else  rc = E_NOINTERFACE;
            }
        }
        else  rc = E_UNEXPECTED;
     }
  }
  return rc;
}
```

6.3.4　当前特征

在一个 3D 形状中有一个且仅有一个当前对象,它在规格树中显示为下划线。在 3D 形状创建时,PartBody 默认设置为当前特征。检索或设置当前特性的接口是 CATIMmiUsePrtPart 接口。

下面代码将给定特征设置为当前特征。

```
HRESULT SetFeatureInWorkObject(CATIMmiMechanicalFeature_var
    ispMmiMecFeat)
{
    HRESULT rc = E_INVALIDARG;
    CATIMmiPrtContainer_var spMechanicalContainer = NULL_var;
    rc= ispMmiMecFeat->GetPrtContainer(spMechanicalContainer);
    if (rc != S_OK)
       return rc;

   CATIMmiMechanicalFeature_var spMmiMecFeat;
   CATIMmiUsePrtPart_var spMmiPart;

   rc= spMechanicalContainer->GetMechanicalPart(spMmiMecFeat);
   if (rc != S_OK)
       return rc;
   spMmiPart = spMmiMecFeat;
   rc= spMmiPart->SetInWorkObject(ispMmiMecFeat);
   return rc;
}
```

6.4 几何特征集

几何特征集是表示机械零件或其子零件的最终形状特征集合。它们聚集几何特征或其他几何特征集。3D 形状包含 PartBody、Body、几何集合和有序几何集合，这些特征都是几何特征集，它们各自用一个特定的图标在规格树中表示，如图 6-14 所示。

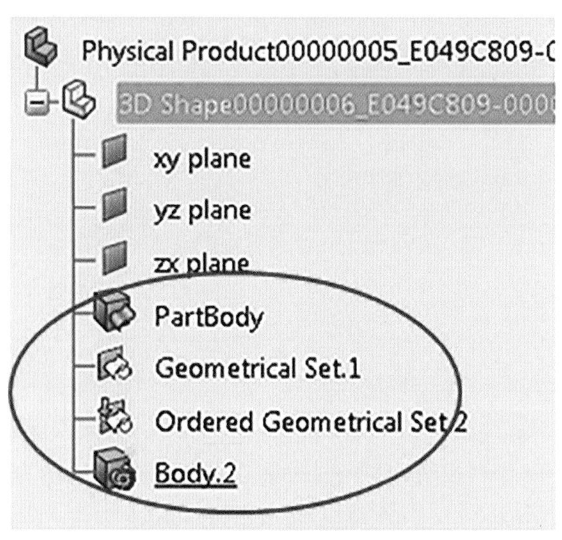

图 6-14 几何特征集

根据几何特征的类型，几何特征集分为三类，如图 6-15 所示。

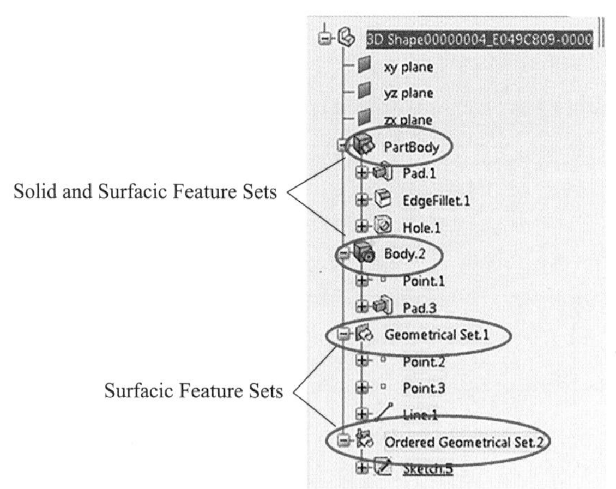

图 6-15 几何特征集分类

(1)实体和表面特征集：可以同时包含实体和表面特征。当 environment 设置为混合设计模式时，PartBody 和 Body 就属于这一类。这些特性也可以称为 Hybrid Bodies，这是它们的启动名称，简称为混合集。

(2)表面特征集：只能包含表面特征，几何集和有序几何集都属于这一类。这些功能也被称为 GSM Tools，是它们的启动名称。

(3)实体特性集：只能包含实体。当在混合设计模式停用的情况下创建 PartBody 和 Body 时就属于这一类别。这些功能也被称为 Mechanical Tools，是它们的启动名称，简称为实体集。

6.4.1　混合集、实体集

Body 特征能创建三维实体对象，PartBody 是机械零件的主体，它包含了最终生成机械零件的三维形状。Body 是能够单独设计一个机械零件的子零件，然后可以用布尔运算进行组装。

1. 创建 Body 特征

可以用在规格容器上实现 CATIMmiUseSetFactory 接口的 CreatePRTTool 方法创建 Body 特征。

```
...
CATIMmiUseSetFactory_var spSetFactory = piPrtCont;
CATIMmiMechanicalFeature_var spPart = ...;
...
CATIMmiMechanicalFeature_var spNewBody;
HRESULT rc= spSetFactory->CreatePRTTool("MyNewBody", spPart,
      spNewBody);
...
```

piPrtCont 是指向规格容器的指针。

spPart 是一个智能指针，指向将聚合新车身的零件特性。

2. 检索 PartBody

用在零件特征上实现的 CATIPartRequest 接口的 GetMainBody 方法检索 PartBody 特征。

```
...
CATIPartRequest_var spPartRequest = spPart;
CATBaseUnknow_var PartBody;
CATUnicodeString ViewContext = "MfDefault3DView" ;
HRESULT rc = spPartRequest->GetMainBody(ViewContext,PartBody);
...
```

spPart 是一个指向零件特征的智能指针。

关于视图上下文：有一个默认的视图上下文，它由 MfDefault3DView 字符串表示。对于某些应用程序，例如 Sheet Metal，可以使用另一个视图上下文以不同的方式表示相同的对象，MfUnfoldedView 表示展开的视图。如果给出的是空字符串，则使用默认值。

3. 检索 Body 特征

用 CATIPartRequest 接口的 GetSolidBodys 方法检索 Body 特征。

```
...
CATIPartRequest_var spPartRequest = spPart;
CATLISTV(CATBaseUnknow_var) ListBodies;
CATUnicodeString ViewContext = "MfDefault3DView" ;
```

```
HRESULT rc = spPartRequest->GetSolidBodies(ViewContext,ListBodies);
...
```

spPart 是一个指向零件特征的智能指针。

ListBodies 是 Body 特征列表。

4. 操作 Body 特征

通过 CAA 可以实现机械零件的子零件的装配、添加、移除和相交布尔操作，移除操作示例如图 6-16 所示。

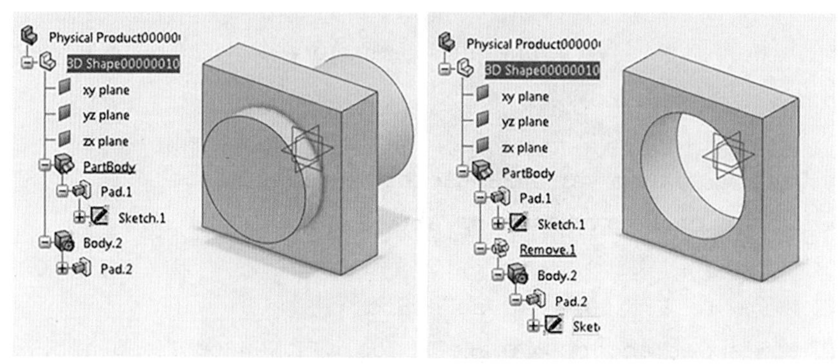

图 6-16 移除布尔操作

CATIPdgUsePrtBooleanOperation 接口允许创建布尔操作。

使用 CATIMmiUseMechanicalTool 接口的 GetBooleanOperation 方法可以知道布尔操作是否使用了一个 Body 特征。

6.4.2 表面特征集

表面特征集也称为 GSMTool，大部分由没有厚度的元素组成，如平面、表面、线框几何，但它也可以包含体积。表面特征集有两种类型：几何特征集（Geometrical Set，简称 GS）和有序几何特征集（Ordered Geometrical Set，简称 OGS）。

1. 创建表面特性集

创建 GS 的方法是在规格容器上实现的 CATIMmiUseSetFactory 接口的 CreateGeometricalSet 方法。

创建 OGS 的方法是在规格容器上实现的 CATIMmiUseSetFactory 接口的 CreateOrderedGeometricalSet 方法。

下面代码给出了创建表面特征集的实现过程。

```
HRESULT CreateGS(CATIMmiUsePrtPart *  pIPrtPart, const
    CATUnicodeString iInputSetName, CATIGSMTool **  pIGsmTool)
{
  if ((pIGsmTool == NULL) || (NULL == pIPrtPart))
     return E_FAIL;

  *pIGsmTool = NULL;
```

```
  HRESULT rc = E_FAIL;

  CATIMmiMechanicalFeature_var spMechFeatOnMainTool =
     pIPrtPart;
  if (NULL_var != spMechFeatOnMainTool)
  {
     //Get container
     CATIMmiPrtContainer_var spPrtCont = NULL_var;
     rc = spMechFeatOnMainTool->GetPrtContainer(spPrtCont);
     if (SUCCEEDED(rc) && spPrtCont != NULL_var)
     {
        CATIMmiUseSetFactory_var spMechanicalRootFactory =
           spPrtCont;
        if (spPrtCont != NULL_var)
        {
           CATIMmiMechanicalFeature_var spGSMTool;
           rc = spMechanicalRootFactory->CreateGeometricalSet
                (iInputSetName, spMechFeatOnMainTool,
                   spGSMTool);

           if (SUCCEEDED(rc))
           {
              rc = spGSMTool->QueryInterface(IID_CATIGSMTool,
                   (void** ) &(* pIGsmTool));
           }
        }
     }
  }

  return rc;
}
```

2. 检索表面特性集

检索表面特征集的方法是 CATIPartRequest 接口的 GetSurfBodies 方法。

```
HRESULT LookingForGeomSetByName(CATIPartRequest_var
   ispPartResquest,const CATUnicodeString iInputName,
      CATIGSMTool **  piGsmtool)
{
   HRESULT rc = E_FAIL;
   if (ispPartResquest == NULL_var)
```

```
        return rc;

        CATListValCATBaseUnknown_var pListBodies;
        rc = ispPartResquest-> GetSurfBodies("", pListBodies);
        if (SUCCEEDED(rc))
        {
            int nbbodies = pListBodies.Size();
            rc = E_FAIL;
            for (int i = 1; i <= nbbodies; i+ + )
            {
                CATIAlias_var spAliasBody = pListBodies[i];
                CATUnicodeString currentbodyname =
                    spAliasBody->GetAlias();
                int loc= currentbodyname.SearchSubString(iInputName);
                if (loc > = 0)
                {
                    CATIMmiGeometricalSet *pIGSMToolOnCurrentTool =
                    NULL;
                    rc = spAliasBody->
                       QueryInterface(IID_CATIMmiGeometricalSet,
                            (void** )&pIGSMToolOnCurrentTool);
                    if (SUCCEEDED(rc))
                    {
                        rc = pIGSMToolOnCurrentTool->
                           QueryInterface(IID_CATIGSMTool,
                                (void** )piGsmtool);

                        pIGSMToolOnCurrentTool->Release();
                        pIGSMToolOnCurrentTool = NULL;
                    }
                }
            }
        }

    return rc;
}
```

6.5　几何特征

几何特征是一致生成拓扑结果的机械特征，由 CATBody 建模，在 CATIA 的几何区域中可视化 CATBody。

6.5.1　拓扑分类

利用一些特定的接口，能够根据拓扑结果对相应的几何特征进行分类。这些接口在过滤选择时很有用。

CATIMfPoint、CATIMfLine 和 CATIMfPlane：过滤点、线或面特征。

CATIMfInfiniteResult：过滤无限长的线或平面特征。

CATIMfZeroDimResult、CATIMfMonoDimResult、CATIMfBiDimResult 和 CATIMfTri DimResult：通过维度过滤特征。

6.5.2　实体与表面特征

实体特征是只引用三维几何形状的特征，体积除外。

表面特征是指 0D、1D、2D 或 3D(针对 volume)几何形状。

- 点是 0D 表面特征；
- 线(包括草图)是 1D 表面特征；
- 面是 2D 表面特征；
- 体积(volume)是 3D 表面特征。

CATIMf3DBehavior 接口使您能够了解几何特征是实体还是表面。

- 对于实体特性，IsASolid 方法返回 S_OK；
- 对于表面特征，IsAShape 方法返回 S_OK；
- 对于体积(volume)，方法 IsAShape 和 IsAVolume 都返回 S_OK，因为体积(volume)是一个表面特征。

6.5.3　造型特征与上下文特征

实体特征可以是造型特征或上下文特征。

造型特征是首先计算自己的形状，然后在该形状和输入实体特征之间执行布尔运算来构建的特征，例如拉伸、旋转、扫掠等是造型特征，如图 6-17 所示。

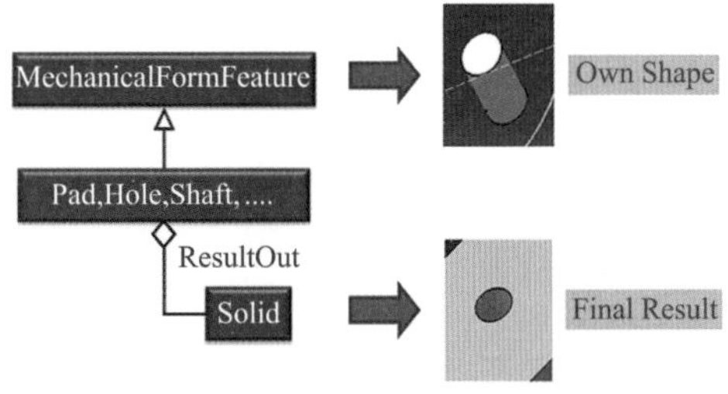

图 6-17　造型特征示例

上下文特性没有初始化的形状，其结果形状直接由输入实体特征及其输入参数构建，例如圆角、加厚曲面都是上下文特征，如图 6-18 所示。

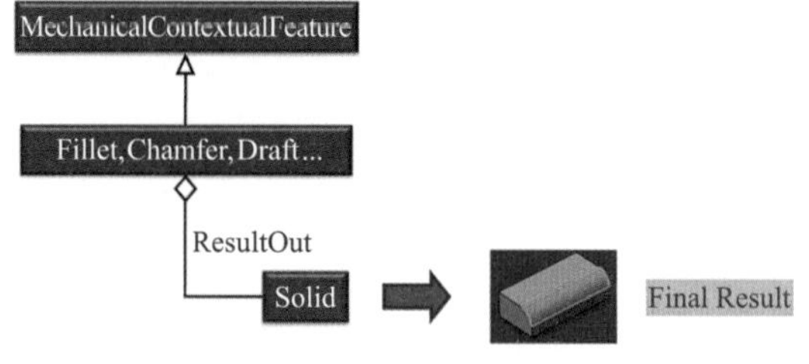

图 6-18 上下文特征示例

6.5.4 基准特征

基准特征是一个只包含结果而不包含其输入规格的几何特征，而是一个没有历史记录的特征，因此无法更新。

基准不是一个特定的特征，而是一个具有“基准”状态的现有特征。它可以是一个点、一条线、一个平面等等。任何基准特征都可以在规格树中被识别，在其原点上添加一个图标。

CATIMf3DBehavior 接口及其 IsaDatum 方法返回功能的状态。

创建基准可以有不同的原因：

- 如果不需要历史记录，可以对模型进行轻量化；
- 隐藏设计；
- 以便更容易地应用约束。

有两个接口可以创建基准：

- CATIsolate 接口：允许将现有特征转换为基准特征。
- CATIMmiUseDatumFactory 接口：允许从 CATBody 创建基准特性。

在 CATIA 会话中，有两种方法可以创建基准：

- 在创成式设计应用程序中，可以点击按钮进行 CreateDatum 设置。
- 在零件设计应用程序中，您可以使用“复制 & 粘贴特殊”命令与“粘贴为结果”选项的顺序。

6.5.5 创建和修改特征

CATIA 通过零件设计或创成式外形设计等应用程序提供机械特征建模功能。

(1)零件设计主要用 CATIPdgUsePrtFactory 接口和 CATIPdgUsePrtBooleanFactory 接口，如图 6-19 所示。

①Solid features：用 CATIPdgUsePrtFactory 接口创建。

- Form features：
  - Pad
  - Pocket
  - Groove
  - Shaft

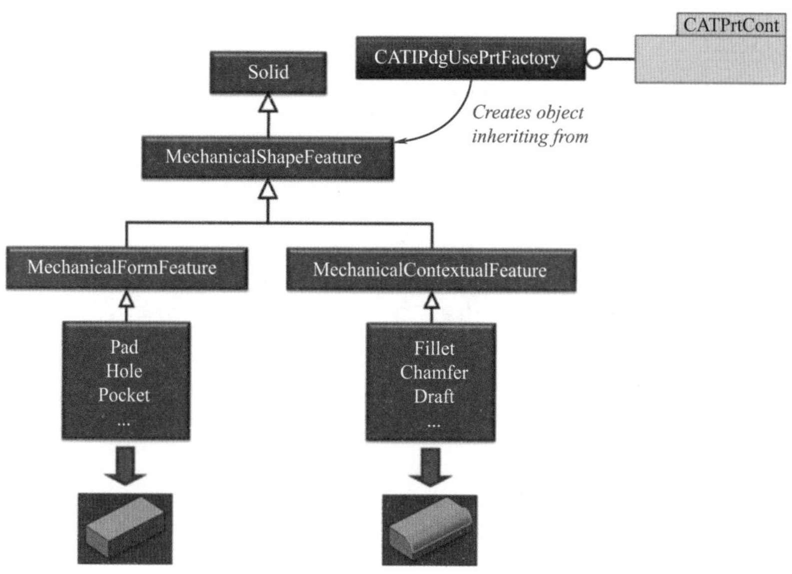

图 6-19　创建造型和上下文特征

- ◆ etc.
- ■ Contextual features：
  - ◆ Fillet
  - ◆ Chamfer
  - ◆ Split
  - ◆ etc.

②Volumes：用 CATIPdgUsePrtFactory 接口创建。

- ■ Draft
- ■ Sewing
- ■ Shell
- ■ etc.

③Surfacic operations ：用 CATIPdgUsePrtFactory 接口创建。

- ■ Split
- ■ Close Surface
- ■ etc.

④Boolean operations ：用 CATIPdgUsePrtBooleanFactory 接口创建。

- ■ Add
- ■ Remove
- ■ Intersect
- ■ Assemble

(2)创成式外形设计用到 CATIGSMUseFactory 接口(图 6-20)。

- Element 0D，1D，2D
  - ■ Point

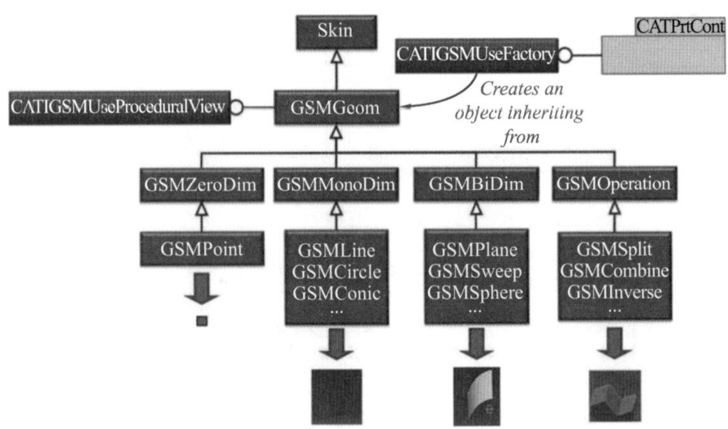

图 6-20　创建创成式外形特征

  - Line
  - Plane
  - Extrude
  - etc.
- Transformation feature
  - Translation
  - Rotation
  - etc.
- Dress-up

➢ 用面特征分割实体特征

下面代码给出了用面特征分割实体特征的实现过程。输入和输出参数的意义如下所示：

ispSolid 是被分割的实体特征智能指针。

ispSplitPlane_input 是分割面特征智能指针。

iSplitType 是枚举变量，表示分割设置。

ospResultFeature 返回分割结果特征智能指针。

```
HRESULT SplitSolidFeature(CATBaseUnknown_var ispSolid,
   CATBaseUnknown_var ispSplitPlane_input, CATPrtSplitType
      iSplitType, CATBaseUnknown_var &ospResultFeature)
{
    HRESULT rc = E_INVALIDARG;
    CATIMmiMechanicalFeature_var spSolidFeatrue = NULL_var;
    rc= ispSolid->QueryInterface(IID_CATIMmiMechanicalFeature,
        (void** )&spSolidFeatrue);
    CATIMmiPrtContainer_var spMechanicalContainer = NULL_var;
    rc = spSolidFeatrue->GetPrtContainer(spMechanicalContainer);
```

```
    CATIPdgUsePrtFactory_var  spiGSMFactory = NULL_var;
    if (spMechanicalContainer!= NULL_var)
      rc = spMechanicalContainer->
         QueryInterface(IID_CATIPdgUsePrtFactory,
            (void** )& spiGSMFactory);

    CATIMmiMechanicalFeature_var spSplitFeature =
      spiGSMFactory->CreateSolidSplit(ispSplitPlane_input,
         iSplitType);

    CATIGSMUseProceduralView_var spProceduralView =
      spSplitFeature;
    if (NULL_var != spProceduralView)
      rc = spProceduralView->InsertInProceduralView();
    ospResultFeature = spSplitFeature;
    return rc;
}
```

6.5.6 将几何特征添加到几何特征集

1. 形状特征

使用 CATIGSMUseFactory 接口在 GSD 中创建的形状特性是单独创建的。在创建它们之后,需要通过调用 CATIGSMUseProceduralView 接口的 InsertInProceduralView 方法将它们聚合到一个几何特性集。

```
...
CATIGSMUseFactory_var spGSMFact = ...
CATIMmiMechanicalFeature_var spGeomSet = ...

//创建 GSM 点
double PointCoord[3];
PointCoord[0] = 20.
PointCoord[1] = 5.
PointCoord[2] = 20.
CATIGSMUsePoint_var spPoint =
spGSMFact->CreatePoint(PointCoord);

//添加点到几何特征集
CATIGSMUseProceduralView_var spProceduralView1OnPoint = spPoint;
if (NULL_var != spProceduralView1OnPoint1)
  rc =
spProceduralView1OnPoint->InsertInProceduralView(spGeomSet);
```

...

spGSMFact 是 SpecificationContainer 上的智能指针。

spGeomSet 是 GeometricalSet 上的一个智能指针，在该 GeometricalSet 中插入了特征。

2. 实体特征

在零件设计中使用 CATIPdgUsePrtFactory 或 CATIPdgUsePrtBooleanFactory 接口创建的实体特性将自动包含在当前的 PartBody 或 Body 中。

否则，要在 PartBody 或 Body 内部聚合实体特征，请使用 CATIMmiUseSolidInsertion 接口的 InsertFeature 方法。

3. 有序集

在有序集合的情况下，如果当前特征在集合中，则新特征就定位在当前特征之后，否则就定位在集合的末尾。

机械建模器提供了一个通用接口（CATIMmiUseBasicInsertion）来管理将机械特征插入到一个集合中。此接口不管理有序集内的线性规则，并且在聚合之后和更新特性之后，需要调用 CATIMmiUseLinearBodyServices 接口的 Insert 方法。尽管如此，最好使用 GSD 和零件设计提供的接口。

6.5.7 检索几何特征

下面的代码演示了如何从零件特征中检索给定名称的几何特征。

这里用到了零件特征的 CATIPartRequest 接口。

```
HRESULT GetGeometryFromPart(CATIPartRequest_var ispModelPart,
    const CATUnicodeString iInputName,CATBaseUnknown **  oInput)
{
    HRESULT rc = E_FAIL;
    CATBoolean found = FALSE;

    if ((NULL != oInput) && (NULL_var != ispModelPart))
    {
       *oInput = NULL;

       // 检索所有的根 bodies、GS 和 OGS
       CATListValCATBaseUnknown_var pListBodies;
       rc = ispModelPart->GetAllBodies("", pListBodies);
       if (SUCCEEDED(rc))
       {
          int iBodies = 1;
          int nbbodies = pListBodies.Size();

          while ((FALSE == found) && (iBodies <= nbbodies))
          {
             CATIAlias_var spAliasBody = pListBodies[iBodies];
```

```
if (NULL_var != spAliasBody)
{
    CATUnicodeString currentbodyname =
       spAliasBody->GetAlias();

    if (iInputName == currentbodyname)
    {
       found = TRUE;
       rc = spAliasBody->QueryInterface(IID_
          CATBaseUnknown, (void** )&(* oInput));
    }
    else
    {
        CATIMmiUseBodyContent_var
           spUseBodyContentOnBody = spAliasBody;
        if (spUseBodyContentOnBody != NULL_var)
        {
            // 检索 body 中的所有几何单元
            CATListValCATBaseUnknown_var
               ListFeatureInsideCurrentBody;
            spUseBodyContentOnBody->
               GetMechanicalFeatures(ListFeatureIn
                  sideCurrentBody);
            int nbchild =
                ListFeatureInsideCurrentBody.
                   Size();

            int iChild = 1;
            while ((FALSE == found) && (iChild <=
            nbchild))
            {
                CATIAlias_var spChild =
                   ListFeatureInsideCurrentBody
                      [iChild];
                if (NULL_var != spChild)
                {
                    CATUnicodeString currentchildname
                       = spChild->GetAlias();

                    if (iInputName ==
```

```
                                    currentchildname)
                                {
                                    found = TRUE;
                                    rc =  spChild->QueryInterface
                                        (IID_CATBaseUnknown,
                                          (void** )&(* oInput));
                                }
                            }
                            iChild++;
                        }
                    }
                }
            }
            iBodies++;
        }
    }

  }

  if (TRUE == found)
  {
      rc = S_OK;
  }
  else rc = E_FAIL;

  return rc;
}
```

6.6 特征行为

可以用 CATPLMComponentInterfacesServices 类的静态函数 GetPLMComponentOf 获得指向机械特征所在容器的 RepReference，如图 6-21 所示。

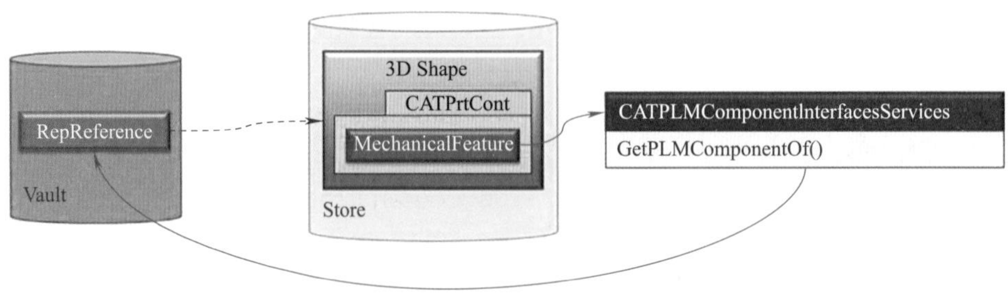

图 6-21 获取给定特征的 Rep Ref

下面代码给出了获取给定特征的 Rep Ref 的实现过程。

```
HRESULT GetRepRefFromFeature(CATBaseUnknown_var ispFeature,
   CATIPLMNavRepReference_var &ospNavRepRererence)
{
    HRESULT rc = E_INVALIDARG;
    //获得特征所在的 CATIPLMComponent
    CATIPLMComponent_var spPLMComp = NULL_var;
    rc = CATPLMComponentInterfacesServices::GetPLMComponentOf
       (ispFeature, spPLMComp);
    ospNavRepRererence = spPLMComp;
    return rc;
}
```

6.6.1　删除特征

删除特征用 DataCommonProtocolServices 类的 Delete 静态函数实现，下面给出了相应的代码。

```
HRESULT DeleteFeature(CATBaseUnknown *ipFeature)
{
    HRESULT rc = E_INVALIDARG;
    if (NULL != ipFeature)
    {
        CATIUseEntity_var spEntity = ipFeature;
        if (NULL_var != spEntity)   rc = DataCommonProtocolServices::Delete(spEntity);
    }
    return rc;
}
```

6.6.2　拷贝粘贴特征

用 CATIMmiUseCreateImport 接口实现特征的复制和粘贴，并且可以控制源对象与目标对象的链接关系，如图 6-22 所示。

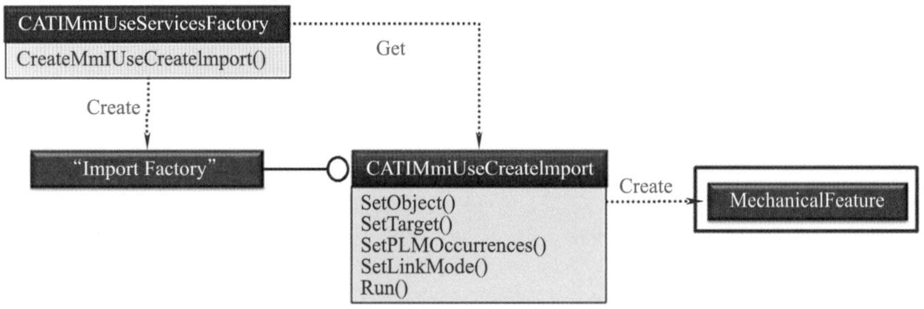

图 6-22　CATIMmiUseCreateImport 接口的 UML 图

下面代码给出了对特性进行带链接复制和粘贴的实现过程。

```
HRESULT CopyPasteLink(CATBaseUnknown_var  ispSourceToCopy,
   CATIMmiMechanicalFeature_var ispTarget, CATBoolean
      iCopyWithLink, CATIMmiMechanicalFeature_var &ospResult)
{
    HRESULT rc = E_INVALIDARG;
    CATIMmiUseCreateImport*  pInterPartCopy = NULL;
    rc = CATMmiUseServicesFactory::CreateMmiUseCreateImport
         (pInterPartCopy);
    if(rc!= S_OK)
        return rc;
    rc = pInterPartCopy->SetObject(ispSourceToCopy);
    if (rc != S_OK)
        return rc;
    rc = pInterPartCopy->SetTarget(ispTarget);
    if (rc != S_OK)
        return rc;
    rc = pInterPartCopy->SetLinkMode(iCopyWithLink);
    rc = pInterPartCopy->Run(ospResult);
    pInterPartCopy->Release();
    pInterPartCopy = NULL;
    return rc;
}
```

6.6.3 更新特征

更新特征用 DataCommonProtocolServices 类的 Update 静态函数实现，下面给出了相应的代码。

```
HRESULT UpdateFeature(CATBaseUnknown *  ipFeature)
{
    HRESULT rc = E_INVALIDARG;
    if (NULL != ipFeature)
    {
        CATIUseEntity_var spUseEntity = ipFeature;
        if (NULL_var != spUseEntity)  rc =
           DataCommonProtocolServices::Update
               (spUseEntity);
    }
    return rc;
}
```

6.6.4 隐藏显示特征

用特征的 CATIVisProperties 接口实现对象的隐藏和显示，具体代码如下所示。

```
HRESULT SetShowHide(CATBaseUnknown_var ispFeature, bool iShow)
{
    HRESULT rc = E_INVALIDARG;
    CATIVisProperties_var MyFeatureProperties = NULL_var;
    rc = ispFeature->QueryInterface(IID_CATIVisProperties,
       (void** )&MyFeatureProperties);
    if (rc != S_OK)
        return rc;
    CATVisPropertiesValues visValues;
    rc =  MyFeatureProperties->GetPropertiesAtt(visValues,
       CATVPShow, CATVPGlobalType);
    if (rc!= S_OK)
        return rc;

    CATShowAttribut ShowAttr;
    if (iShow)
        ShowAttr = CATShowAttr;
    else
        ShowAttr = CATNoShowAttr;

    rc= visValues.SetShow(ShowAttr);
    if (rc != S_OK)
       return rc;

    // 修改属性
    rc = MyFeatureProperties->SetPropertiesAtt(visValues,
       CATVPShow, CATVPGlobalType);
    if (rc != S_OK)
        return rc;

    // Sending the visualization event to refresh the 3D
    CATIModelEvents_var MyFeatureModelEvents = ispFeature;
    if (SUCCEEDED(rc) && NULL_var != MyFeatureModelEvents)
    {
        CATModifyVisProperties ModifyNotification(ispFeature,
           NULL, CATVPGlobalType, CATVPShow, visValues);
```

```
        MyFeatureModelEvents->Dispatch(ModifyNotification);
    }
    else
        return rc;

    //ask for the immediate process of visu events
    CATIMmiMechanicalFeature_var spMechFeat = ispFeature;
    if (NULL_var != spMechFeat)
    {
        CATIMmiMechanicalFeature_var spPart;
        rc = spMechFeat->GetMechanicalPart(spPart);

        if (NULL_var != spPart)
        {
            CATIMmiPartModelEventManagement_var PartModelEvtMgnt
                = spPart;
            if (NULL_var != PartModelEvtMgnt)
                PartModelEvtMgnt-> CommitNow();
        }
        else
            return rc;
    }
    return rc;
}
```

第 7 章　几何建模器

7.1　概　　述

几何建模器是一个完整的软件包，专门用于开发三维应用程序的三维建模部分，它是 CATIA 应用程序（如零件设计和形状设计）的几何基础。

CGM（CATIA Geometric Modeler）提供了一组面向对象的编程资源，允许创建复杂的拓扑对象，这些对象可以与应用程序的其他部分（查看器、对话框和数据管理器）集成。在 CAA 应用程序的全局架构中，CATIA 几何建模器与特征建模器一起构成了应用程序的主要数据建模器基础，如图 7-1 所示。

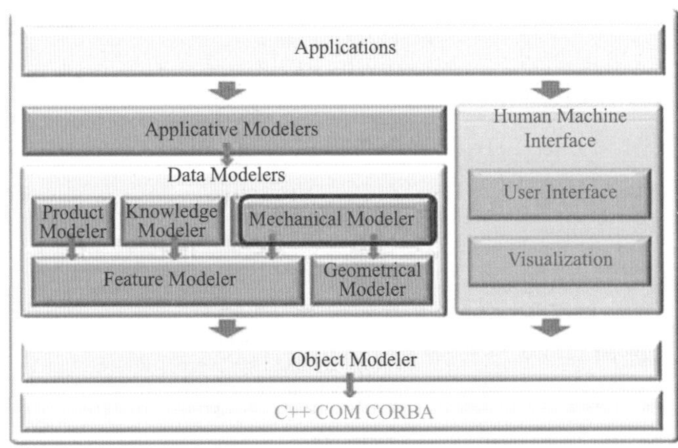

图 7-1　几何建模器体系结构

CGM 是一个完整的三维建模软件包，由分布在 6 个 CAA 框架上的 3 300 多个 API 组成，如图 7-2 所示。

（1）Mathematics 框架定义了基本的数学对象：点、向量、线、面、轴、矩阵和变换。

（2）AdvancedMathematics 框架为需要执行密集数学计算的应用程序提供数学服务。数学对象和高级数学对象不具有持久性，它们被其他 CGM 框架用作中间体。

（3）CATMathStream 框架定义了读取和流化 GM 对象的服务。

（4）GeometricObjects 框架允许创建基本的几何基元以及对象管理的一般机制。

（5）GMModelInterfaces 框架定义了用于边界表示的对象、计算几何和拓扑对象的几何离散化工具。

（6）GMOperatorsInterfaces 框架提供了作用于拓扑对象的运算符，例如布尔、扫描、圆角、草图、厚度等操作。

几何建模器分为三层，如图 7-3 所示。

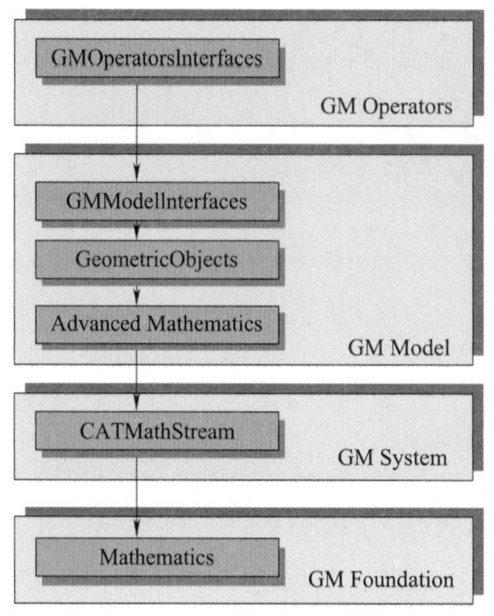

图 7-2 CGM 框架体系结构

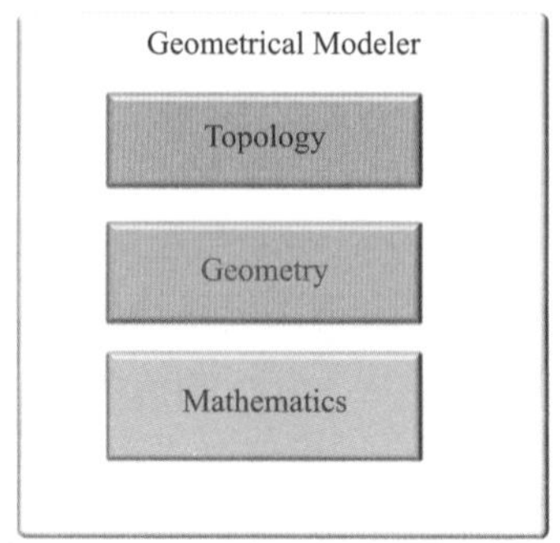

图 7-3 几何建模器层次结构

（1）数学层（框架：Mathematics、CATMathStream、AdvancedMathematics）提供所有基本数学类（点、向量、矩阵……）及其相关行为（向量的范数、矩阵的逆等）。

（2）几何层（主要框架：GeometricObjects）提供了所有能够几何建模的组件，可以使用持久对象（点、曲线、曲面、NURBS……）、数学计算、曲线和曲面参数管理的瞬态对象来构建自己的几何应用程序。

（3）拓扑层（主要框架：GMModelInterfaces、GMOperatorsInterfaces）。

GMModelInterfaces 框架用于读取和分析模型的服务。拓扑结构允许通过详细描述几何对象的边界和它们不同部分之间的连接来表示几何对象、拓扑对象与几何相关物体。该框架还提供了几何算子（例如质量性质、距离最小值、投影、交集等）以及操作 Nurbs 的工具。

GMOperatorsInterfaces 框架提供 3D 建模服务。该框架提供了一组拓扑算子（例如布尔算子、装配、绘制、扫描和从表面创建皮肤等）以及专门用于检查拓扑和几何有效性的分析工具（日志检查器、正文检查器和数据检查器）。

7.2 CGM 数学类

数学层定义了所有基本的数学对象，如点、向量、线、面、轴、矩阵和变换。此层中管理的对象不是持久的，只在会话中的内存中使用。

Mathematics、CATMathStream 和 AdvancedMathematics 构成了这一层的主要 CAA 框架，它们包含了所有的数学类，如图 7-4 所示。数学框架是 CGM 其他框架的基础框架，并为许多其他应用程序提供基本的数学服务。

通过数学类可以应用和实现：

- 点和点集。
- 向量。

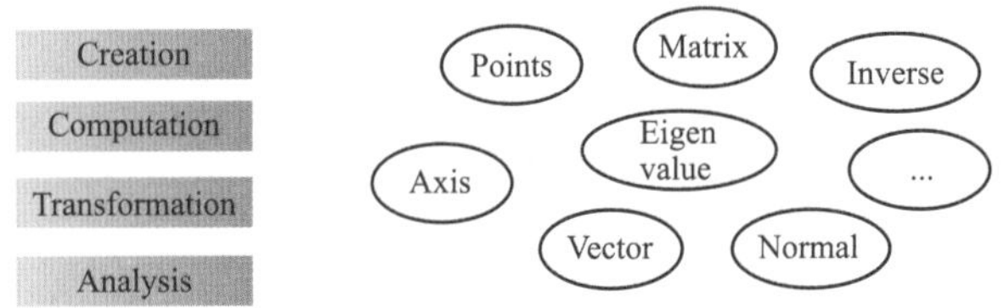

图 7-4　数学和高级数学框架功能

- 线、平面、轴。
- 复数、数学常数。
- 转换器。
- 转换。
- NxM 矩阵来描述惯性、旋转等。
- 数学方程式。
- 外来数学函数是一种通过派生提供的基类来创建自己函数的方法，这样的函数用于外来曲线/曲面的定义。
- 管理软件配置和软件修改。通过使用软件配置，可以修改拓扑运算符的代码，同时保持运算符生成的数据的向上兼容性。

CAA 在 Mathematics 框架的 CATMathConstant. h 中定义了一些数学常量，见表 7-1。

表 7-1　CGM 中的数学常量

Constant	Value
CATPI	The Pi=3. 14159265358979323846 constant for angular definition
CAT2PI	2 * Pi=6. 28318530717958647692
CAT3PI	3 * Pi=9. 42477796076937971538
CATPIBY2	Pi/2=1. 57079632679489661923
CAT3PIBY2	3 * Pi/2=4. 71238898038468985769
CATPIBY4	Pi/4=0. 785398163397448309961
CAT3PIBY4	3 * Pi/4=2. 35619449019234492884
CATINVPI	1/Pi=0. 31830988618379067153
CATINV2PI	1/(2 * Pi)=0. 15915494309189533577
CATSQRT2	sqrt(2)=1. 41421356237309504880
CATINVSQRT2	1/sqrt(2)=0. 70710678118654752440
CATSQRT3	sqrt(3)=1. 73205080756887729352
CATINVSQRT3	1/sqrt(3)=0. 57735026918962576451
CATRadianToDegree	The factor 57. 295779513082323 to convert radians into degrees
CATDegreeToRadian	The factor 0. 017453292519943295 to convert degrees into radians

7.3　CGM 几何模型

在 CGM 中，几何对象可以是：

- 点；

- 一维物体，例如直线、样条曲线、二次曲线和 NURBS 曲线等；
- 二维物体，例如标准曲面、NURBS 曲面和旋转曲面等。

所有的几何对象必须是 C2 连续的（至少两次连续可微），CATIA 几何建模器生成的对象本身就满足这一条件。

框架 GeometricObjects 允许创建基本的几何基元以及对象管理的一般机制。

执行操作（交集、投影…）的服务打包在 GMOperatorsInterfaces 中。

几何对象是存储在 CGM 容器（CATICGMContainer）中的 CATICGMObject 实例，CGM 容器是包含和管理流中所有几何和拓扑对象的集合，如图 7-5 所示。

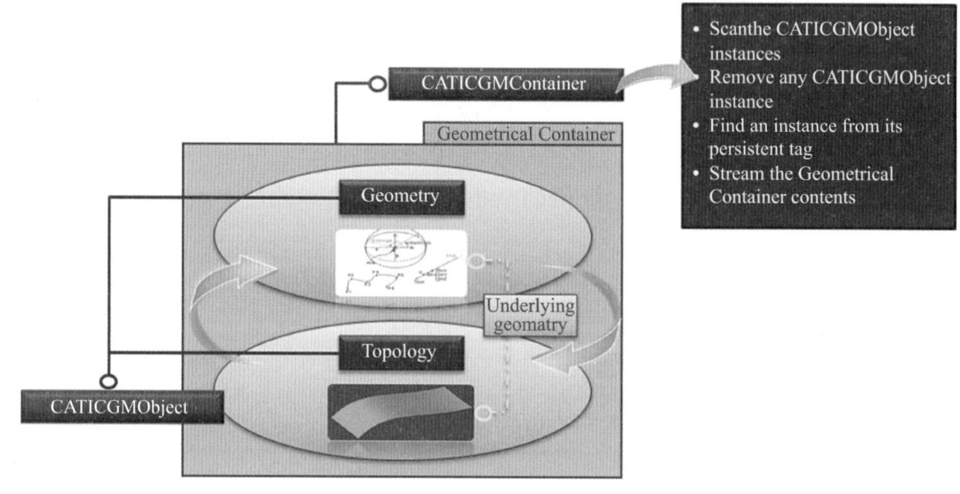

图 7-5 几何容器示意

几何对象由 CATGeoFactory 类创建，如图 7-6 所示，几何对象只是一个空间区域的数学定义，它可以是一个点，一条曲线或一个曲面。当通过 CATGeoFactory 创建一个几何对象时，它将获得一个称为持久标记的唯一标识符。由于这只是一个数学定义，在 CATIA 的 3D 查看器中没有几何形状的可视化。

几何对象是持久的，但在每次更新时，它们会被销毁并重新创建。

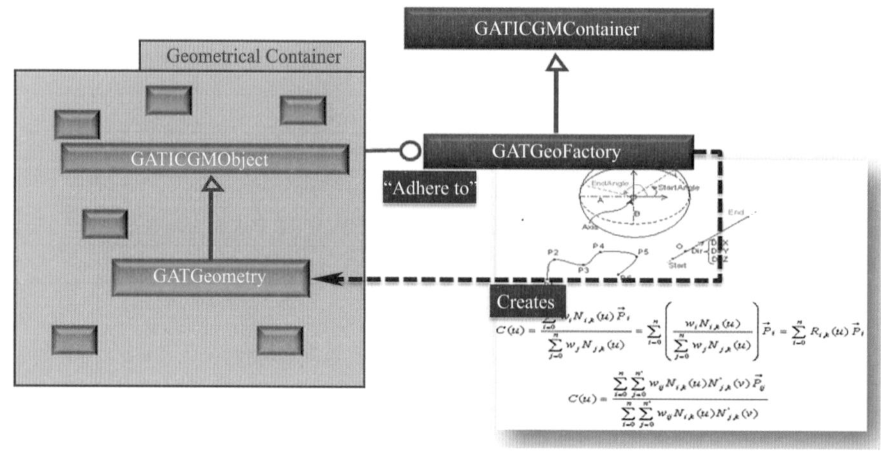

图 7-6 几何工厂创建几何对象示意

7.3.1 点模型

点可以定义在欧几里得空间(2D 或 3D)中,也可以定义在参数空间中,参数空间可以是曲线(1D)或曲面(2D),如图 7-7 所示。

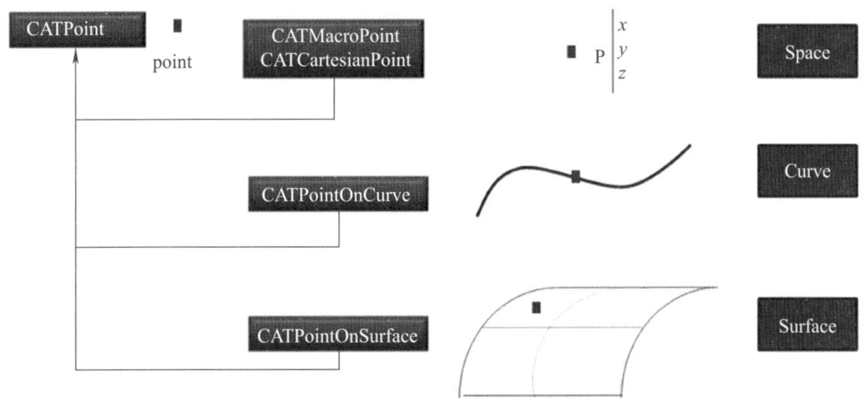

图 7-7　几何点模型

7.3.2 曲线模型

曲线是从 R 到 R^3 的闭区间参数函数。

CGM 曲线实现了 CATCurve 接口,并用 CGM 对象的工厂(CATGeoFactory)创建。

CAA 提供了三种类型的曲线,如图 7-8 所示。

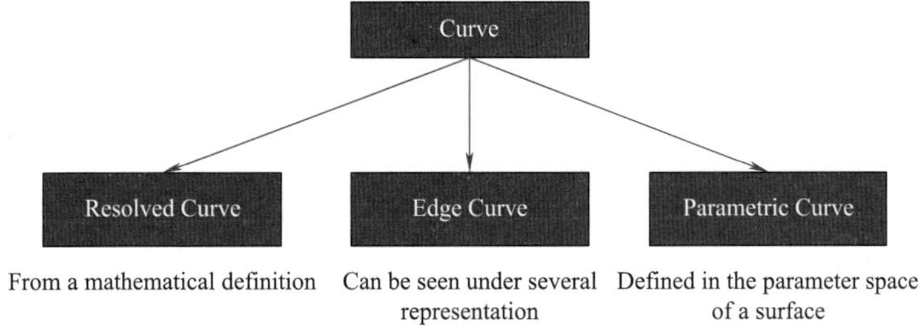

图 7-8　几何曲线数据模型

(1)解析曲线:具有数学定义的曲线(CATLine、CATConic……),如图 7-9 所示,并且能够从控制点建立逼真的曲线(CATSplineCurve, CATNurbsCurve)。

(2)边缘曲线:几条曲线的集合。给定具有公共边的两个面,边缘曲线是由定义公共边的两条曲线构建的对象。

(3)参数曲线:用于在曲面的参数空间中建模的曲线。

7.3.3 表面模型

曲面是从 R^2 到 R^3 的闭区间的函数。

CGM 曲面是 C2 连续的,实现了 CATSurface 接口。

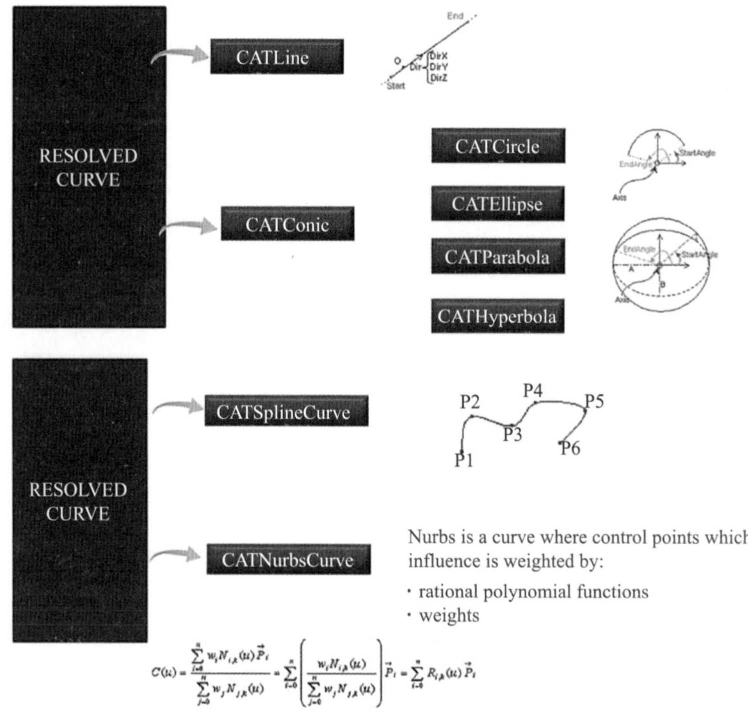

图 7-9 解析曲线数据模型

一个曲面可以用三个 CATMathFunctionXY[(FX(x,y),FY(x,y),FZ(x,y)]表示,可以通过 CATSurface::GetGlobalEquation()方法检索。

CGM 提供以下类型的表面,如图 7-10 所示。

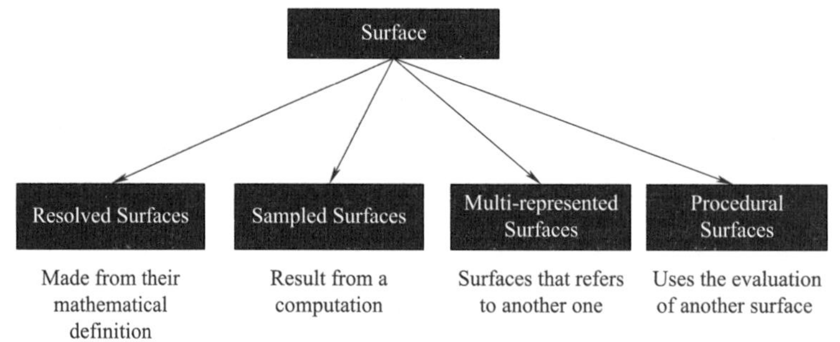

图 7-10 几何表面数据模型

(1)解析曲面(平面、圆锥体、球面、Nurbs)仅以数学形式可用,直接从它们的数学方程进行评估。

(2)采样表面是计算的结果,例如圆角表面。

(3)多表示曲面是指在评估过程中引用另一个曲面的曲面(CATFilletSurface,CATChamfer,CATSweepSurface...)。

(4)过程曲面是指使用另一个曲面(称为引用)的评估来计算其自身评估的曲面(例如 CATRevolutionSurface 是由生成曲线围绕方向的旋转生成的过程曲面)。

7.4　CGM 拓扑数据模型

7.4.1　基本拓扑对象的表达

拓扑对象是 GeometricModeler 容器中的持久化对象流。每一个几何对象都关联一个用于表达它的拓扑对象，如图 7-11 所示。

每一个几何对象，它都可以与它基础上的一个拓扑对象相关联，并且该拓扑对象是专门用来表示它的。

拓扑学描述几何对象的边界。

CGM 体系结构的拓扑层包含所有允许表示对象的类，用于详细描述它们的边界和它们不同部分之间的连接。

拓扑是描述几何对象边界的逻辑信息，其管理着三类实体，如图 7-12 所示。

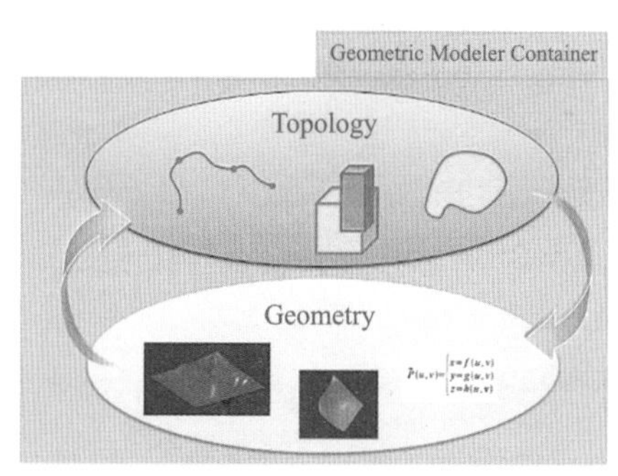

图 7-11　几何和拓扑的关系图

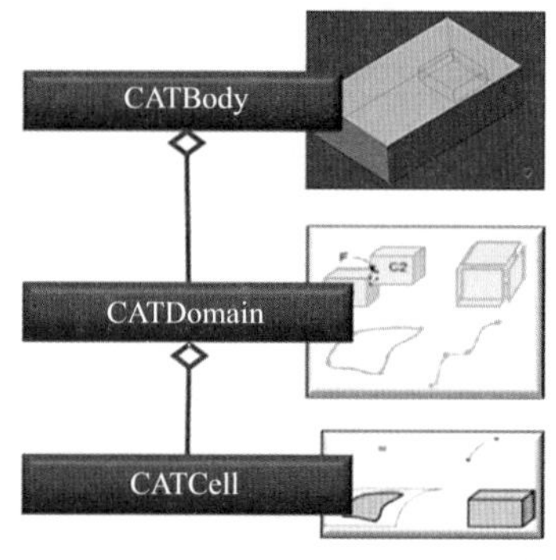

图 7-12　拓扑三类实体的聚合关系图

(1)Cell：最基本的拓扑实体。

(2)Domain：定义边界的连接单元集合。

(3)Body：要建模的具体对象。

7.4.2　拓扑概念和模型

1. 拓扑单元(Cell)

单元(Cell)是基础几何的连接限制，根据维度可分为四种类型的单元，即 0 维的顶点 Vertex、1 维的边缘 Edge、2 维的面 Face、3 维的体 Volume，如图 7-13 所示。

单元是由一个或多个基本几何体的全部或局部连接而成的组合体，高维的单元由低维的单元约束组合而成，如图 7-14 所示。CATCell 接口实现了拓扑单元的概念，相应的接口如图 7-15 所示。

规则的对象被称为流形，当有两个以上的面共享一条边时，该对象将被称为无流形。

维度较高的单元受维度较低的单元的限制。

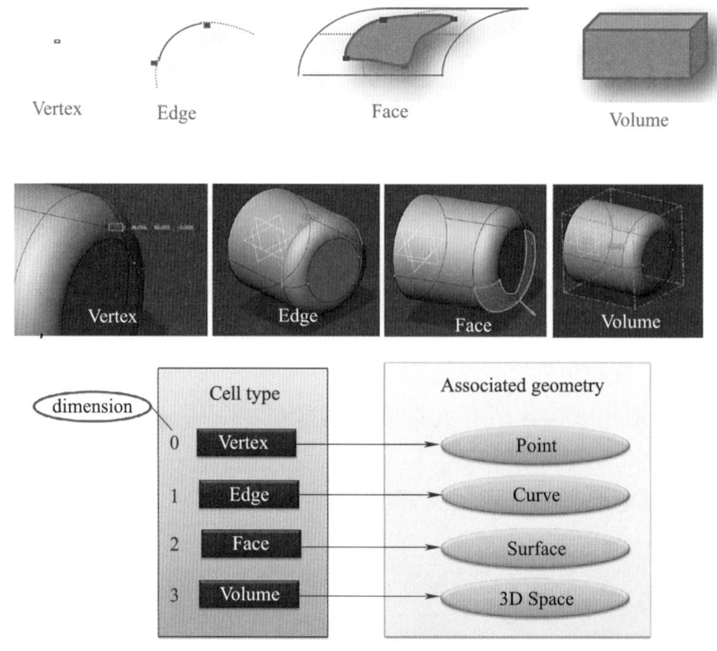

图 7-13　单元类型和几何图形之间的关系

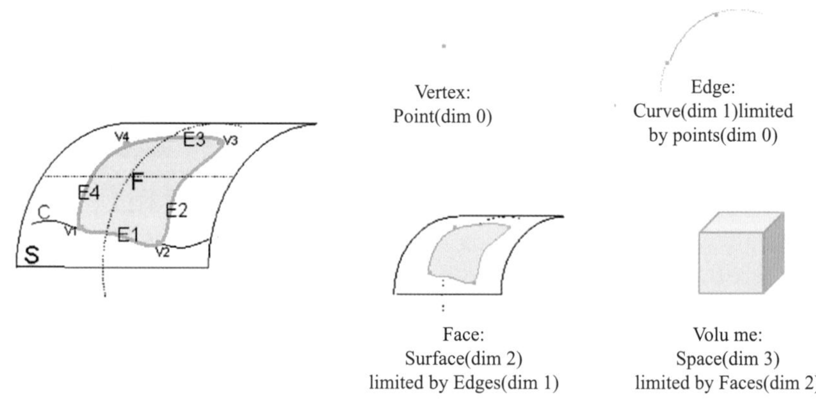

图 7-14　不同类型的拓扑单元

(1)CATVertex:表示拓扑顶点的接口,可以用 CATBody::CreateCell 或 CATBody::CreateVertex 方法创建 CATVertex,CATVertex 允许处理和修改与之相关联的几何点。

(2)CATEdge:表示拓扑边缘的接口。边是一种拓扑单元,它的几何形状是一条边曲线,它由顶点限定,但是边的顶点必须不同。可以用 CATBody::CreateCell 或 CATBody::CreateEdge 方法创建 CATEdge。

CATEdge 是相对于基础边曲线定向的。

- CATOrientationNegative:起始顶点是具有较大参数的顶点,而结束顶点是具有较小参数的顶点。
- CATOrientationPositive:起始顶点是具有较小参数的顶点,结束顶点是具有较大参数的顶点。

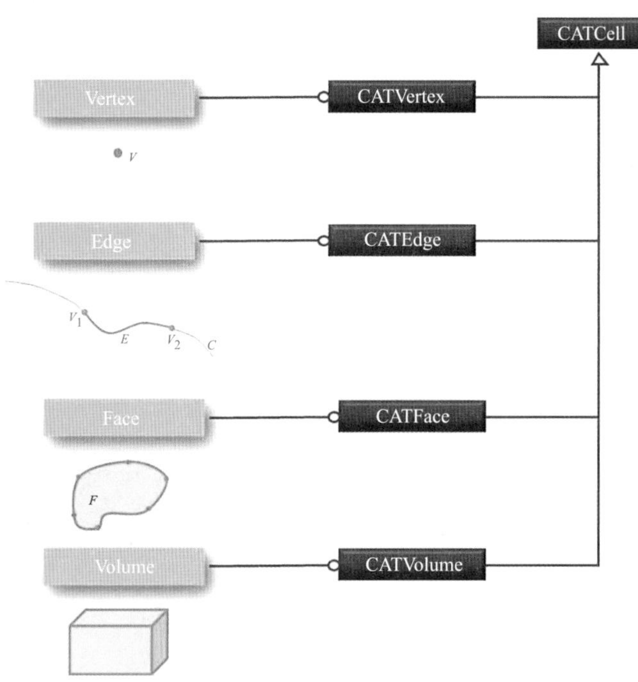

图 7-15　拓扑单元接口

(3)CATFace：表示拓扑面的界面。面是一个几何形状，是一个曲面的拓扑单元。一个面由边(这些边被放在一个循环中)和浸没顶点(浸没在一个面中的顶点必须放在一个 CATVertexInFace 域中)限定。CATFace 是用 CATBody::CreateCell 或 CATBody::CreateFace 方法创建的。

CATFace 相对于其基本几何形状是定向的。

- CATOrientationNegative：单元方向与标准方向相反。
- CATOrientationPositive：单元方向是标准方向。

(4)CATVolume：表示体积的接口。体积是一个几何形状为三维空间的拓扑单元。它以面、边和顶点为界。CATVolume 是使用 CATBody::CreateCell 或 CATBody::CreateVolume 方法创建的。

2. 拓扑域(Domain)

域是由 n-1 维单元连接的 n 维单元的集合，一个域可能只包含一个单元，域对于处理高维单元的边界非常有用。例如，如果一个面由四条连通的边限定，那么所有这些边都可以方便地分组到一个域中。与单元一样，域根据其实际包含的内容而具有特定的名称。

CATDomain 接口实现了拓扑域的概念。

域可分为如图 7-16 所示的六种类型。

(1)Lump(块)：将一组由面连接的体积称为“块”，Lump 定义三维空间(3D Space)的边界。如图 7-17 所示，立方体 C1 和 C2 有公共面 F，二者可以组合成一个 Lump；而立方体 C3 和 C4 只有公共边 E，二者必须归为不同的 Lump，因为每个 Lump 都是一组通过面连接的 volume，每个块是非流形全局对象的一个流形组件。

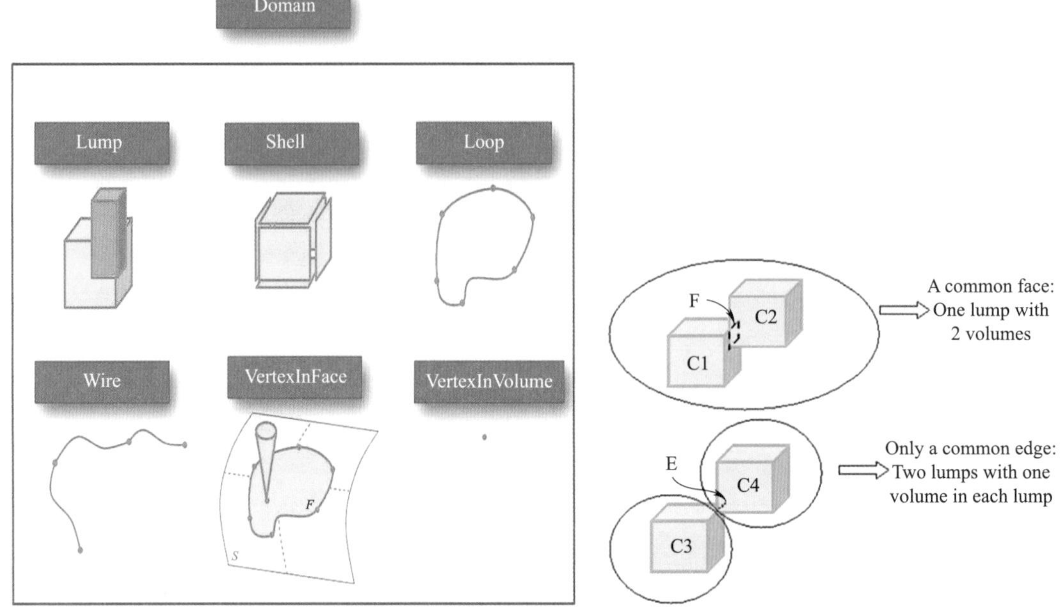

图 7-16　域的类型　　　　图 7-17　Lump 示意

(2)Shell(壳):将通过边连接的一组面称为 Shell。Shell 定义三维空间(3D Space)或体积(Volume)的边界,如图 7-18 和图 7-19 所示。

Skin(皮肤)是一个没有绑定体的 Shell。

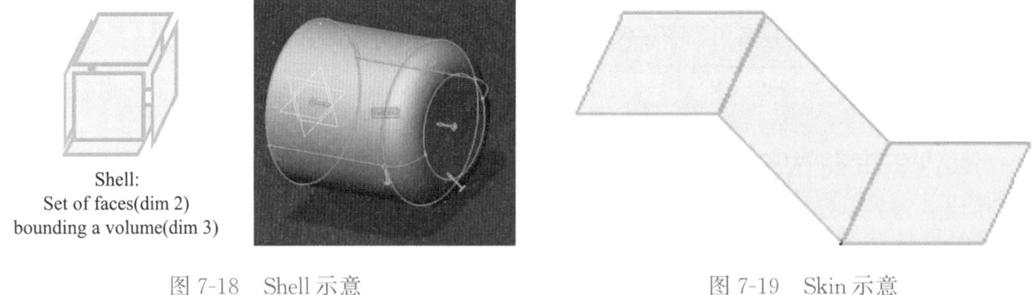

图 7-18　Shell 示意　　　　图 7-19　Skin 示意

(3)Loop(环):由顶点连接的一组边并包围一个面时称为“环”,Loop 定义面的边界,如图 7-20 所示。

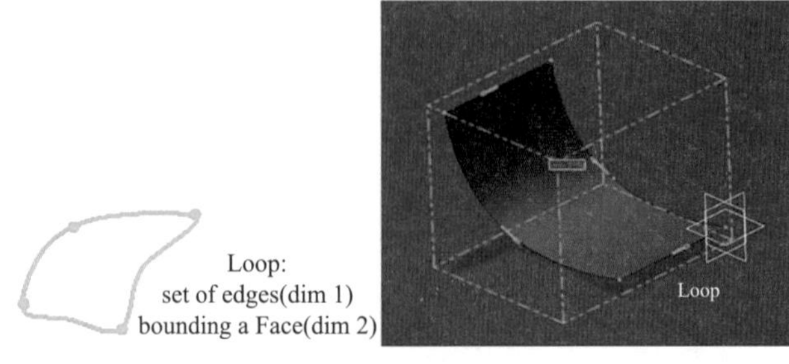

图 7-20　Loop 示意

(4)Wire(线):顶点连接成一组边,并且不约束一个面时称为“线”,如图 7-21 所示。

(5)VertexInFace(面上的顶点):当顶点是面的边界时,称为面中的顶点,如图 7-22 所示。

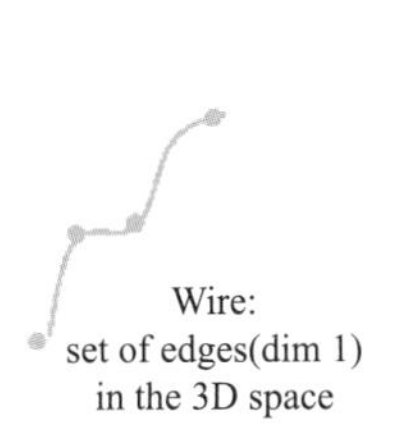

图 7-21　Wire 示意

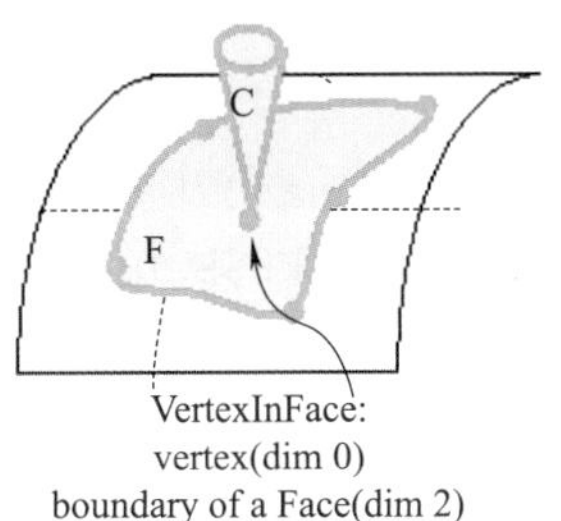

图 7-22　VertexInFace 示意

(6)VertexInVolume(体积中的顶点):当有一个顶点约束一个体积时,称为体积中的顶点。

每个域实体都有一个关联的接口,通过该接口可以管理其行为,如图 7-23 所示。

CATLump:表示三维拓扑域的接口,用 CATBody::CreateLump 或 CATBody::CreateDomain 方法创建 CATLump。

CATShell:表示 Body 或 Volume 的一组连通面的接口,用 CATBody::CreateShell 或 CATBody::CreateDomain 方法创建 CATShell。

CATWire:表示 Body 或 Volume 的一组连接边缘的接口,用 CATBody::CreateWire 或 CATBody::CreateDomain 方法创建的 CATWire。

CATLoop:表示面的一组连接边的接口,连接边是面的边界或者位于面中,用 CATBody::CreateLoop 或 CATBody::CreateDomain 方法创建 CATLoop。

CATVertexInFace:表示浸入面中的顶点的接口。这是一个非流形拓扑的例子。CATVertexInFace 是用 CATBody::CreatEvertexInFace 方法创建的。

CATVertexInVolume:表示一个顶点的界面,该顶点浸入到一个体积中,或者直接被一个物体所引用。CATVertexIInVolume 是用 CATBody::CreateVertexInVolume 方法创建的。

3. 拓扑体(Body)

体是最高层次的拓扑对象。一个体是一组不一定连接的域,它包含连接的单元,这些单元由较低维的域限定。body 只引用 domain,即使 domain 中只有一个 cell。

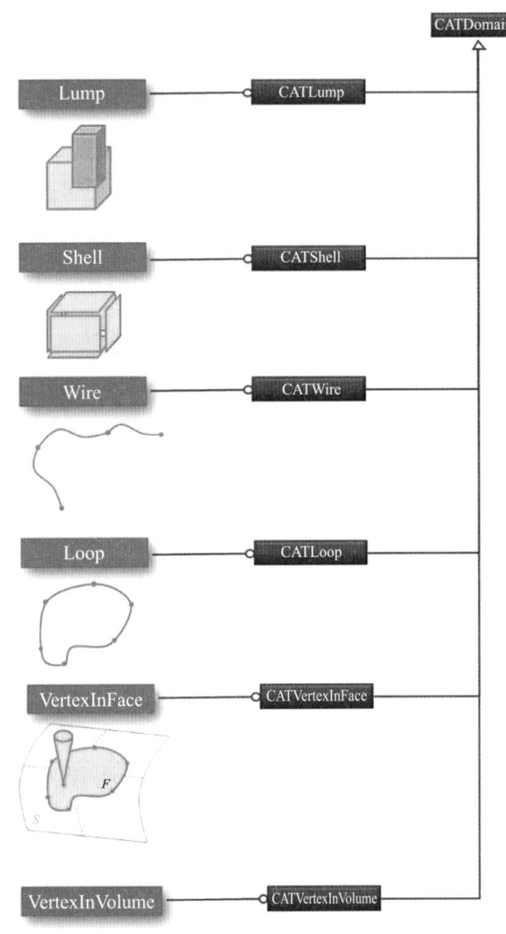

图 7-23　拓扑域的接口

CATBody 接口实现了拓扑体的概念。

body 必须具有以下属性：

（1）在 body 里任何定义一个 cell 边界的 cell 都属于该 body。如图 7-24 所示，如果面 F1 属于 body B，则面 F1 的边界 E 同样属于 body B。

（2）body 中任意两个 cell 的底层几何形状的相交也是 cell 的底层几何形状（并且这个 cell 必须属于 body，遵循属性 1），即“如果没有一个表示相交的 cell，就不会有底层几何的相交”。以图 7-24 为例，如果面 F1 和 F2（S1 和 S2 分别是 F1 和 F2 的底层几何面）都是 body B 的 cell，则必须存在 S1 和 S2 的相交边 E，相交边 E 也是 body B 的一个 cell。

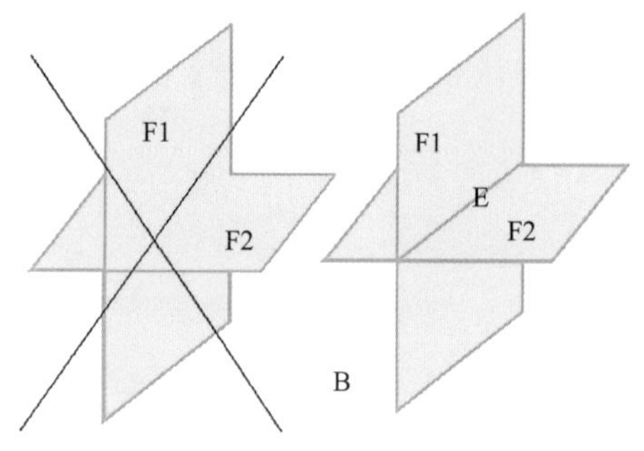

图 7-24 两个 cell 几何形状的相交

7.4.3 拓扑模型的结构

CATGeoFactory 允许开发人员创建几何对象，拓扑主要是通过使用拓扑算子来创建的，如图 7-25 所示。

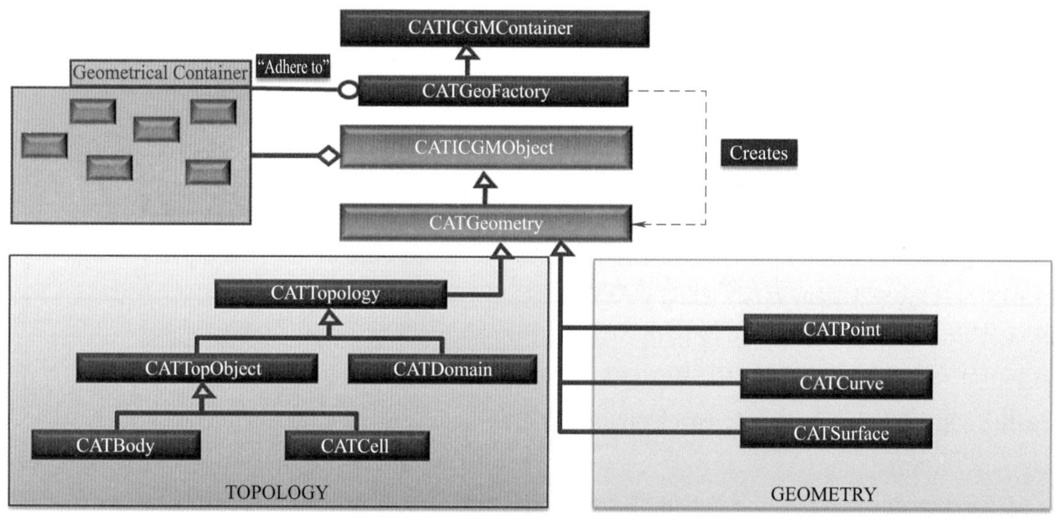

图 7-25 CGM 对象接口层次结构

几何图形容器遵循 CATGeoFactory 接口，该接口允许创建几何图形和拓扑。作为几何对象，拓扑对象也是持久的，但与这些对象不同的是，它们在 3D 视图中被可视化。

7.4.4 拓扑和几何的关系

拓扑用于描述几何的限制，因此，拓扑对象在指定的规则内与几何对象相关联。顶点绑定边、边绑定面、面绑定体。

- CATMacroPoint 对应于顶点的几何支撑。
- CATEdgeCurve 对应于边的几何支撑。
- CATSurface 对应于面的几何支撑。

从拓扑学的观点来看两个曲面的交线，它的几何形状由 CATEdgeCurve 表示。从几何角度来看，该曲线可被视为第一表面上的曲线或第二表面上的曲线，CATEdgeCurve 是拓扑边的几何表示。

从拓扑学的角度来看两个 CATEdgeCurve 的交点，它的几何形状用一个 CATMacroPoint 来表示。从几何角度来看，这个点可以看作是第一条边曲线上的点（称为 CATPointOnEdgeCurve 或 POEC）或第二条边曲线上的 POEC，CATMacroPoint 是拓扑顶点的几何表示。

图 7-26 和图 7-27 总结了几何形状和拓扑结构的配置情况。

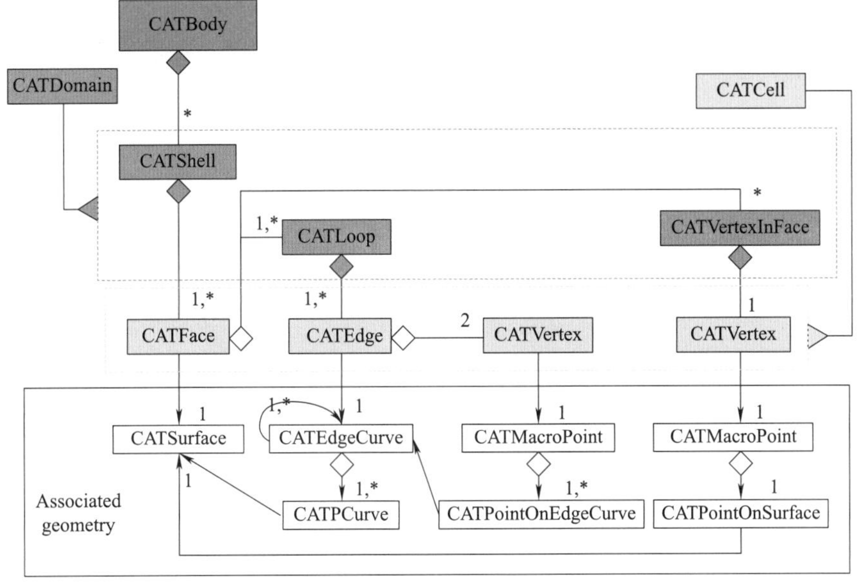

图 7-26　Shell 域的拓扑与几何关系

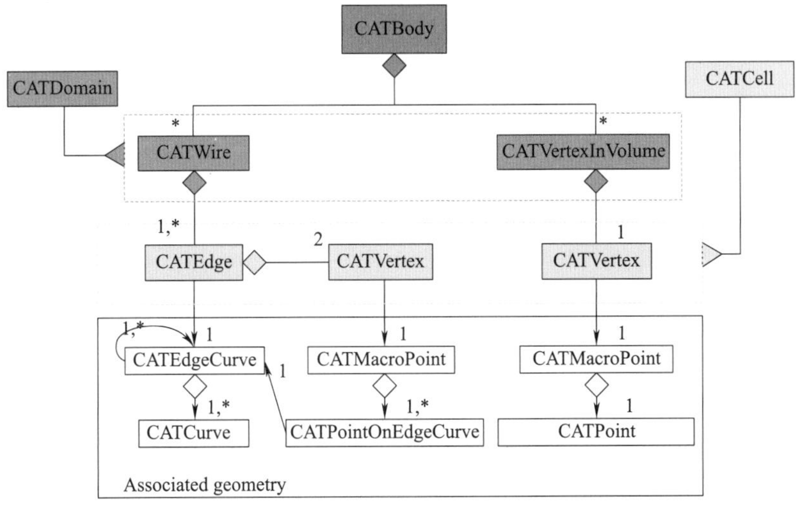

图 7-27　Wire 和 VertexInVolume 域的拓扑与几何关系

图 7-28 给出了 CGM 的接口层次结构，必须初始化 CATGeoFactory 类型的几何容器来创建几何和拓扑对象，CATGeoFactory 是所有几何对象的工厂。

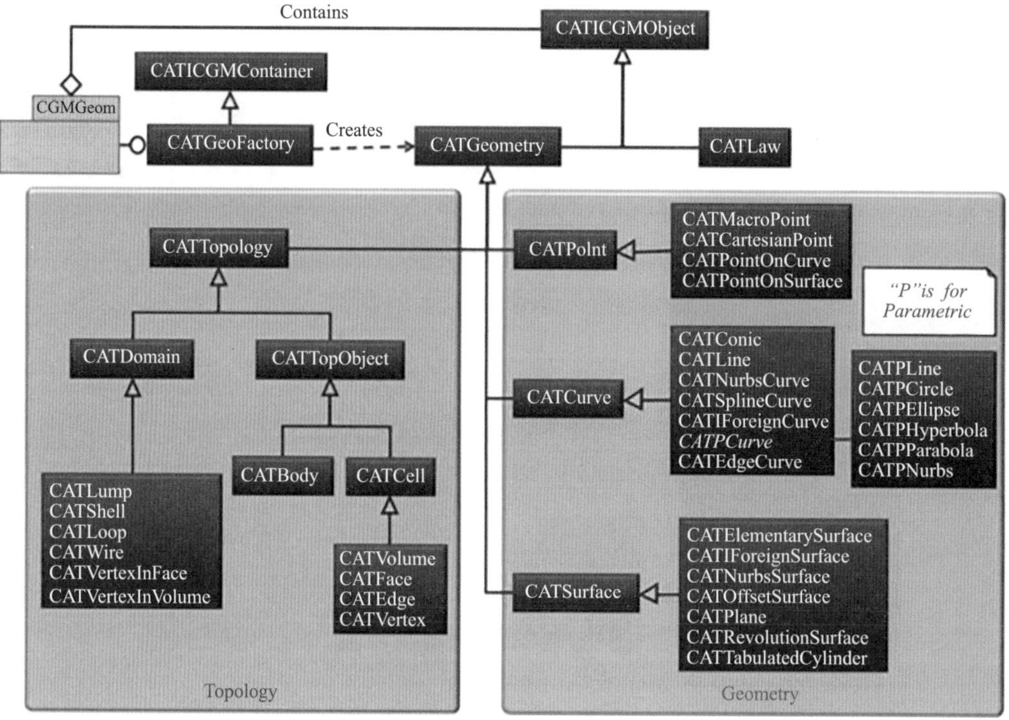

图 7-28 CGM 接口层次结构

7.4.5 扫描拓扑对象

通过下面的代码示例说明如何用 CAA 扫描拓扑体。

➤ 扫描输出 body 信息

```
int Dump(CATBody_var & ihBody)
{
    int ReturnCode = 1;
    cout <<
        "-----------------------------------------------------------------------"
    << endl;
    TopoTrace( "Body", ihBody);
    if (ihBody != NULL_var)
    {
        CATLISTP(CATCell) listCells;
        ihBody -> GetAllCells (listCells);
        int nbCells = listCells.Size();
        cout << "Number of Cells : " << (CATLONG32)nbCells << endl;
        for (CATULONG32 iCell= 1; iCell< = nbCells && ReturnCode;
            iCell+ + )
```

```
        {
            CATCell_var hCell = listCells[iCell];
            ReturnCode *= Dump(hCell);
        }
        cout << "--------------------------"
        << endl;

        CATULONG32 NbDomains = ihBody -> GetNbDomains();
        cout << "Number of Domains : " << (CATLONG32)NbDomains << endl;

        for (CATULONG32 iDomain= 1; (iDomain< = NbDomains)
            &&(ReturnCode); iDomain+ + )
        {
            CATDomain_var hDomain = ihBody->GetDomain(iDomain);
            ReturnCode * = Dump(hDomain);
        }
    }
    cout <<
        "------------------------------------------------------------"
            << endl;
    return ReturnCode;
}
```

➢ 扫描输出 domain 信息

```
int Dump(CATDomain_var & ihDomain)
{
    int ReturnCode = 1;
    if (ihDomain != NULL_var)
    {
        CATUnicodeString String;
        String += "Domain";
        TopoTrace( String, ihDomain);

        CATULONG32 NbCells = ihDomain->GetNbCellUses();
        String = "";
        String += "Number of Cells : ";
        cout << String << (CATLONG32)NbCells << endl;

        for (CATULONG32 iCell= 1; (iCell<=NbCells)
            &&(ReturnCode);iCell+ + )
```

```
            {
                CATOrientation orientation;
                CATCell_var hCell = ihDomain->GetCell(iCell,
                    &orientation);
                ReturnCode *= Dump(hCell, orientation);
            }
        }
        return ReturnCode;
    }
```

➢ 扫描输出 cell 信息

```
int Dump(CATCell_var & ihCell, const CATOrientation& orientation)
{
    int ReturnCode = 1;
    if (ihCell != NULL_var)
    {
        CATEdge_var hEdge = ihCell;
        CATVertex_var hVertex = ihCell;

        if (hEdge != NULL_var)
        {
            CATVertex *  startVertex = NULL;
            CATVertex *  endVertex   = NULL;
            hEdge -> GetVertices(&startVertex, &endVertex);
            CATAssert(startVertex != NULL);
            CATAssert(endVertex   != NULL);

            CATPoint *  startPoint = startVertex -> GetPoint();
            CATAssert (startPoint != NULL);
            CATUnicodeString spx;
            spx.BuildFromNum((CATLONG32)startPoint->GetX());
            CATUnicodeString spy;
            spy.BuildFromNum((CATLONG32)startPoint->GetY());
            CATUnicodeString spz;
            spz.BuildFromNum((CATLONG32)startPoint->GetZ());
            CATPoint *  endPoint = endVertex -> GetPoint();
            CATAssert (endPoint != NULL);
            CATUnicodeString epx;
            epx.BuildFromNum((CATLONG32)endPoint->GetX());
            CATUnicodeString epy;
```

```
        epy.BuildFromNum((CATLONG32)endPoint->GetY());
        CATUnicodeString epz;
        epz.BuildFromNum((CATLONG32)endPoint->GetZ());
        CATUnicodeString String;
        String += "Cell";
        String += " (tag : ";
        CATUnicodeString PersistentTagString;
        PersistentTagString.BuildFromNum((CATLONG32)hEdge->
            GetPersistentTag());
        String += PersistentTagString;
        String += ") is a ";
        String += hEdge-> GetImpl()->IsA();
        if(spx== epx)
            String += "[ X= "+ spx;
        else
            String += "[ X(" + spx + "-> " + epx + ")";
        if(spy== epy)
            String += " | Y= "+ spy;
        else
            String += " | Y(" + spy + "-> " + epy + ")";
        if(spz== epz)
            String += " | Z= "+ spz + " ]";
        else
            String += " | Z(" + spz + "-> " + epz + ") ]";
        if (orientation == CATOrientationUnknown)
            String += "  Unknown";
        else if (orientation == CATOrientationPositive)
            String += "  Positive";
        else if (orientation == CATOrientationNegative)
            String += "  Negative";
        String += " orientation";

        cout << String << endl;
    }
    else if (hVertex != NULL_var)
    {
        CATPoint * startPoint = hVertex -> GetPoint();
        CATAssert (startPoint != NULL);
        CATUnicodeString spx;
```

```
        spx.BuildFromNum((CATLONG32)startPoint->GetX());
        CATUnicodeString spy;
        spy.BuildFromNum((CATLONG32)startPoint->GetY());
        CATUnicodeString spz;
        spz.BuildFromNum((CATLONG32)startPoint->GetZ());
        CATUnicodeString String;
        String += "Cell";
        String += " (tag : ";
        CATUnicodeString PersistentTagString;
        PersistentTagString.BuildFromNum((CATLONG32)hVertex->
            GetPersistentTag());
        String += PersistentTagString;
        String += ") is a ";
        String += hVertex-> GetImpl()->IsA();
        String += " : X= " +  spx +  " Y= " +  spy +  " Z= " +  spz;
        cout <<  String <<  endl;

    }
    else
    {
        CATUnicodeString String;
        String += "Cell";
        TopoTrace( String, ihCell);
    }

    CATULONG32 NbDomains = ihCell->GetNbDomains();
    if (NbDomains != 0)
    {
        CATUnicodeString String;
        String += "Number of Domains : ";
        cout <<  String <<  (CATLONG32)NbDomains <<  endl;
    }

    for (CATULONG32 iDomain=1; (iDomain< = NbDomains)
        &&(ReturnCode); iDomain+ + )
    {
        CATDomain_var hDomain = ihCell->GetDomain(iDomain);
        ReturnCode * = Dump(hDomain);
    }
```

```
    }
    return ReturnCode;
}
```

➤ 输出对象持久标识

```
void DumpTag (const CATUnicodeString & Message, const
CATBaseUnknown_var & hUnknown)
{
    CATICGMObject_var hCGMObject = hUnknown;
    if(hCGMObject != NULL_var)
    {
        CATUnicodeString String = Message+ " (tag :";
        CATLONG32 Tag = hCGMObject->GetPersistentTag();
        CATUnicodeString PersistentTagString;
        PersistentTagString.BuildFromNum(Tag);
        String += PersistentTagString;
        String += ")";
        cout << String << endl;
    }
    else
        cout << "---> Error : NULL Pointer" << endl;
}
```

➤ 输出几何类型及持久标识

```
void TopoTrace (const CATUnicodeString & Message, const
CATGeometry_var & hGeometry)
{
    CATUnicodeString String=Message;
    if (hGeometry != NULL_var)
    {
        String += " (tag : ";
        CATLONG32 Tag = hGeometry->GetPersistentTag();
        CATUnicodeString PersistentTagString;
        PersistentTagString.BuildFromNum(Tag);
        String += PersistentTagString;
        String += ") is a ";
        String += hGeometry->GetImpl()->IsA();
    }
    else
        String += "is NULL. ";
    cout << String << endl;
```

```
}
```

➢ 输出拓扑日志

```
HRESULT DumpJournal (CATCGMJournalList * ipJournalList)
{
    HRESULT rc = E_UNEXPECTED;
    cout << endl;
    cout << "================================== Journal Dump
        ================================== " << endl;
    if (NULL != ipJournalList)
    {
        rc = S_OK;
        CATCGMJournal * pJournal = NULL;
        while ((pJournal = ipJournalList -> Next(pJournal))
            && SUCCEEDED(rc))
        {
            CATCGMJournalItem * pJournalItem = pJournal ->
                CastToReportItem();
            if (NULL != pJournalItem)
            {
                CATLISTP(CATGeometry) parentList;
                pJournalItem -> GetFirstObjs(parentList);
                int numberParentList = parentList. Size();

                // If no parents - that is "[ ] -> Creation [xx]" for
example
                if (numberParentList == 0)
                {
                    cout << "[ ]";
                }

                // If several parents "[ Edge 1, Vertex 2] -> Modification
[xx,yy]" for example
                for (int i = 1; i < = numberParentList; i+ + )
                {
                    cout << "[";
                    char * str1 = " ";
                    if      ((parentList)[i]-> IsATypeOf(CATFaceType))
                        { str1 = "Face_";  }
                    else if ((parentList)[i]-> IsATypeOf(CATEdgeType))
```

```
        { str1 = "Edge_";  }
    else if
        ((parentList)[i]->IsATypeOf(CATVertexType))
        { str1 = "Vertex_"; }
    else  { str1 = "UnauthorizedType_";  }
    cout <<  str1;

    CATULONG32  persTag = (parentList)[i] ->
        GetPersistentTag();
    cout <<  persTag;
    cout <<  "]";
    if (i <  numberParentList) cout <<  ",";
}

// Print the type
CATCGMJournal::Type CGMEventType = pJournalItem ->
    GetType();
switch (CGMEventType)
{
    case CATCGMJournal::Creation:
    {
        cout <<  "-> Creation";
        break;
    }
    case CATCGMJournal::Modification:
    {
        cout <<  "-> Modification";
        break;
    }
    case CATCGMJournal::Subdivision:
    {
        cout <<  "-> Subdivision";
        break;
    }
    case CATCGMJournal::Absorption:
    {
        cout <<  "-> Absorption";
        break;
    }
```

```
    case CATCGMJournal::Deletion:
    {
        cout << "-> Deletion";
        break;
    }
    case CATCGMJournal::Keep:
    {
        cout << "-> Keep";
        break;
    }
}

// Print the children
CATLISTP(CATGeometry) childrenList;
pJournalItem -> GetLastObjs(childrenList);
int numberChildrenList = childrenList.Size();

for (i = 1; i < = numberChildrenList; i+ + )
{
    cout << "[";
    char * str1 = " ";
    if ((childrenList)[i]->IsATypeOf(CATFaceType))
        { str1 = "Face_"; }
    else if ((childrenList)[i]->
        IsATypeOf(CATEdgeType))
        { str1 = "Edge_"; }
    else if ((childrenList)[i]->
        IsATypeOf(CATVertexType))
        { str1 = "Vertex_"; }
    else { str1 = "UnauthorizedType_"; }
    cout << str1;

    CATULONG32 persTag =
        (childrenList)[i]-> GetPersistentTag();
    cout << persTag;
    cout << "]";
    if (i < numberChildrenList) cout << ",";
}
```

```
                // Print the infos if any
                const CATCGMJournalInfo *  journalInfo = pJournalItem ->
                    GetAssociatedInfo();
                if (journalInfo)
                {
                    CATLONG32 infoNumber = journalInfo -> GetNumber();
                    cout <<  " Info = " <<  infoNumber;
                }
                cout <<  endl;
            }
            else
            {
                cout <<  "You must tass the journal" <<  endl;
                rc = E_FAIL;
            }
        }
    }
    cout <<
        "=====================================================
            ================= " <<  endl;
    cout <<  endl;
    return rc;
}
```

7.5　CGM 拓扑操作符

7.5.1　拓扑操作符定义

拓扑操作符是用来创建拓扑体的瞬态对象。

有两种类型的操作符:

(1)操作符从几何学中构建拓扑。这样的运算符专用于创建,例如线、体或诸如圆柱、盒子和球体的基本图元。

(2)仅在拓扑对象上操作的操作符,如布尔运算符(添加、删除、拆分……),如图 7-29 所示。

操作符从不修改输入体,它总是创建新的拓扑体,并且操作记录在拓扑日志中。

7.5.2　创建和使用拓扑操作符

GMOperatorsInterfaces 框架提供了主要的拓扑操作符,所有的拓扑操作符都基于相同的使用流程:创建、指定附加数据(如果需要)、运行、读取结果、删除,它们在一个容器内工作,基

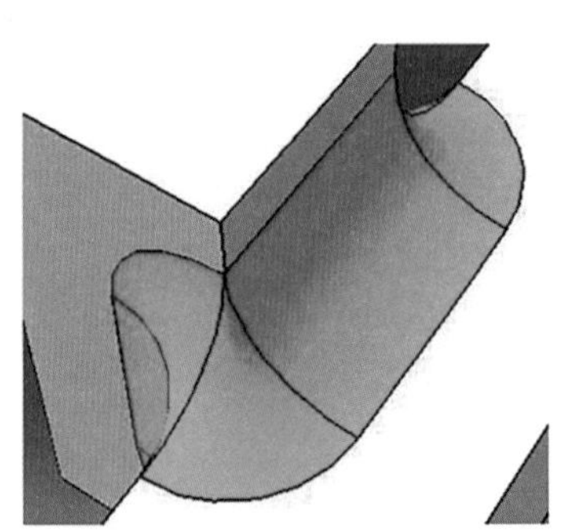

图 7-29 扫略和倒角操作符

本步骤如下所示：

(1)调用全局方法创建拓扑运算符。

(2)如果需要，指定或修改附加信息。

(3)运行操作符：Run。

(4)获取结果：GetResult。

(5)删除运算符实例。

```
//创建操作符
CATICGMTopSkin * pSkinOp = ::CATCGMCreateTopSkin
    (piGeomFactory,&topdata,piPlane,nbPCurves, aPCurves,
       aLimits,aOrientations);
...
//运行操作符
pSkinOp->Run();
//获取结果 body
CATBody * piSkinBody = pSkinOp->GetResult();
...
//删除操作符
pSkinOp->Release();
pSkinOp = NULL;
```

➢ 创建扫略多截面 body

下面给出了创建多截面 body 的具体代码。

```
HRESULT CreateMutilSectionBody(CATBody_var ispFirstSec, CATBody_var
ispSecondSec, CATBody_var ispSpine, CATBody_var &ospBody)
{
    HRESULT rc = S_OK;

    CATGeoFactory_var piGeomFactory = ispFirstSec->GetContainer();
```

```
CATSoftwareConfiguration *  pConfig =
    new CATSoftwareConfiguration();
CATTopData topdata(pConfig);
pConfig->Release();
pConfig = NULL;

// ------------------------------------------------------------------------
// 1- 创建扫略操作符
// ------------------------------------------------------------------------

CATICGMTopSweepSkinSkinSegment *  SweepTopOp
    = CATCGMCreateTopSweepSkinSkinSegment(piGeomFactory,
        &topdata, ispFirstSec, ispSecondSec, ispSpine);

if (0 == SweepTopOp)
{
    cout <<  "Could not create the CATICGMTopSweepSkinSkinSegment
    operator " <<  endl;
    return E_FAIL;
}

// ------------------------------------------------------------------------
// 2- 设置两端面的方向
// ------------------------------------------------------------------------
int orient1 = -1; //solution desired on opposite side of first shell
normal
int orient2 = 1; //solution desired on same side of second shell
normal

SweepTopOp->SetFirstShellOrientation(orient1);
SweepTopOp->SetSecondShellOrientation(orient2);

// ------------------------------------------------------------------------
// 3- 剪切设置
// ------------------------------------------------------------------------
CATDynSegmentationMode trim1 = CATDynTrim; //trim the results with
first support
CATDynSegmentationMode trim2 = CATDynNoTrim;// do not trim the
results with second support
```

```
SweepTopOp->SetFirstShellModeTrim(trim1);
SweepTopOp->SetSecondShellModeTrim(trim2);

//------------------------------------------------------------------
// 4- 运行操作符
//------------------------------------------------------------------
CATTry
{
    SweepTopOp->Run();


    //------------------------------------------------------------------
    // 5- 获取结果
    //------------------------------------------------------------------

    SweepTopOp->BeginningResult();
    int firstShellOrient = 0, secondShellOrient = 0,
        firstCoupledOrient = 0, secondCoupledOrient = 0,
            index = 0;
    CATSoftwareConfiguration *  pConfig =
        topdata.GetSoftwareConfiguration();

    while (SweepTopOp->NextResult())
    {
        CATCGMJournalList *  pTempJournal = new
            CATCGMJournalList(pConfig,NULL);

        CATBody *  pTempBody = SweepTopOp->GetResult(pTempJournal);

        if (pTempBody != NULL)
        {
            ospBody = pTempBody;
            break;
        }

        SweepTopOp->GetResultInformation(firstShellOrient
            ,secondShellOrient
            ,firstCoupledOrient
```

```
                ,secondCoupledOrient
                ,index);
            if (pTempJournal)
            {
                delete pTempJournal;
                pTempJournal = 0;
            }

        }
    }
    CATCatch(CATError, error)
    {
        cout << error->GetMessageText() << endl;
        cout << (error->GetNLSMessage()).CastToCharPtr() << endl;
        return E_FAIL;
    }

    CATEndTry;
    //-----------------------------------------------------------------
    // 6- 删除操作符
    //-----------------------------------------------------------------

    SweepTopOp->Release();
    SweepTopOp = 0;

    return rc;
}
```

7.6 CGM 几何操作符

7.6.1 几何操作符定义

几何操作符是允许从现有对象创建新对象或对其进行分析的瞬态对象，使用几何操作符是创建或分析几何对象的一种简单方法。虽然几何对象提供基本服务，但是几何操作符通过使用高级数学工具可以进行更复杂的操作。所有这些操作符不修改输入对象，而是创建新的输入对象，几何操作符的输入和输出对象必须属于同一个几何容器。

下面列举一些创建对象的几何操作符。

(1)两对象相交：

■ 曲线相交(CATICGMIntersectionCrvCrv)；

- 曲面相交(CATICGMIntersectionSurSur);
- 曲线和曲面相交(CATICGMIntersectionCrvSur)。

(2)投影:

- 曲线在曲面的投影(CATICGMProjectionCrvSur);
- 点在曲线的投影(CATICGMProjectionPtCrv);
- 点在曲面的投影(CATICGMProjectionPtSur)。

(3)创建反射曲线(CATICGMReflectCurve)。

(4)创建边缘曲线(CATICGMEdgeCurveComputation)。

下面列举了一些用于对象几何分析的几何操作符。

(1)两点重合判断:

- 曲线上两点(CATICGMConfusionPtOnCrvPtOnCrv);
- 曲面上两点(CATICGMConfusionPtOnSurPtOnSur)。

(2)包含关系判断:

- 点是否在曲线上(CATICGMInclusionPtCrv);
- 点是否在曲面上(CATICGMInclusionPtSur)。

(3)最小距离计算:

- 曲线间(CATICGMDistanceMinCrvCrv);
- 点和曲线(CATICGMDistanceMinPtCrv);
- 点和面(CATICGMDistanceMinPtSur)。

7.6.2 创建和使用几何操作符

GMModelInterfaces 框架提供了主要的几何操作符,所有的几何操作符都基于相同的使用流程:由全局函数(CATCGMCreate)创建瞬态的几何操作符实例、运行操作和检索结果对象。

几何操作符可用于两种模式,即基本模式(默认模式)或高级模式。

(1)在基本模式下,创建操作符时给出的数据足以执行该操作,并且该操作将自动运行。使用流程如下:

①使用适当的全局函数(例如 CATCGMCreateIntersection)创建操作符,并指定基本模式(或者不指定任何模式,默认情况下,使用基本模式创建运算符)。全局函数执行请求的操作并返回相应的操作符实例。

②获得结果。

③删除操作符实例。

```
//创建并运行操作符
CATICGMIntersectionCrvSur* pIntOp
    = ::CATCGMCreateIntersection(
    piGeomFactory,
    piLine,
    piCylinder,
    BASIC);
...
```

```
CATLONG32 nbPoints = pIntOp->GetNumberOfPoints();
...
//删除操作符
pIntOp->Release();
pIntOp=NULL;
```

(2)在高级模式下,操作符可以在创建后使用高级选项进行调整。必须明确地请求执行它,在任何情况下,都不会在执行步骤期间创建结果对象。需要通过调用 GetXxx 方法创建结果对象。当想要设置参数(例如几何图形的限制)或者再次运行具有不同输入数据的操作符时,可以使用此模式。使用流程如下:

①使用适当的全局函数(例如 CATCGMCreateIntersection)创建操作符,并指定高级模式。全局函数返回相应的运算符实例,但不运行该操作。

②通过调用操作符的 SetXxx 方法之一,为运算符指定其他信息或高级选项。

③执行操作:Run 方法。

④使用所需的迭代器获得结果。

⑤可选择的操作步骤,设置新选项,再次运行操作符,并检索新结果。

⑥从内存中删除操作符实例。

```
//创建操作符
CATICGMIntersectionCrvSur* pIntOp
= ::CATCGMCreateIntersection(
    piGeomFactory,     // geometric factory
    piLine,            // geometric line
    piCylinder,        // geometric cylinder
    ADVANCED);         // MODE
//设置限定条件
pIntOp->SetLimits(crvLimits);
//运行
pIntOp->Run();
//设置新的限定条件
pIntOp->SetCurve(piNewLine);     // piNewLine was previously
created
pIntOp->SetLimits(newCrvLimits); //newCrvLimits was previously
defined
//重新运行
pIntOp->Run();
//获取运算结果
nbPoints = pIntOp->GetNumberOfPoints();
cout<< " Number of intersection points: "<< nbPoints<< endl;
long nbCurves= pIntOp->GetNumberOfCurves();
cout<< "Number of intersection curves: "<< nbCurves<< endl;
```

```
...
//删除操作符
pIntOp->Release();
pIntOp=NULL;
```

➤ 计算曲线和曲面的交点

下面给出了计算曲线和曲面交点的示例代码。

```
HRESULT GetIntersectionSurCrv(CATBody_var ispSecBody,
    CATCurve_var ispCurve, CATMathPoint &oMathPt)
{
    HRESULT rc = S_OK;
    CATGeoFactory_var spiGeomFactory = ispSecBody->GetContainer();
    double currentUnit = spiGeomFactory->GetUnit();

    CATSoftwareConfiguration * pConfig = new
        CATSoftwareConfiguration();
    CATTopData topdata(pConfig);
    //获取截面轮廓
    CATLISTP(CATBody) ospListBody;
    GemRepServices::GetSurfaceBoundaries(ispSecBody, ospListBody);
    CATBody_var spLoop = ospListBody[1];
    CATCurve_var spSecCurve = spLoop;
    //获得组成面
    CATLISTP(CATCell) faces;
    ispSecBody->GetAllCells(faces, 2); // faces are cells of dimension 2
    int numberOfFaces = faces.Size();
    if (numberOfFaces != 1)
        return E_FAIL;
    CATFace *  piFace = (CATFace*)faces[1];

    CATSurface *  pSurface=piFace->GetSurface();

    CATICGMIntersectionCrvSur *  pPtCrvSur =
        CATCGMCreateIntersection(spiGeomFactory,
            pConfig,ispCurve, pSurface);
    CATLONG32 nbOfPoints = pPtCrvSur->GetNumberOfPoints();
    CATLONG32 nbOfCurves = pPtCrvSur->GetNumberOfCurves();

    if (nbOfPoints)
    {
```

```
        while (pPtCrvSur->NextPoint())
        {
            CATPointOnSurface *  Pt1 = NULL;
            Pt1 = pPtCrvSur->GetPointOnSurface();
            if (Pt1 != NULL)
            {
                Pt1->GetMathPoint(oMathPt);
                oMathPt = oMathPt*currentUnit;
                pPtCrvSur->Release();
                pPtCrvSur = NULL;
                pConfig->Release();
                pConfig = NULL;
                return S_OK;
            }
        }
    }

    if (nbOfCurves)
    {
        pPtCrvSur->BeginningCurve();
        while (pPtCrvSur->NextCurve())
        {
            CATPCurve *  pcurve = pPtCrvSur->GetPCurve();
            CATCrvParam CrvParam = pcurve->CreateParam(0.);
            oMathPt= pcurve->EvalPoint(CrvParam);
            oMathPt = oMathPt*currentUnit;
            pPtCrvSur->Release();
            pPtCrvSur = NULL;
            pConfig->Release();
            pConfig = NULL;
            return S_OK;
        }
    }
    pPtCrvSur->Release();
    pPtCrvSur = NULL;
    pConfig->Release();
    pConfig = NULL;
    return rc;
}
```

第 8 章　知识工程

8.1 概　　述

知识建模器是数据建模器的重要组成部分，专门用于参数（Parameter）、关系（Relation）等知识工程的开发，如图 8-1 所示。CATIA 知识工程提供了一套解决方案，允许用户将工程学的知识用到设计之中，充分利用工程学知识减少错误或自行设计，从而达到提高生产效率的目的。参数是在编辑特征以显示或修改其属性时操作的对象。关系也是一种对象，通过它可以指定一个参数是相对于其他参数定义的关系。最终用户可以从“公式”对话框以及从大多数工作台创建参数。

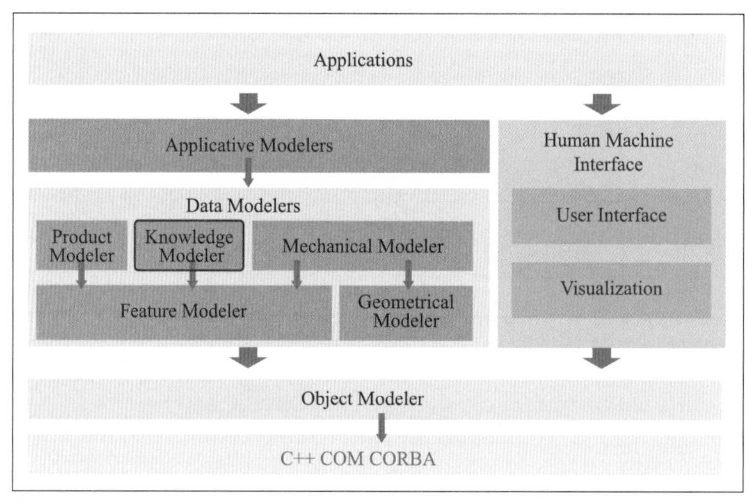

图 8-1　知识建模器体系结构

参数和关系以及管理它们的服务都在 KnowledgeInterfaces 框架中描述。

8.2 参　　数

可以通过实现 CATPrtCont 容器的 CATICkeParmFactory 接口来创建各类参数，如图 8-2 所示。

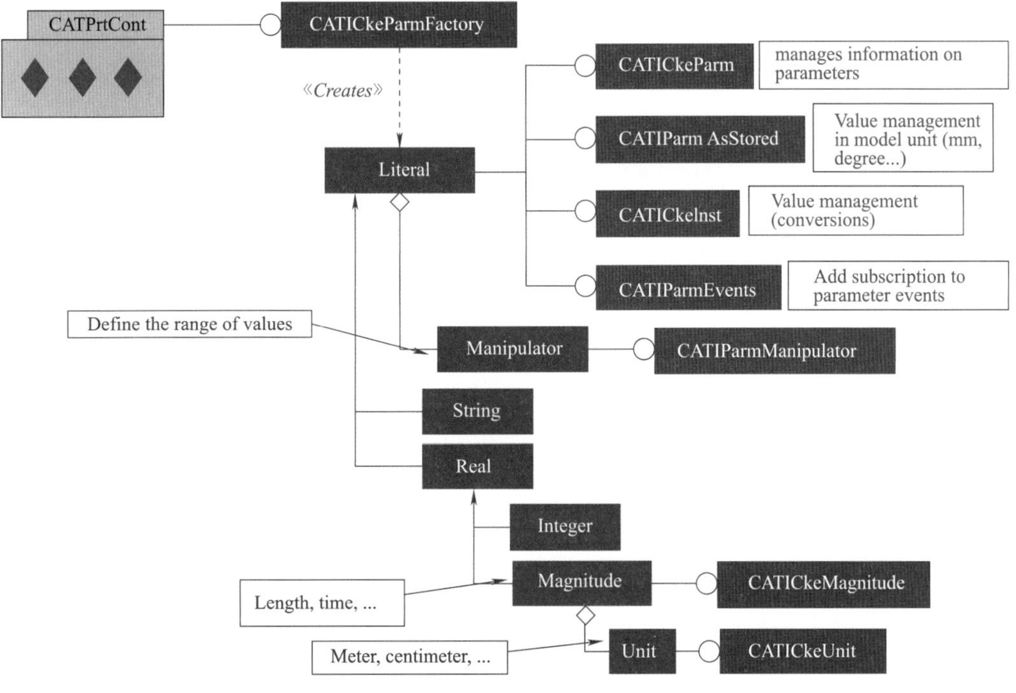

图 8-2　CATICkeParmFactory 接口 UML

8.2.1　单　　位

CATIA 中有两种单位，分别是设置单位(Setting Units)和 MKS 单位。

设置单位是最终用户选择的单位，是创建参数时在对话框中显示的单位，如图 8-3 所示。例如，如果已为长度的单位选择了米(m)，则当创建长度类型的新参数时，在“值”字段中显示的单位将是米。同样，规格树中的参数值以及功能编辑器中显示的值将以米为单位显示。

MKS(Meters-Kilograms-Seconds)单位是建立在三种基本的单位上的单位。

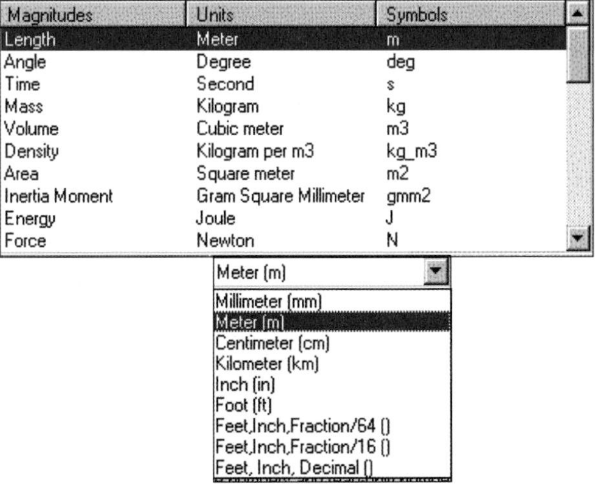

Magnitudes	Units	Symbols
Length	Meter	m
Angle	Degree	deg
Time	Second	s
Mass	Kilogram	kg
Volume	Cubic meter	m3
Density	Kilogram per m3	kg_m3
Area	Square meter	m2
Inertia Moment	Gram Square Millimeter	gmm2
Energy	Joule	J
Force	Newton	N

图 8-3　单位设置

CATIA 预定义了很多单位,可以用 CATIParmDictionary 接口从系统中获取,下面以获取力矩单位(图 8-4)为例进行说明。

```
Moment
        Internal name: MOMENT
        MKS vector: m2.kg.s-2
        MKS equivalent magnitudes:
                Acoustic quadrupole amplitude
                Angular momentum flux
                Energy
                Level width
                Power spectral density
                Radiant energy
                Strain Energy
                Torque
        MKS unit: Newton x Meter
        Associated units:
                Newton x Meter                                   internal name: N_M                            symbol: Nxm
                Pound force x Inch                               internal name: LF_IN                          symbol: lbfxin
                Newton x Millimeter                              internal name: N_MM                           symbol: Nxmm
                Square millimeter x ton per square second        internal name: MM2T_S2                        symbol: mm2T_s2
                Square millimeter x kilogram per square second   internal name: MM2KG_S2                       symbol: mm2kg_s2
                Kilogram force x centimeter                      internal name: KGF_CM                         symbol: kgfxcm
                Pound force foot                                 internal name: POUND_FORCE_FOOT               symbol: lbfxft
                Dyne centimeter                                  internal name: DYNE_CENTIMETER                symbol: dynxcm
                MicroNewton millimeter                           internal name: MICRONEWTON_MILLIMETER         symbol: micNxmm
                Decanewton x millimeter                          internal name: DECA_NEWTON_PER_MILLIMETER     symbol: daNxmm
                Kilogram force x millimeter                      internal name: KGF_MM                         symbol: kgfxmm
                Ounce force inch                                 internal name: OUNCE_FORCE_INCH               symbol: ozfxin
```

图 8-4　系统预定义的力矩单位

实现过程如下所示：

```
//通过全局函数取得 CATIParmDictionary 接口
CATIParmDictionary_var spParmDictionary=
    CATCkeGlobalFunctions::GetParmDictionary();
//用内部名称(internal name)取得力矩单位量级
CATICkeMagnitude_var spMomentMagnitude=
    spParmDictionary->FindMagnitude("MOMENT");
//获取力矩 MKS 单位
CATICkeUnit_var  spMomnetUnit=spMomentMagnitude->MKSUnit();
```

8.2.2 参数集

开发中经常会涉及参数集的操作,下面给出了获取参数集和外部参数集的实现代码。

```
HRESULT GetParameterListFromNavRepReference(CATIPLMNavRepReference
    * ipNavRepRef, CATCkeListOfParm &opExternalParameterList,
        CATCkeListOfParm &opParameterList)
{
    CATIParmPublisher * piPublish = NULL;
    ipNavRepRef->QueryInterface(IID_CATIParmPublisher,
        (void** )&piPublish);

    CATIKweModelServices_var spKweModelServices =
        CATCkeGlobalFunctions::GetModelServices();
    if (NULL_var == spKweModelServices) return E_FAIL;

    //ExternalParameter
    CATICkeParameterSet_var spExternalParameterSet;
```

```
    spExternalParameterSet = spKweModelServices->GetCurrentSet
        (CATIKweModelServices::ExternalParameter, piPublish,
            CATCke::False);
    if (spExternalParameterSet != NULL_var)
        opExternalParameterList =
            spExternalParameterSet->Parameters();


    //Parameter
    CATICkeParameterSet_var spParameterSet;
    spParameterSet = spKweModelServices->GetCurrentSet
        (CATIKweModelServices::Parameter, piPublish, CATCke::False);
    if (spParameterSet != NULL_var)
        opParameterList = spParameterSet->Parameters();


    piPublish->Release();
    piPublish = NULL;

    return S_OK;
}
```

8.2.3 创建参数

CAA 可以创建两种参数：持久参数(Persistent Parameter)和易失参数(Volatile Parameter)。

易失参数是不以任何形式保存的参数，与持久参数不同，在加载表示时无法被检索。易失参数与持久参数一样被创建、读取和修改，但创建它们的方式不完全相同。如果创建的参数需要被添加到规格树上，就采用持久参数。

获取持久参数工厂要实现 CATPrtCont 的 CATICkeParmFactory 接口。

```
    CATIMmiPrtContainer_var spPrtCont = …;
    CATICkeParmFactory_var spParmFactory = spPrtCont;
```

参数工厂是通过 CATCkeGlobalFunctions 类获取 GetVolatileFactory 函数获取的。

```
    CATICkeParmFactory_var spVolFactory =
        CATCkeGlobalFunctions::GetVolatileFactory();
```

下面的代码给出了整型、实型、字符串、布尔、长度、角度和尺寸参数的创建示例。

```
CATCke::Boolean CreatePersistentParameters(CATICkeParmFactory*
    ipFact, CATIParmPublisher*  piPublisher)
{
    CATCke::Boolean returnCode = CATCke::True;
```

```
cout << endl<< endl<< "Persistent parameter creation" <<
    endl<<endl;


if(NULL != ipFact)
{
    HRESULT rc;
    //创建整型参数
    CATICkeParm_var spPp1 = ipFact->CreateInteger ("intParam",2);
    if( NULL_var != spPp1)
    {
        piPublisher->AppendElement(spPp1);
        cout << spPp1-> Name().ConvertToChar() << " value is: " <<
            endl;
        cout << spPp1-> Show().ConvertToChar() << " (with
            CATICkeParm::Show)" << endl;
        cout << spPp1->Value()->AsInteger () << " (with
            CATICkeInst::AsInteger)" << endl;
    // 修改参数"intParm"
        spPp1-> Valuate (6);
        cout << spPp1-> Name().ConvertToChar() << " new value is
            (6 expected): " << endl;
        cout << spPp1-> Show ().ConvertToChar() << endl;
    }
    // 创建实型参数
    CATICkeParm_var spPp2 = ipFact-> CreateReal ("realParam",2.3);
    if( NULL_var != spPp2)
    {
        piPublisher->AppendElement(spPp2);
        cout << spPp2-> Name().ConvertToChar() << " value is: " <<
            endl;
        cout << spPp2-> Show ().ConvertToChar() <<
            " (with CATICkeParm::Show)" << endl;
        cout << spPp2->Value()->AsReal ()        <<
            " (with CATICkeInst::AsReal)" << endl;
    // 修改参数 "realParam"
        spPp2->Valuate (6.8);
        cout << spPp2-> Name().ConvertToChar() <<
            " new value is (6.8 expected): " << endl;
```

```
    cout << spPp2->Show (). ConvertToChar() << endl;
}
// 创建字符串参数
CATICkeParm_var spPp3 = ipFact->CreateString
    ("stringParam","Bonjour");
if( NULL_var != spPp3)
{
    piPublisher->AppendElement(spPp3);

    cout << spPp3->Name(). ConvertToChar() << " value is: "
        << endl;
    cout << spPp3->Show (). ConvertToChar() <<
        " (with CATICkeParm::Show)" << endl;
    cout << spPp3->Value()->AsString (). ConvertToChar() <<
        " (with CATICkeInst::AsString)" << endl;
// 修改参数"stringParam"
    spPp3->Valuate ("Good Morning");
    cout << spPp3->Name(). ConvertToChar() <<
        " new value is (\"Good Morming\" expected): " << endl;
    cout << spPp3->Show (). ConvertToChar() << endl;
}
// 创建布尔型参数
CATICkeParm_var spPp4 = ipFact->CreateBoolean
    ("booleanParam",CATCke::True);
if( NULL_var != spPp4)
{
    piPublisher->AppendElement(spPp4);

    cout << spPp4->Name(). ConvertToChar() << " value is: "
        << endl;
    cout << spPp4->Show (). ConvertToChar() <<
        " (with CATICkeParm::Show)" << endl;

    cout << spPp4->Value()->AsBoolean () <<
        " (with CATICkeInst::AsBoolean)" << endl;
    cout << spPp4->Value()->AsInteger () <<
        " (with CATICkeInst::AsInteger)" << endl;
    cout << spPp4-> Value()->AsString (). ConvertToChar() <<
        " (with CATICkeInst::AsString)" << endl;
```

```
// 修改参数 "booleanParam"
    spPp4->Valuate (CATCke::False);
    cout << spPp4-> Name().ConvertToChar() <<
        " new value is (false expected): " << endl;
    cout << spPp4-> Show ().ConvertToChar() << endl;
}
// 创建长度参数
CATICkeParm_var spPp5 = ipFact->CreateLength
    ("lengthParam",2);
if( NULL_var != spPp5)
{
    piPublisher->AppendElement(spPp5);

    cout << spPp5->Name().ConvertToChar() <<
        " value in MKS unit is: " << endl;
    cout << spPp5->Show ().ConvertToChar() <<
        " (with CATICkeParm::Show)" << endl;
    cout << spPp5->Value()->AsReal () <<
        " (with CATICkeInst::AsReal)" << endl;

    CATIParmAsStored_var spPps5 = spPp5;
    cout << spPps5->ValueStored() << " (with
        CATIParmAsStored::ValueStored (in mm)) " << endl;
}
// 创建角度参数
CATICkeParm_var spPp6 = ipFact->CreateAngle
    ("angleParam",3.1416);
if( NULL_var != spPp6)
{
    piPublisher->AppendElement(spPp6);

    cout << spPp6->Name().ConvertToChar() <<
        " value in MKS unit is: " << endl;
    cout << spPp6->Show ().ConvertToChar() <<
        " (with CATICkeParm::Show)" << endl;
    cout << spPp6->Value()->AsReal () <<
        " (with CATICkeInst::AsReal)" << endl;
}
```

```
CATIParmAsStored_var spPps6 = spPp6;
if( NULL_var != spPps6)
{
    int val = int(spPps6->ValueStored());
    cout << val << " (with CATIParmAsStored::
        ValueStored (in deg)) " << endl;
}
// 创建尺寸参数
CATICkeParm_var spPp7 = ipFact->CreateDimension
    (CATCkeGlobalFunctions::GetParmDictionary()->
        FindMagnitude("VOLUME"),"volumeParam",20.5);
if( NULL_var != spPp7)
{
    piPublisher->AppendElement(spPp7);
    cout << spPp7->Name().ConvertToChar() <<
        " value in MKS unit is: " << endl;
    cout << spPp7->Show().ConvertToChar() <<
        " (with CATICkeParm::Show)" << endl;
    cout << spPp7->Value()->AsReal ()    <<
        " (with CATICkeInst::AsReal)" << endl;
}

CATIParmAsStored_var spPps7 = spPp7;
if( NULL_var != spPps7)
{
    cout << spPps7->ValueStored() << " (with
        CATIParmAsStored::ValueStored (in m3)) " << endl;

    // Modify volumeParm
    spPp7->Valuate (3);
    cout << spPp7->Name().ConvertToChar() <<
        " new value is (3m3 expected): " << endl;
    cout << spPp7->Show ().ConvertToChar() <<
        " (with CATICkeParm::Show)" << endl;
    cout << spPps7->ValueStored() << " (with
        CATIParmAsStored::ValueStored (in m3)) " << endl;
}
```

```
    }
    else
        returnCode = CATCke::False;

    return returnCode;
}
```

8.2.4 发布参数

采用与发布特征相同的流程,您也可以发布参数。如图 8-5 所示,将参数 Length.1 重命名为 Port_On_KnowParameter 对外发布。

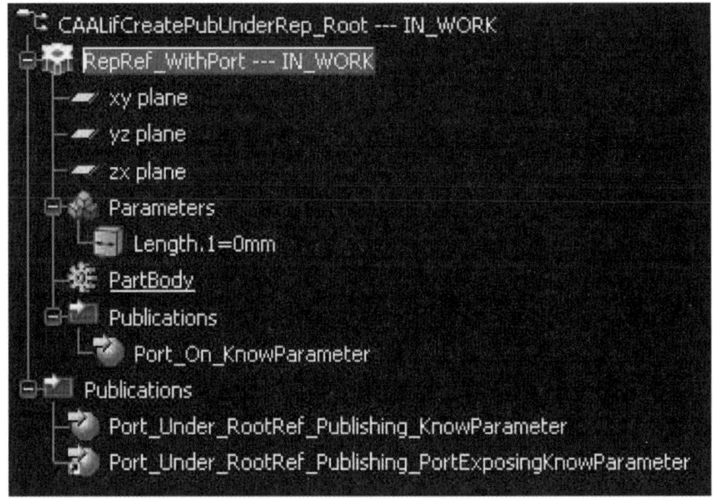

图 8-5 参数发布示例

具体代码如下所示:

```
CATIPrdPublications*  piPublicationsOnRepRef = NULL;
hr = piPsiRepLoadModeOnRepRef->QueryInterface
    (IID_CATIPrdPublications,(void** )&piPublicationsOnRepRef);
if (FAILED(hr)) return 1;

CATOmbObjectInContext *  oObjectInContext_ForKnowPara = NULL;
CATBaseUnknown*  pCBUOnKnowParam = NULL;
hr = spCkeParam->QueryInterface
    (IID_CATBaseUnknown,(void** )&pCBUOnKnowParam);
if (FAILED(hr)) return 1;

CATLISTP(CATIPLMComponent) MyEmptyList;
hr = CATOmbObjectInContext::CreateObjectInContext
    (MyEmptyList,NULL,pCBUOnKnowParam,
```

```
    oObjectInContext_ForKnowPara);
    if ((FAILED(hr)) || (NULL==oObjectInContext_ForKnowPara)) return 1;

    CATIAdpEnvironment *  pEnv = NULL;
    hr = CATAdpDictionaryServices::GetEnvironment
        (repository,EnvToUse,&pEnv);
    if ( FAILED(hr) || ( NULL == pEnv)   ) return 1;

    CATListValCATICkeParm_var ListAttrWithName;
    CATICkeParmFactory_var spCkeParmFactory  =
        CATCkeGlobalFunctions::GetVolatileFactory();
    if ( NULL_var != spCkeParmFactory)
    {
        CATICkeParm_var spParm;
        CATUnicodeString PortName_PointedOnKnowParam =
            "Port_On_KnowParameter";
        spParm = spCkeParmFactory->CreateString
            ("V_FunctionalName", PortName_PointedOnKnowParam);
        ListAttrWithName.Append(spParm);
    }

    CATIPrdPublication_var oIPublication;
    hr = piPublicationsOnRepRef->AddPrdPublication(pEnv,
        ListAttrWithName,oObjectInContext_ForKnowPara,oIPublication);
```

上述代码通过获取到 Rep Ref 的 CATIPrdPublication 接口指针对象，利用 CATIPrdPublications 类的 AddPrdPublication 方法创建 Rep Ref 下的发布参数。其中：

- pEnv 是 CATIAdpEnvironment * 类型，可以用 CATAdpDictionaryServices 类的静态函数 GetEnvironment 获取；
- ListAttrWithName 是 CATListValCATICkeParm_var 类型，它包含属性名称-值集的列表，这些属性名称-值集表征要创建的发布；
- oObjectInContext_ForKnowPara 是 CATOmbObjectInContext * 类型，表示上下文中的对象。用 CATOmbObject InContext 类的静态函数 CreateObjectInContext 在上下文中创建对象。

8.2.5 参数编辑器

可以从 CATApplicationFrame 对象实现 CATIParameterEditorFactory 接口来创建和操作参数编辑器，如图 8-6 所示。

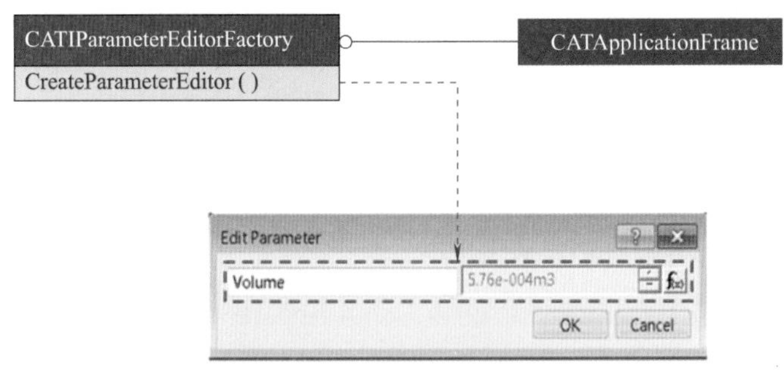

图 8-6 参数编辑器工厂接口

下面给出了创建参数编辑器的主要步骤示例代码。

```
//获取参数工厂
CATICkeParmFactory  *piParamFactory= NULL;
...;
//创建参数操纵器
CATIParmManipulator_var spManipOnParm =
    piParamFactory->CreateParmManipulator();
//设置值的范围
spManipOnParm->SetAccurateRange(0.5, 1, 5, 1);
//参数绑定参数操纵器
spRadius->SetManipulator(spManipOnParm);
CATApplicationFrame *pApplicationFrame =
CATApplicationFrame::GetFrame();
//获取参数编辑器工程
CATIParameterEditorFactory *piEditorFactory = NULL;
pApplicationFrame->QueryInterface
    (IID_CATIParameterEditorFactory, (void**)&piEditorFactory);
//创建参数编辑器
CATIParameterEditor *piEditor = NULL;
piEditorFactory->CreeateParameterEditor(pFatherDialog,
    "ParmEditor", 1, piEditor);
//设置编辑器参数
    piEditor->SetEditedParameter(spRadius);
```

8.3 关　　系

可以通过实现 CATPrtCont 容器的 CATICkeRelationFactory 接口来创建关系对象，如图 8-7 所示。

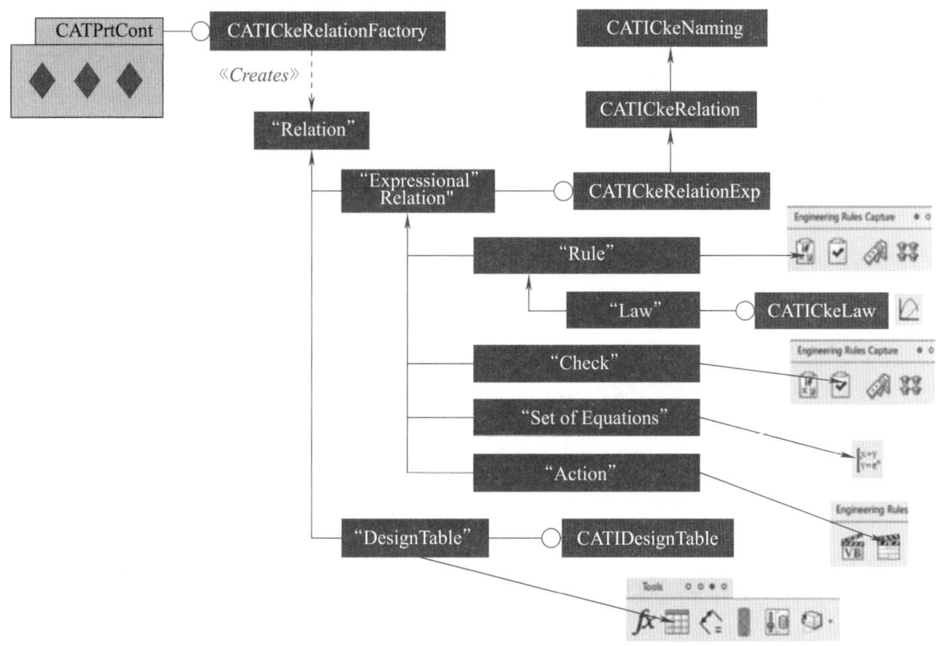

图 8-7 CATICkeRelationFactory 接口 UML

下面给出了创建两个参数相等关系的示例代码。

```
HRESULT CreateParmEqualityFormula(CATIMmiPrtContainer_var
    ispPartContainer, CATUnicodeString iRelationName,
        CATICkeParm_var ispSoucreCkeParm, CATICkeParm_var
            ispTargetCkeParm, CATICkeRelation_var &ospResultFormula)
{
    /**
    * 初始化
    */
    HRESULT rc = E_INVALIDARG;
    ospResultFormula = NULL_var;

    if (NULL_var != ispPartContainer && NULL_var != ispSoucreCkeParm
       && NULL_var != ispTargetCkeParm)
    {
        CATLISTV(CATBaseUnknown_var) parmList;

        CATICkeParmFactory_var spCkeParmFactory = ispPartContainer;
/** < 用于关联工程参数和特征 * /
        if (NULL_var != spCkeParmFactory)
        {
```

```
/** 将知识工程参数与特征进行关联 * /
const CATICkeParm_var spSoucreCkeParm = ispSoucreCkeParm;
const CATICkeParm_var spTargetCkeParm = ispTargetCkeParm;

if (NULL_var != spSoucreCkeParm && NULL_var !=
    spTargetCkeParm)
{
    parmList.Append(spTargetCkeParm);

    CATICkeRelationFactory_var spCkeRelationFactory =
        spCkeParmFactory;/**< 用于创建公式 * /
    if (NULL_var != spCkeRelationFactory)
    {
        /** 创建公式 * /
        //"a1" 表示 parmList 中的第二个参数和 spSoucreCkeParm
相等
        ospResultFormula = spCkeRelationFactory->
            CreateFormula(iRelationName,"", "",
                spSoucreCkeParm, &parmList,"a1", NULL_var,
                    CATCke::False);
        if (NULL_var != ospResultFormula)
        {
            rc = S_OK;
        }
        else { rc = E_UNEXPECTED; }

        if (ospResultFormula != NULL_var)
        {
            CATIMmiMechanicalFeature_var
                spMechanicalPartFeature;
            rc = ispPartContainer->GetMechanicalPart
                (spMechanicalPartFeature);
            CATIMmiUsePrtPart_var spMmiPart =
                spMechanicalPartFeature;
            CATIParmPublisher_var spiPublish = NULL_var;
            rc = spMmiPart->QueryInterface
                (IID_CATIParmPublisher,
                    (void**)&spiPublish);
            CATBaseUnknown_var spParameterSet;
```

```
                        spParameterSet = CATCkeGlobalFunctions::
                            GetModelServices()->GetCurrentSet
                            (CATIKweModelServices::Parameter,
                                  spiPublish, CATCke::True);

                        CATIParmPublisher_var spParmPublisher;
                        if (NULL_var != spParameterSet)
                            spParmPublisher = spParameterSet;

                            spParmPublisher->AppendElement
                                (ospResultFormula);
                    }

                }
            }
        }
    }

    return rc;
}
```

第 9 章　用户界面

9.1 概　　述

典型的 3DE 平台界面由主框架（main frame）、罗盘（compass）、顶层工具栏（top bar）、状态栏（status bar）、操作栏（action bar）、对话框（dialog）、规格树（specification tree）、模型选项卡（model tab）、3D 视图区（3D viewer）等组成，如图 9-1 所示。

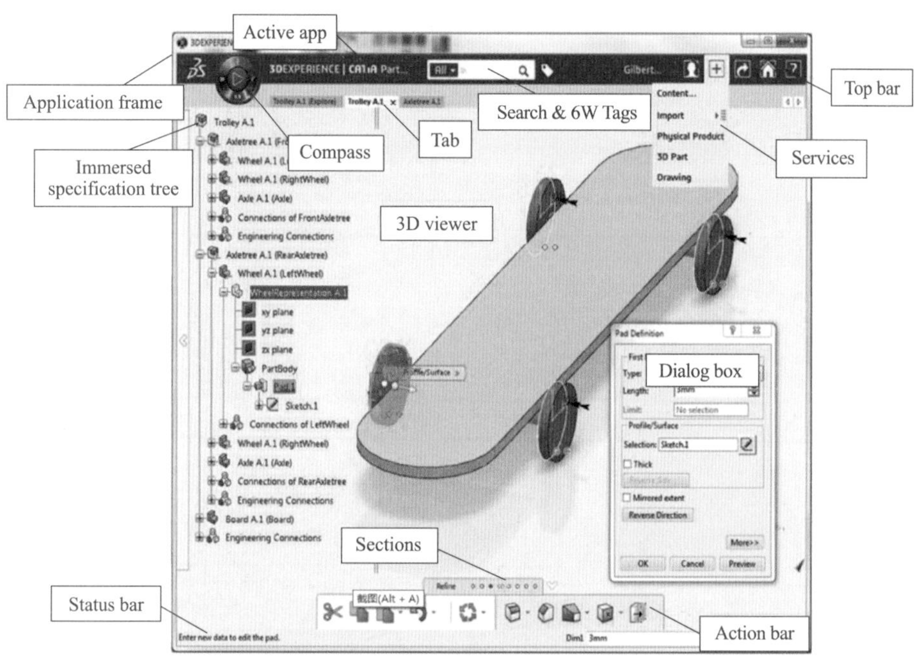

图 9-1　典型 3DE 平台窗口

9.2 应用程序布局

9.2.1 CATApplicationDocument 类

应用程序布局由非公开的 CATApplicationDocument 类提供。

交互式应用程序布局包含许多对象，如图 9-2 所示，其中主要对象说明见表 9-1。

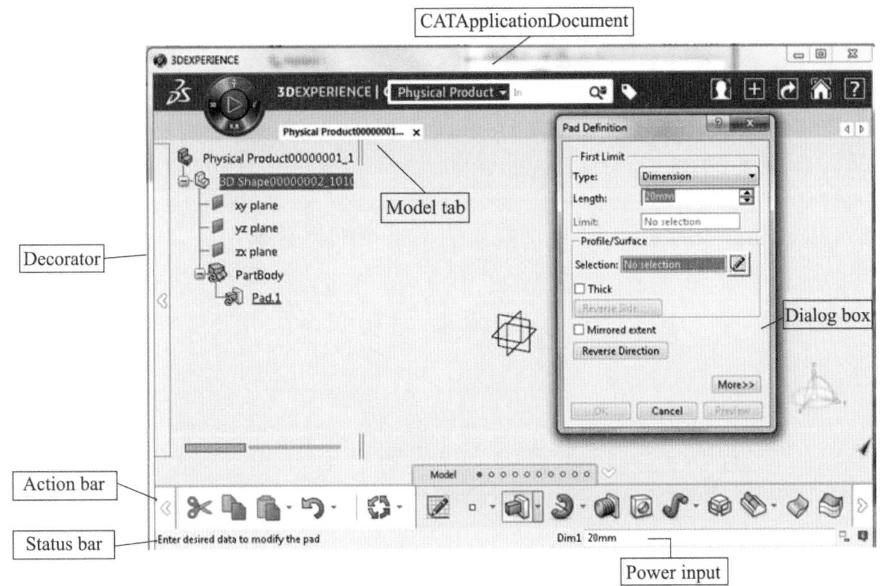

图 9-2 交互式应用程序布局

表 9-1 布局主要对象说明

对 象	说 明
操作栏	可以通过应用程序和外接程序在操作栏中创建命令
状态栏	它是一个 CATDlgStatusBar 类实例，里面显示的消息是活动命令名，或是当前命令驱动的信息
超级输入	它包含在状态栏中的非公开对话框对象类，此工具可能不可用，具体取决于配置级别
模型选项卡	每个选项卡都是一个从 CATFrmWindow 类派生的类的实例，活动模型选项卡是一个产品表示，其默认选项卡是一个 CATFrmGraphAnd3DWindow（AfrNavigator 框架）
对话框	它是一个 CATDlgDialog 类实例，可以是一个简单的命令，也可以是一个由状态命令驱动的对象
装饰器	这个对象是一个不可见的对话框对象，它包含与模型相关的所有对话框对象，由于它的存在，当模型选项卡失去焦点时，可以隐藏/停用所有的对话框对象

9.2.2 CATApplicationFrame 类

CATApplicationFrame 是表示应用程序主窗口模型的类。应用程序框架是一个专门的窗口，允许启动命令和执行标准交互。CATApplicationFrame 类对应于这个窗口的模型。CATApplicationFrame 类还能够创建车间和工作台，因为车间和工作台工厂被定义为它的数据扩展。

CATApplicationFrame 类的主要方法见表 9-2。

表 9-2 CATApplicationFrame 类的主要方法

方 法	说 明
GetFrame	此静态方法返回该类的唯一实例

续上表

方　法	说　明
SetMessage	在状态栏中设置消息
GetMainWindow	此方法返回:CATApplicationDocument 类实例(如果未打开模型)否则,与当前模型(编辑器)关联的装饰器

此类通常用于检索当前装饰符,以便设置为对话框的父对象:

```
...
CATApplicationFrame * pFrame = CATApplicationFrame::GetFrame();
if (NULL != pFrame)
{
    CATDialog * pParent = pFrame->GetMainWindow();
    CATMyDialogBox * pMyDialogBox = new MyDialogBox(pParent,...);
}
...
```

当编辑器将被停用时,MyDialogBox 将自动隐藏。因此,如果需要一个始终可见且与模型寿命无关的对话框,则它的父级必须是 GetApplicationDocument 方法返回的 CATApplicationDocument 类实例。

9.2.3　CATFrmEditor 类

模型视图控制器范例中涉及的 C++对象有:

- M=a Model
- V=a CATFrmWindow (tab)
- C=a CATFrmEditor (editor)

图 9-3 显示了几个方面:

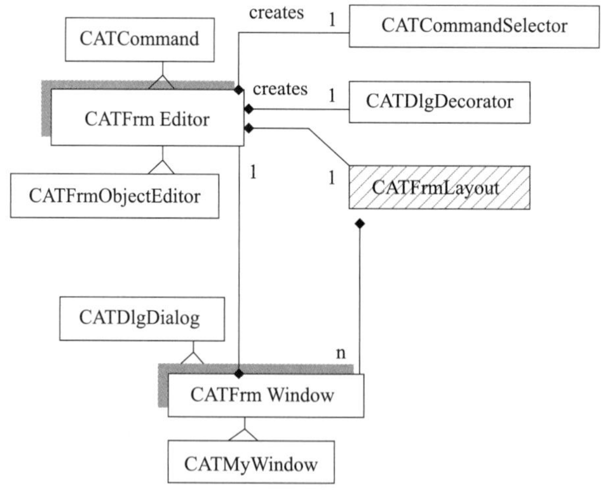

图 9-3　MVC 范例

(1)编辑器是一个 CATCommand。

①它创建了一个不可见的装饰器对象。这个装饰器是显示模型的每个选项卡的对话框父项。它还必须是用作命令或与状态命令关联的所有对话框的对话框父级。

②它创建一个 CATCommandSelector 实例。

(2)CATFrmEditor 类不包含与模型关联的选项卡列表。此列表由 CATFrmLayout 类管理。

CATFrmEditor 类的方法(与布局相关的方法)见表 9-3。

表 9-3　CATFrmEditor 类的主要方法说明

方　法	说　明
GetCurrentEditor	此静态方法返回当前编辑器,此方法只能在命令类构造函数中使用
GetWindowCount	返回与此编辑器关联的 CATFrmWindow 的个数
GetCommandSelector	返回编辑器专用的命令选择器

CATFrmEditor 类还具有以下提到的其他角色:管理 UI 活动对象;管理对象集,例如 PSO、HSO、SDO、CSO;管理交互对象集;通过 CATCommandSelector 实例控制发送/接收命令树;管理命令头列表。

9.2.4　CATFrmLayout 类

该类管理所有创建的选项卡,它能够:

- 标识与模型关联的所有选项卡;
- 接收编辑发送的事件;
- 管理当前选项卡。

1. 查找为模型打开的所有选项卡

下面给出了查找为模型打开的所有选项卡示例代码。

```
...
CATFrmLayout * pLayout = CATFrmLayout::GetCurrentLayout();
if ( NULL != pLayout)
{
  CATLISTP(CATFrmWindow) WindowList;
  WindowList = pLayout ->GetWindowList();
  for ( int = i; i < = WindowList.Size(); i+ + )
  {
      CATFrmWindow *  pCurrentWind = WindowList[i];
      if ( NULL != pCurrentWind)
      {
        CATFrmEditor *  pEditor = pCurrentWind->GetEditor();
            if ( pOurEditor == pEditor)
            {
```

```
            // pCurrentWind is a tab for our model
        }
  ...
```

如上代码所示,在会话期间,通过 GetCurrentLayout 方法检索 CATFrmLayout 类的唯一实例。GetWindowList 方法返回会话的所有选项卡。要只选择那些专用于模型的编辑器,应该检索专用于该选项卡的编辑器,此信息保存在选项卡中。

2. 管理当前选项卡

CATFrmLayout 类能够用 SetCurrentWindow 方法激活一个新选项卡。可以使用它在前台显示"当前模型"选项卡或更改当前模型。但是,使用此方法与单击选项卡具有相同的效果,即可能会激活一个新的编辑器,并且用户的命令可能会被删除。

下面给出了一个产品表示应用程序的状态命令的动作方法。

```
...
CATBoolean MyStateClass::MyActionMethod(void * iPointIndice)
{
  ...
  CATFrmWindow * pWindowProduct = ...
  CATFrmLayout * pLayout = CATFrmLayout::GetCurrentLayout();
  pLayout->SetCurrentWindow(pWindowProduct);
  ...
}
...
```

在此操作方法中,pWindowProduct 是产品选项卡上的指针,用 SetCurrentWindow 方法将模型激活。但如果当前命令 MyStateClass 是共享或独占命令,则将被删除。尽管如此,交互直到 Action 方法结束(MyActionMethod)。

CATFrmLayout 类的主要方法见表 9-4。

表 9-4 CATFrmLayout 类的主要方法说明

方 法	说 明
GetCurrentLayout	此静态方法返回该类的唯一实例
SetCurrentWindow	此方法使您能够设置当前选项卡
GetCurrentWindow	此方法返回当前选项卡
GetWindowList	此方法返回框架中创建的所有选项卡

9.3 声明性应用程序框架

9.3.1 D-Afr 概述

声明式应用框架(Declarative Appliation Frame,简称 D-Afr)简化了创建应用程序或外接程序的过程，不再需要编写C++底层代码，只需使用基于XML的声明式语法描述应用程序或外接程序。

CATCmdStarter或CATCommandHeader等传统C++模型类仍然可以定义应用程序或外接程序。但是，D-Afr主要的变化是使用XML语法定义，D-Afr的目标是通过将编写C++代码的需求减少到最低限度来简化应用程序和外接程序的开发。

1. 应用程序和加载项

应用程序和加载项是能够将一组命令组合在一起并在需要时将它们显示到框架中的对象。

应用程序是执行特定任务的一组命令。在复杂的应用程序中，同一个数据模型可以与多个应用程序关联，每个应用程序提供专用于特定进程的给定使用配置。

应用程序可以通过外接程序扩展，外接程序是由添加到应用程序的命令组成的，外接程序就是所扩展的应用程序的一部分。

外接程序有三个不同的级别：

(1)应用程序加载项：允许向应用程序添加命令。

(2)数据模型外接程序：允许为特定的数据模型添加命令，使这些命令与该数据模型相关联的所有应用程序可用。

(3)全局加载项：允许添加独立于活动模型并可用于所有应用程序的通用命令。

2. 使用原则

可以使用AfrFoundation框架提供的C++类将应用程序或外接程序构建到声明性文件中，可以从声明性文件中操作这些类。

如果没有声明式应用程序框架，开发人员创建应用程序或外接程序时必须编写以下C++代码。

(1)描述新应用程序或外接程序的内容(命令及其在框架中的位置)的代码。

(2)新应用程序的工厂代码。

(3)为启用新应用程序的加载项而公开的接口代码。

声明性应用程序框架允许隐藏创建应用程序或外接程序的所有C++代码，并允许定义要公开的命令以及可以访问它们的位置。声明性语法比C++代码灵活得多，XML语言可以很容易地描述层次模型。声明性文件是一种资源，它可以在不停止运行应用程序的情况下被修改。

可以编写一个XML文件，使用专用语法描述应用程序或外接程序的内容。这个语法非常简单，如下所示：

```
<Tag1 Attribute1 = "value1" Attribute2 = "value2">
    <Tag2 Attribute1 = "value1" />
    <Tag3>
      <Tag2 Attribute1 = "value1" />
      <Tag4 Attribute1 = "value1" />
    </Tag3>
</Tag1>
```

XML声明性文件通过组成一些元素来描述模型，这些元素是AfrFoundation框架提供的基本块：

- CATCommandHeader
- CATCmdStarter
- CATCmdContainer
- CATCmdSeparator

声明性文件的目的是使用 XML 标记的层次结构来组成这些块。可以配置这些块中的每一项具体内容，使其按所希望的方式运行。这是通过为每个标记填充属性值来完成的，可以对每个标记配置专用属性。

9.3.2 使用声明性文件创建应用程序

应用程序收集必要的命令来处理数据模型和执行特定的任务。在复杂的应用程序中，同一个数据模型可以与多个应用程序关联，每个应用程序提供专用于特定进程的给定使用配置。3DE 就是通过扩展名为 .afr 的 XML 类型的文件按照 workshop、workbench 层次定义应用程序，该文件在具有包含重要标识信息的特定文件夹层次结构的专用模块中创建，如图 9-4 所示，.safr 文件是 .afr 文件的编译结果文件。

ram Files > Dassault Systemes > B421 > win_b64 > resources > ApplicationFrame > AfrWorkshop > PRDWorkshop > AfrWorkbench

名称	修改日期	类型	大小
A3DMechanicalEngineerPrdWkb	2020/12/13 11:04	文件夹	
A3DSheetMetalWkb	2020/12/13 11:01	文件夹	
A3DSketchMotionPrdWkb	2020/12/13 11:04	文件夹	
AECCivilWorkbench	2020/12/13 11:00	文件夹	
CATFmtMDLWorkbench	2020/12/13 10:57	文件夹	
CATKinMechanismWorkbench	2020/12/13 11:02	文件夹	
CATPipConfiguration	2020/12/13 11:03	文件夹	
LiveRenderingWorkbench	2020/12/13 11:01	文件夹	
PrsConfiguration	2020/12/13 11:00	文件夹	

1 > win_b64 > resources > ApplicationFrame > AfrWorkshop > PRDWorkshop > AfrWorkbench > PrsConfiguration > AfrAddin

名称	修改日期	类型	大小
GeolocationAddin.safr	2018/7/14 15:09	SAFR 文件	1 KB

图 9-4 声明性文件夹层次结构示例

利用声明文件创建应用程序应遵循以下三步：

- 创建模块；
- 创建应用程序声明文件；
- 设置应用程序资源。

1. 创建模块

创建模块必须完成以下三部分工作：修改 IdentityCard 文件、修改 Module(.mk)文件、创建必要的文件夹层次结构。

(1)修改 IdentityCard 文件

修改包含声明应用程序所在框架的 IdentityCard 文件，需要包含以下行：

```
...
< toolPrerequisite name= "MkDAfrTool"/>
...
```

这一行允许 MkCopyPreq 复制所需的先决条件，以通过 mkmk 处理应用程序的声明性文件，IdentityCard. xml 示例文件如图 9-5 所示。

```
IdentityCard.xml  HYKDIUI.dico
<?xml version="1.0" encoding="iso-8859-1"?>
<codeFramework xmlns="http://www.3ds.ic" xmlns:xsi="http://www.w3.org/2001/XMLSchema-instance" xsi
  <toolPrerequisite name="MkDAfrTool" />
  <prerequisite name="System" access="Public" expose="ExposePrereq" />
  <prerequisite name="SpecialAPI" access="Public" expose="ExposePrereq" />
  <prerequisite name="ModelServices" access="Public" expose="ExposePrereq" />
  <prerequisite name="CATPLMComponentInterfaces" access="Public" expose="ExposePrereq" />
  <prerequisite name="ProductStructureInterfaces" access="Public" expose="ExposePrereq" />
  <prerequisite name="XMLParserItf" access="Public" expose="ExposePrereq" />
```

图 9-5　IdentityCard. xml 示例文件

(2)修改 Module 文件

声明文件所在模块的 Imakefile. mk 文件必须包含以下两行：

BUILT_OBJECT_TYPE=RUNTIME DATA

SCRAMBLING_KEY=2

在将声明性文件放入 RuntimeView 之前，这些行将激活 mkmk 对该文件的加密。Imakefile. mk 示例文件如图 9-6 所示。

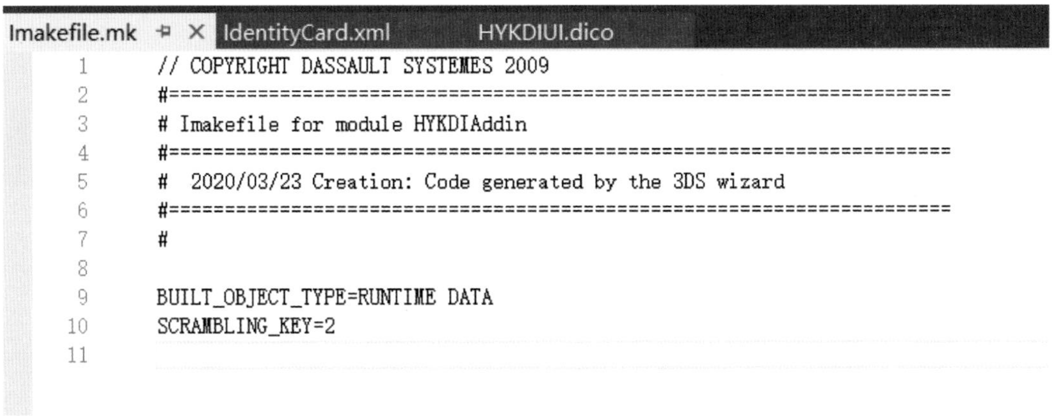

```
Imakefile.mk  IdentityCard.xml  HYKDIUI.dico
// COPYRIGHT DASSAULT SYSTEMES 2009
#======================================================================
# Imakefile for module HYKDIAddin
#======================================================================
#  2020/03/23 Creation: Code generated by the 3DS wizard
#======================================================================
#

BUILT_OBJECT_TYPE=RUNTIME DATA
SCRAMBLING_KEY=2

```

图 9-6　Imakefile. mk 示例文件

(3)创建必要的文件夹层次结构

声明性文件必须在特定的文件夹层次结构中定义，应该严格遵守该层次结构，因为它包含创建新应用程序所需的所有信息。

- CAAApplicationFrame 是包含声明性文件的框架名称。
- CAAModule. m 是包含声明性文件的模块名称。
- 在 src 文件夹下，必须有一个名为 resources 的文件夹，在其文件夹下必须有一个名为 ApplicationFrame 的文件夹。

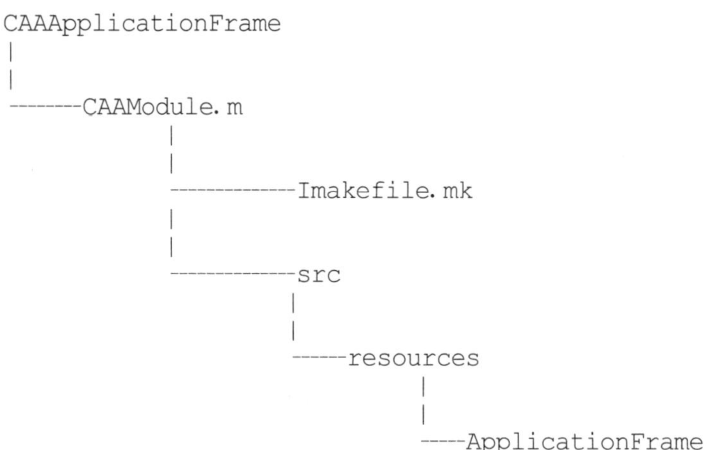
```
CAAApplicationFrame
 |
 |
 --------CAAModule.m
                |
                |
                -------------Imakefile.mk
                |
                |
                -------------src
                             |
                             |
                             -----resources
                                      |
                                      |
                                      ----ApplicationFrame
```

通常创建的程序有三种情况：始终可见的程序、在指定 Workshop 下可见的程序、在指定 Workshop 和 Workbench 下可见的程序。

①始终可见的程序

应在 ApplicationFrame 文件夹下创建如下所示的子文件夹。

```
ApplicationFrame
   |
   |
   ----------AfrWorkshop
                 |
                 |
                 ------Global
                           |
                           |
                           ----AfrAddin
```

②在指定 Workshop 下可见的程序

应在 ApplicationFrame 文件夹下创建如下所示的子文件夹。

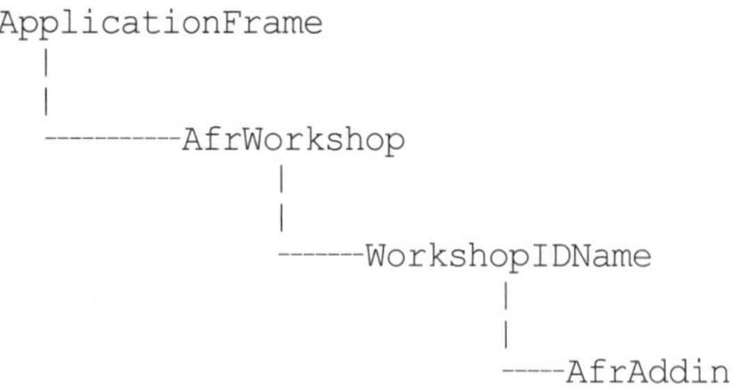
```
ApplicationFrame
   |
   |
   ----------AfrWorkshop
                 |
                 |
                 ------WorkshopIDName
                             |
                             |
                             ----AfrAddin
```

■ WorkshopIDName 是要扩展的 Workshop 确切 ID 名称。

③在指定 Workshop 和 Workbench 下可见的程序

应在 ApplicationFrame 文件夹下创建如下所示的子文件夹。

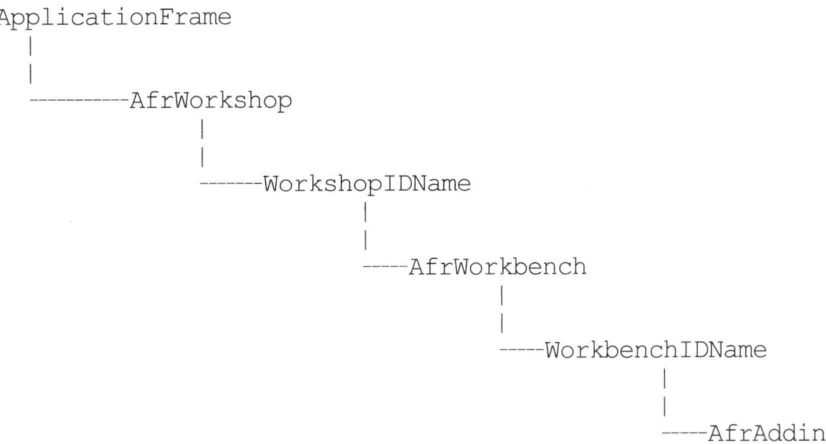

- WorkshopIDName 是要扩展的 Workshop 确切 ID 名称。
- WorkbenchIDName 是要扩展的 Workbench 确切 ID 名称。

2. 创建应用程序声明文件

声明性文件描述了应用程序，它必须具有 .afr 扩展名，这样才能被 mkmk 编译器正确处理，并且文件名称必须与它所在文件夹的名称相同。.afr 示例文件如图 9-7 所示，文件目录组织如图 9-8 所示，操作栏如图 9-9 所示。

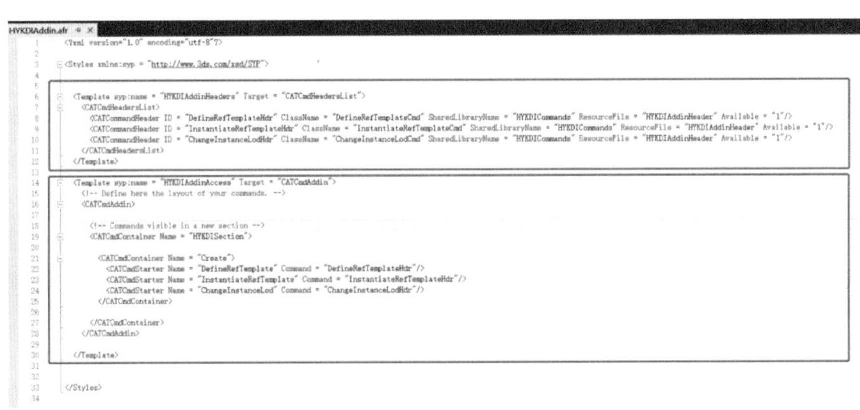

```
HYKDIAddin.afr
<?xml version="1.0" encoding="utf-8"?>

<Styles xmlns:syp = "http://www.3ds.com/xsd/SYP">


  <Template syp:name = "HYKDIAddinHeaders" Target = "CATCmdHeadersList">
    <CATCmdHeadersList>
      <CATCommandHeader ID = "DefineRefTemplateHdr" ClassName = "DefineRefTemplateCmd" SharedLibraryName = "HYKDICommands" ResourceFile = "HYKDIAddinHeader" Available = "1"/>
      <CATCommandHeader ID = "InstantiateRefTemplateHdr" ClassName = "InstantiateRefTemplateCmd" SharedLibraryName = "HYKDICommands" ResourceFile = "HYKDIAddinHeader" Available = "1"/>
      <CATCommandHeader ID = "ChangeInstanceLodHdr" ClassName = "ChangeInstanceLodCmd" SharedLibraryName = "HYKDICommands" ResourceFile = "HYKDIAddinHeader" Available = "1"/>
    </CATCmdHeadersList>
  </Template>

  <Template syp:name = "HYKDIAddinAccess" Target = "CATCmdAddin">
    <!-- Define here the layout of your commands. -->
    <CATCmdAddin>

      <!-- Commands visible in a new section -->
      <CATCmdContainer Name = "HYKDISection">

        <CATCmdContainer Name = "Create">
          <CATCmdStarter Name = "DefineRefTemplate" Command = "DefineRefTemplateHdr"/>
          <CATCmdStarter Name = "InstantiateRefTemplate" Command = "InstantiateRefTemplateHdr"/>
          <CATCmdStarter Name = "ChangeInstanceLod" Command = "ChangeInstanceLodHdr"/>
        </CATCmdContainer>

      </CATCmdContainer>
    </CATCmdAddin>

  </Template>


</Styles>
```

图 9-7　.afr 文件示例

图 9-8　.afr 文件目录组织示例

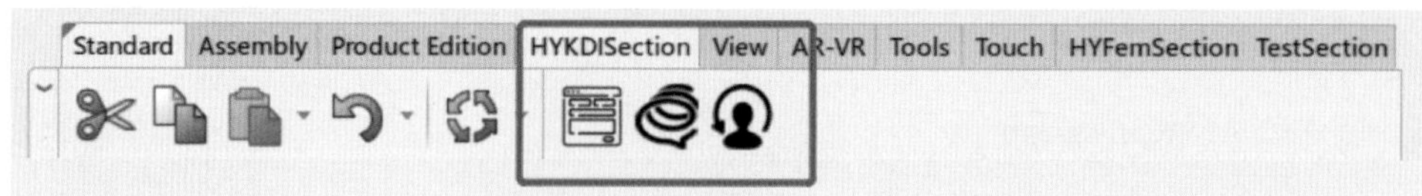

图 9-9 应用程序工具栏示例

.afr 文件的第一行添加了一个基本的 XML 标记，该标记指示文件是一个 XML 文件。接下来，必须添加 XML 文件的根节点：Styles 节点，此节点向解析器指示它必须将此文件作为声明性文件进行分析。

.afr 内容由两部分组成：

- 定义命令头：CATCmdHeadersList 部分。
- 定义命令布局：CATCmdAddin 部分。

(1)定义命令头

```
<Template syp:name = "HYKDIAddinHeaders" Target = "CATCmdHeadersList">
    <CATCmdHeadersList>
      <CATCommandHeader ID = "DefineRefTemplateHdr" ClassName =
"DefineRefTemplateCmd"SharedLibraryName = "HYKDICommands"
ResourceFile = "HYKDIAddinHeader" Available = "1"/>
      <CATCommandHeader ID = "InstantiateRefTemplateHdr" ClassName =
"InstantiateRefTemplateCmd" SharedLibraryName = "HYKDICommands"
ResourceFile = "HYKDIAddinHeader" Available = "1"/>
      <CATCommandHeader ID = "ChangeInstanceLodHdr" ClassName =
"ChangeInstanceLodCmd" SharedLibraryName = "HYKDICommands"
ResourceFile = "HYKDIAddinHeader" Available = "1"/>
    </CATCmdHeadersList>
  </Template>
```

描述命令头的部分由具有 syp:name 属性值的名称引用。这个名称的命名格式为：×××Headers，其中×××是 addin 的名称。因为当前正在声明命令头，所以 Target 属性值必须为 CATCmdHeadersList。

可以在 CATCmdHeadersList 节点下创建任意多个子节点，每个节点对应一条命令，但必须以 CATCommandHeader 为标记。定义命令头的参数含义如下：

ID：用于引用命令头。

ClassName：要实例化以启动命令的类名称。

SharedLibraryName：包含命令代码的共享库名称。

ResourceFile：与命令关联的资源文件名称。

Available：指示命令对于正常模式是否可用(1 表示可用，0 表示隐藏)。

(2)定义命令布局

```
<Template syp:name = "HYKDIAddinAccess" Target = "CATCmdAddin">
  <! -- Define here the layout of your commands. -->
```

```
<CATCmdAddin>

  <! -- Commands visible in a new section -->
  <CATCmdContainer Name = "HYKDISection">

    <CATCmdContainer Name = "Create">
      <CATCmdStarter Name = "DefineRefTemplate" Command =
"DefineRefTemplateHdr"/>
      <CATCmdStarter Name = "InstantiateRefTemplate" Command =
"InstantiateRefTemplateHdr"/>
      <CATCmdStarter Name = "ChangeInstanceLod" Command =
"ChangeInstanceLodHdr"/>
    </CATCmdContainer>

  </CATCmdContainer>
</CATCmdAddin>

  </Template>
```

此部分的 syp:name 的命名格式为:×××Access,其中×××是应用程序的名称。Target 属性值必须为 CATCmdAddin。

命令布局拥有唯一子级,模板必须具有 CATCmdAddin 标记。

可以在 CATCmdAddin 节点下定义多个 CATCmdContainer 子节点来描述容器的层次结构。CATCmdContainer 节点只需要一个 Name 属性,该属性允许将这些元素链接到它们相应的资源文件。

在容器的最后一个级别中,CATCmdStarter 节点用于声明容器的命令。这个节点有两个属性:Name 属性和包含命令头 ID 的 Command 属性。

3. 设置应用程序资源

可以为应用程序及其内容提供资源,资源可以分为以下两类:

(1)3DCompass 服务

可以在 3DCompass 服务中声明应用程序,使其在 Compass 中可见。

(2)命令头资源

命令头资源通过两个后缀分别为 CATNls 和 CATRsc 的文件定义,资源文件的名称应该与声明性文件中的属性“ResourceFile”的值对应。文件位于包含应用程序模块的框架的 CNext\resources\msgcatalog 子目录中,如图 9-10 所示。CATNls 文件主要用于命令的标题及帮助提示,CATRsc 文件用于命令图标设置。

HYKDIUI
引用
外部依赖项
CNext
code
resources
graphic
msgcatalog
HYKDIAddinHeader.CATNls
HYKDIAddinHeader.CATRsc

图 9-10　CATNls 和 CATRsc 文件目录示例

9.4 对话框设计

9.4.1 概　　述

对话框框架包括两个主要类型,如图 9-11 所示。

(1)用于包含和排列组件对象的容器。容器可以是可见的或不可见的,除了重新定位和调整大小之外,它们自己不对用户交互做出反应,主要包括:窗口、框、栏和菜单。

(2)对象填充容器的组件。它们大多对用户交互比较敏感,包括:控件和菜单项。

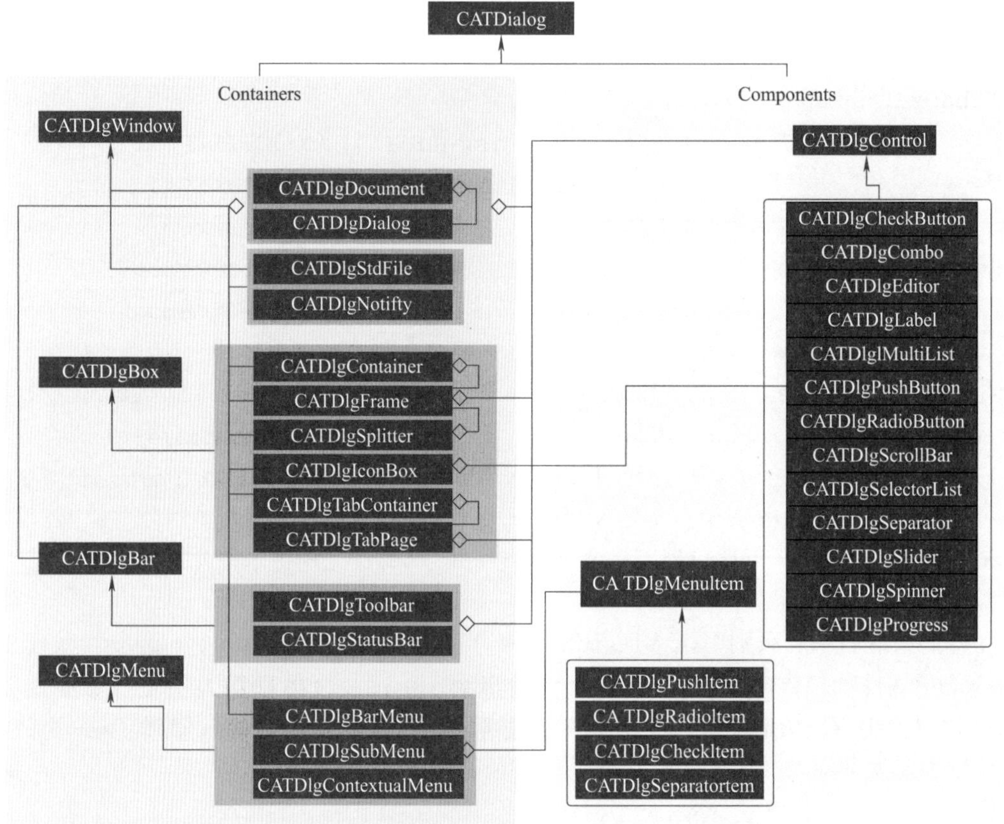

图 9-11　对话框框架的 UML

所有这些类都从抽象类 CATDialog 派生,其中包含定义它们的公共行为和属性的方法。其中包括:

- 名称、与其他容器或控件的关系、可见性、对用户交互的敏感性、焦点和样式。
- 外部资源,由标题、助记符、加速器、图标和资源对象组成。
- 位置和尺寸。

9.4.2 对话框容器

容器用于包含多个对话框组件,并将它们作为一个整体来处理,它们可分为:

- 从抽象类 CATDlgWindow 派生的窗口类；
- 从抽象类 CATDlgBox 派生的盒子类，它们用于包含多个对话框框架对象；
- 从抽象类 CATDlgBar 派生的栏类；
- 从抽象类 CATDlgMenu 派生的菜单类。

1. 窗口（Windows）

窗口是包含其他容器和组件的主要容器，其大小可以移动和调整，主要包括：

（1）数据模型窗口：CATDlgDocument 类

数据模型窗口是主要的应用程序窗口。它可以包含一个或多个对话框窗口，每个对话框窗口包含一个模型，这取决于应用程序是 SDI（单文档）还是 MDI（多文档），还包括其他对话框窗口，如宏窗口。此外，窗口通常具有菜单栏、工具栏和状态栏，如图 9-12 所示。

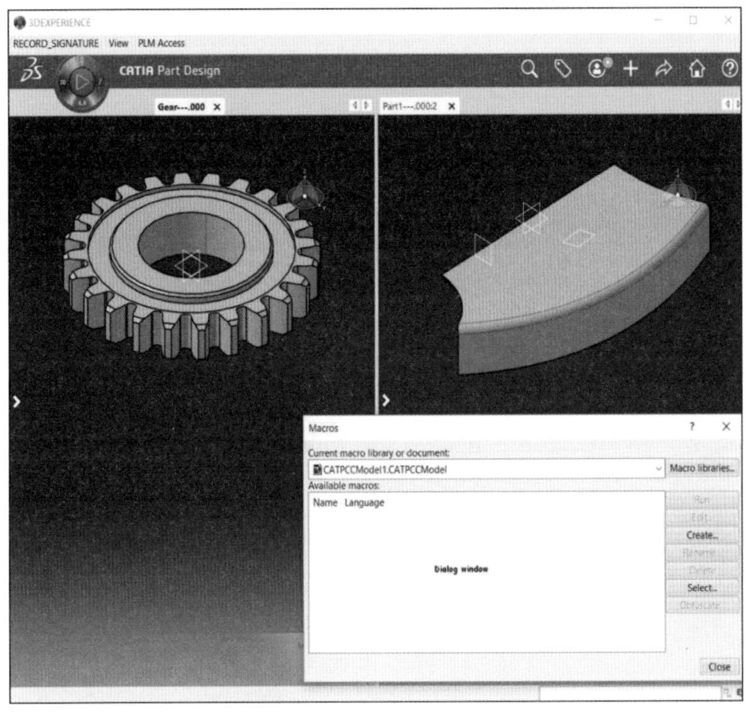

图 9-12　窗口示例

（2）对话框：CATDlgDialog 类

对话框窗口是最终用户和应用程序之间的对话框。它可以包含应用程序模型，例如 2D 或 3D 查看器，如图 9-13 所示，或者嵌入到 3D 查看器中的 2D 图。对话框窗口允许从用户处获取数据，应用程序可以向用户请求数据以继续执行。此外，还可以将对话框窗口设置为模态和非模态状态。在模态状态下，对话框仅限于此窗口，当它结束时，窗口消失。

（3）消息窗口：CATDlgNotify 类

消息窗口用于向最终用户显示信息、警告和错误消息，如图 9-14 所示。应用程序还可以请求最终用户的验证，以便使用消息窗口继续工作。

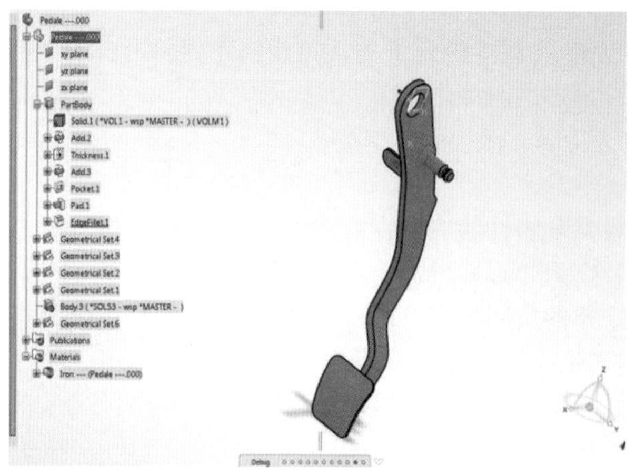

图 9-13　对话框示例

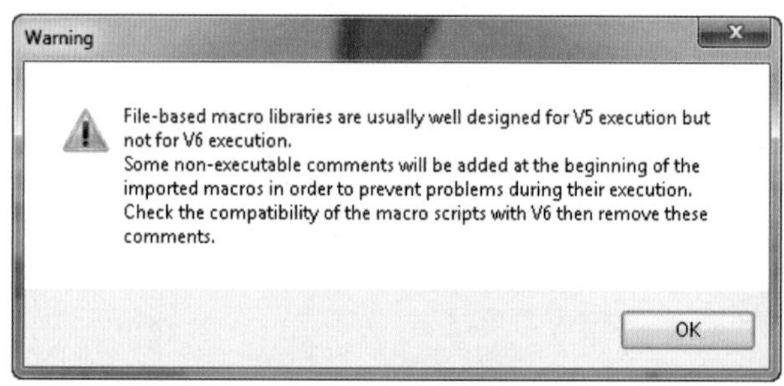

图 9-14　消息窗口示例

(4)文件窗口:CATDlgFile 类

文件窗口提供一个标准的“文件选择”框,该框带有一个筛选器,可用于搜索文件,如图 9-15 所示。有三种文件窗口:默认、应用和帮助。“应用”和“帮助文件”窗口除了“确定”“筛选”和“取消”按钮外,还分别具有“应用”和“帮助”按钮。此外,也可以将文件窗口设置为模态和非模态状态。

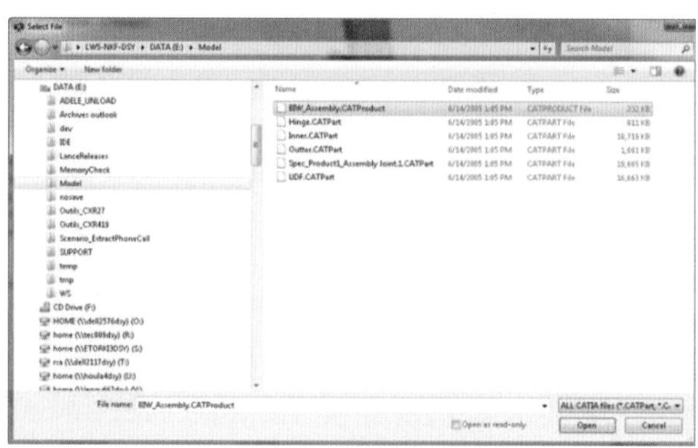

图 9-15　文件对话框示例

2. 盒子(Boxes)

用于在对话框窗口中归集对话框组件，这些组件通常是控件，一个盒子经常可以包含其他盒子。例如，框架可以包含框架，也可以包含选项卡页(tab page)。Boxs 的基类是 CATDlgBox，包括：

(1)容器：CATDlgContainer 类

容器定义了一个可滚动的区域，该区域可以包含单个对象，这个对象可以是一个框架，包含多个对象。如果容器尺寸和可显示区域不同，则自动创建水平和/或垂直滚动条。

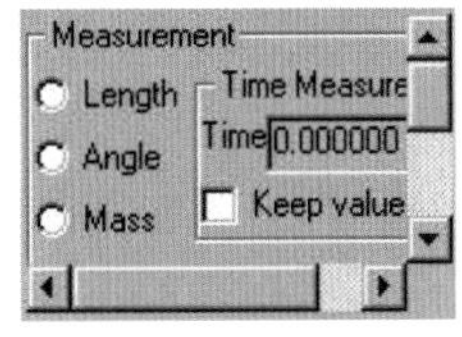

图 9-16　容器示例

图 9-16 显示了一个容器，该容器包含了唯一的子级框架(Measurement)。此框架中包含了单选按钮、框架和其他可以使用滚动条看到的控件。

(2)拆分器：CATDlgSplitter 类

拆分器包含一个区域，该区域被一个窗框拆分为两个可调整大小的子区域。减小一个子区域，会增大另一个子区域。两个子区域之间的分割可以是垂直的，也可以是水平的。如图 9-17 所示的两个分离器包含一个标签和一个框架。

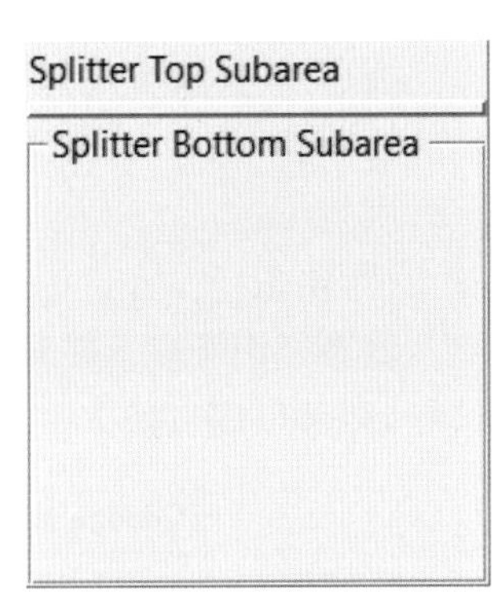

图 9-17　拆分器示例

(3)选项卡容器：CATDlgTabContainer 类

选项卡容器收集一组选项卡页，即 CATDlgTabPage 类的实例，一次显示一页。它在顶部提供一个选项卡索引，用于选择要显示的页面。

选项卡页(CATDlgTabPage 类)是选项卡容器中可用的页面之一，图 9-18 所示为 Color 选项卡页。

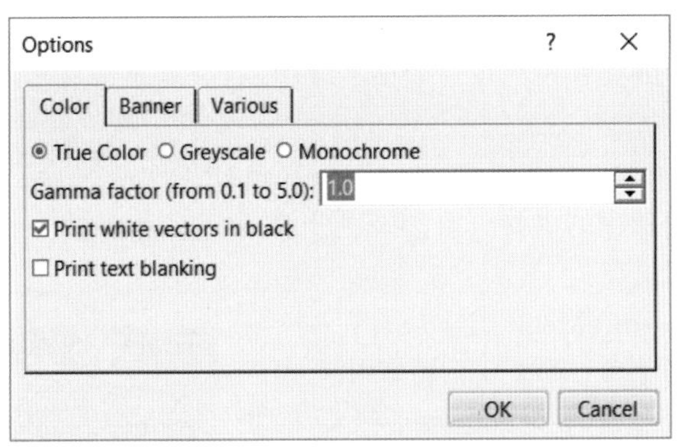

图 9-18　选项卡容器示例

(4)框架：CATDlgFrame 类

框架被设计为将几个对话框框架对象(如控件和标签)分组，这些对象是相互关联的，从用户或应用程序的角度来看应具有一些共同之处。框架可以是可见的，也可以是不可见的。一个可见的框架显示为一个矩形框，并且可以有一个标题，如图 9-19 所示。

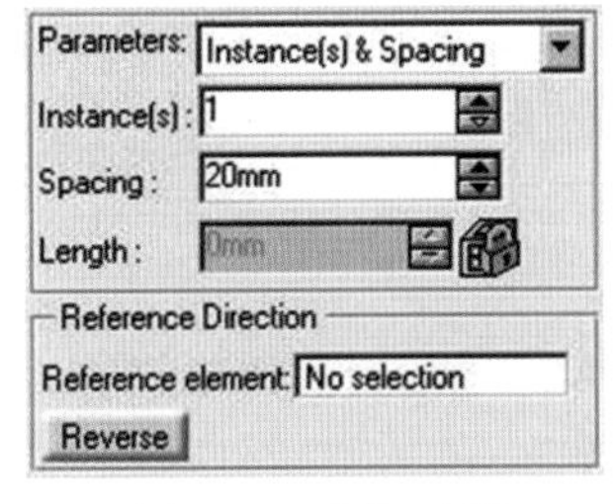

图 9-19　框架示例

(5)图标框:CATDlgIconBox 类

图标框在工具栏中用于构建由图标组成的下拉菜单。这些图标中的每一个都表示一个命令,可以单击以触发一个操作,如图 9-20 所示。

图 9-20 图标框示例

3. 栏(Bars)

允许收集一组控件,而不需要对它们进行排列,控件按其实例化顺序显示,包括:

(1)工具栏:CATDlgToolBar 类

工具栏的设计是为了收集应用程序的工具。这些工具通常是用图标表示的命令,也可从下拉菜单中获得,如图 9-21 所示。

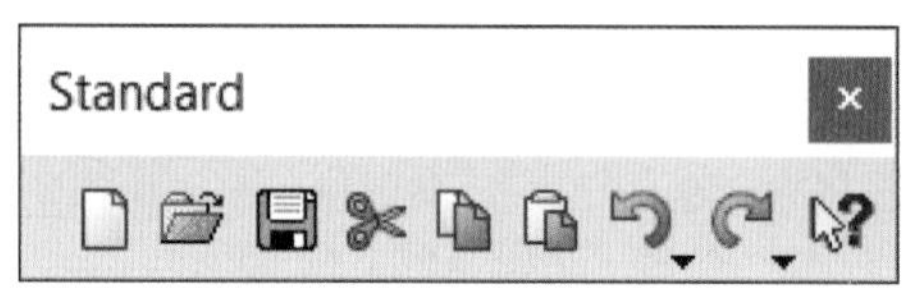

图 9-21 工具栏示例

(2)状态栏:CATDlgStatusBar 类

状态栏用于显示临时或永久信息。它一般位于窗户的底部。它的左侧部分是显示消息的区域,并且可以包括按钮、检查按钮、单选按钮和标签,如图 9-22 所示。

Change value of parameter : Length required.

图 9-22 状态栏示例

4. 菜单(Menus)

菜单将提供给用户的操作聚集在一个小区域中,尽可能充分显示,为其他目的节省空间,包括:

(1)菜单栏:CATDlgMenu 类

菜单栏是存放应用程序的主要对象,也是应用程序入口点。每个主菜单由下拉菜单组成,每个下拉菜单由项组成。

(2)子菜单:CATDlgSubMenu 类

该类用于菜单和子菜单,菜单和子菜单用于对下拉菜单的菜单项进行分组。子菜单由水平箭头末端引出,并且可以嵌套。子菜单项可以是按钮、单选、检查和分隔等类型,如图 9-23 所示。

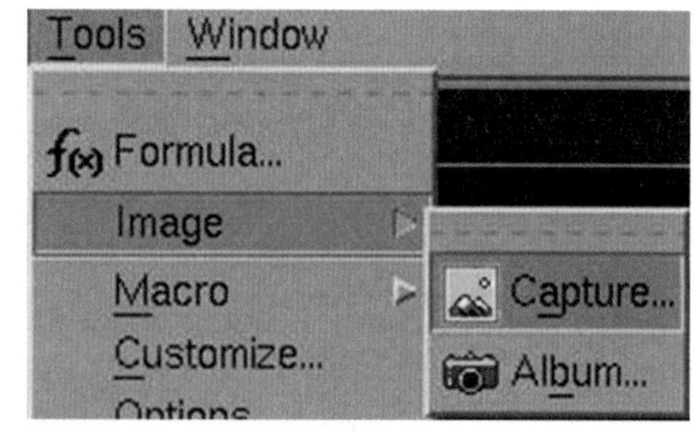

图 9-23 子菜单示例

(3)上下文菜单:CATDlgContextualMenu 类

上下文菜单取决于鼠标位置(上下文菜单也称为带有窗口的快捷菜单)。通常,窗口中的鼠标只需定位在给定对象的上方就可以预激活该对象,使用鼠标右键就可以获得预激活对象的浮动菜单。上下文菜单中可用的命令专用于鼠标下的对象。

上下文菜单与任何其他菜单一样,可以包含子菜单、按钮项、检查项、单选项和分隔符项,如图 9-24 所示。

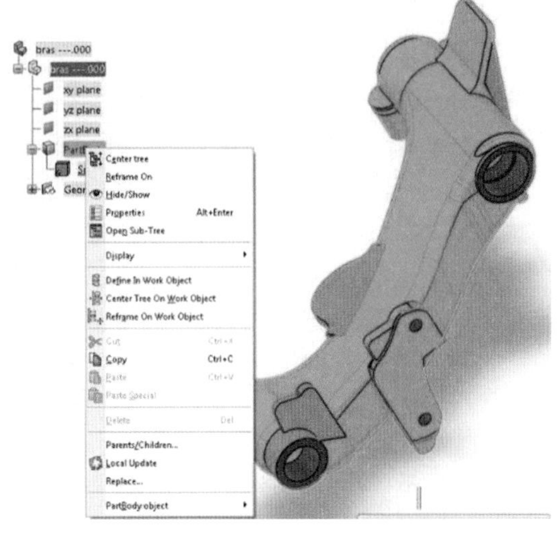

图 9-24 上下文菜单示例

9.4.3 对话框组件

组件是用于用户与应用程序交互的对话框对象。当用户执行交互时,会触发方法来执行请求的操作,直到操作完成为止。回调机制允许用户将组件(通常是控件)与此类方法链接起来。

控件可分为不同的功能组:

- 用于分隔或命名其他控件的指示器;
- 直接触发操作的控件;
- 用于设置选项的控件;
- 输入文本和值的控件。

1. 指示器(Indicators)

用于命名一些控件或容器,并帮助布局窗口,包括:

(1)分隔符:CATDlgSeparator 类

分隔符用于在不同的对话框框架对象之间保留薄的垂直或水平空区域,使窗口或框架的不同部分达到更好的可视化效果,如图 9-25 所示。

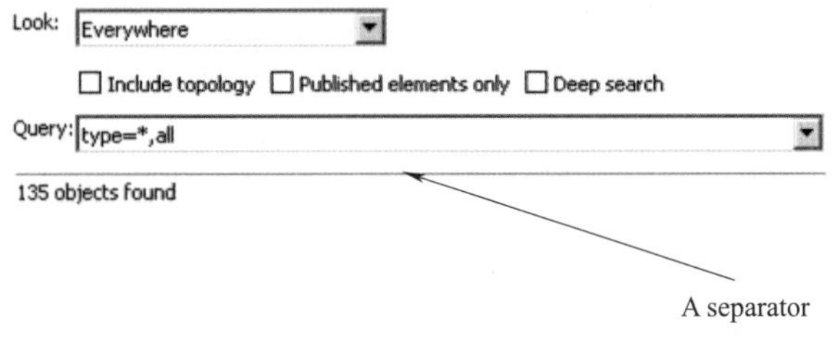

图 9-25 分隔符示例

(2)标签:CATDlgLabel 类

标签用于向控件和其他对象(如框架)添加信息文本,CATDlgLabel 类派生于 CATDlgControl 类。

(3)进度指示器:CATDlgProgress 类

进度指示器提供关于任务完成度的反馈,如图 9-26 所示。

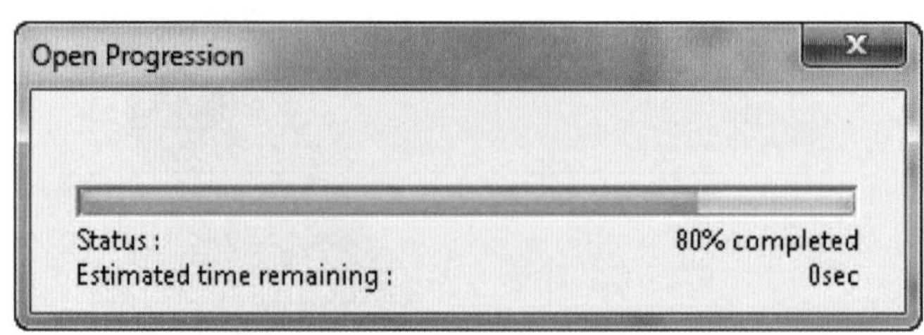

图 9-26 进度条示例

2. 控件触发操作

(1)按钮:CATDlgPushButton 类

按钮是唯一专用于执行某个操作的控件,例如触发命令、显示帮助、取消或退出窗口。在用户按下按钮后可以立即执行操作,如图 9-27 所示。

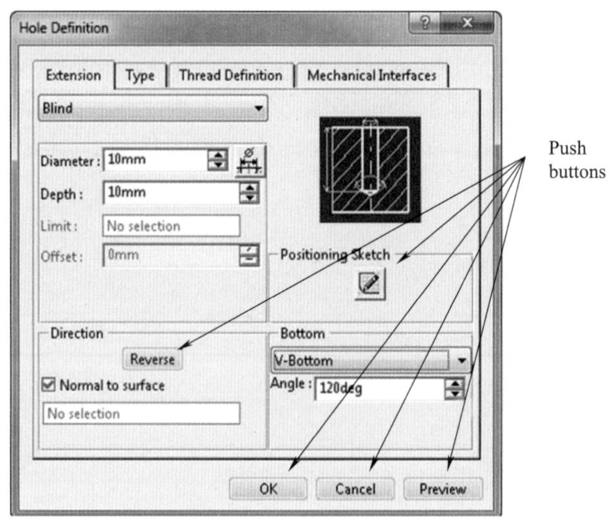

图 9-27 按钮示例

(2)单选按钮:CATDlgRadioButton 类

每个圆圈及其相关的标签都是一个单选按钮实例。单选按钮允许选择互斥选项,即一个单选按钮处于“开”状态,则所有其他按钮处于“关”状态,如图 9-28 所示。

当最终用户需在几个独占选项中进行选择时,即只能选择一个选项时,使用单选按钮。

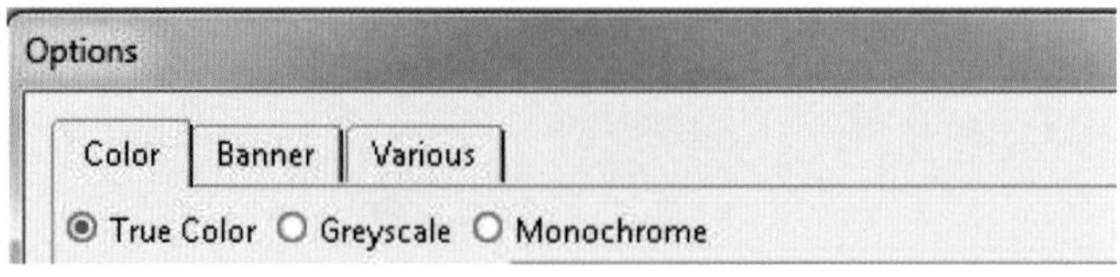

图 9-28 单选按钮示例

(3)复选按钮:CATDlgCheckButton 类

每个方块和相关标签都是复选按钮实例。复选按钮允许在所有提议的选项中选择几个选项,多个选项可以处于“开”状态,而其他选项处于“关”状态,“开”状态由特定颜色表示,如图 9-29 所示。

当最终用户需要在几个不冲突的选项中进行选择时,即可以同时选择几个选项时,请使用复选按钮。

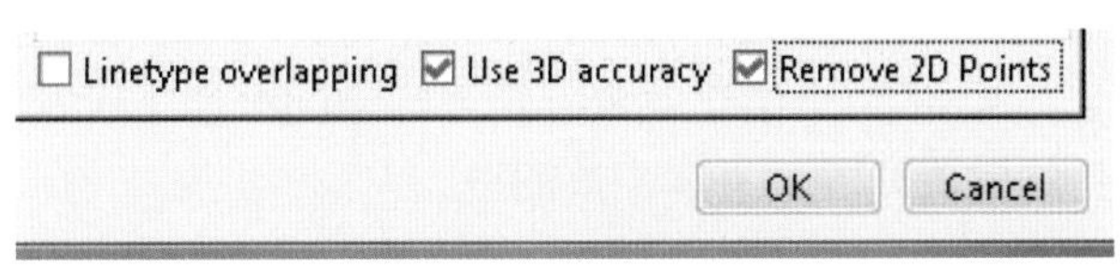

图 9-29　复选按钮示例

9.4.4　对象布局概述

对象布局的主要参数是每个对象的尺寸和分配位置。对象在实例化时根据其内容自动调整大小。例如,使用标签标题包含的字符数计算标签大小,使用行和列数计算多列表大小。可以将对话框对象排列在它们的容器中。此外,还可以使某些对象随着窗口大小改变而动态调整。

排列对话框对象适用于以下容器,这些容器是 CATDlgDocument、CATDlgDialog、CATDlgFrame 和 CATDlgTabPage 类的实例。对于其他容器类,布局是预先确定的,不能自定义,因为:

(1)它们不能有任何子项,例如 CATDlgNotify 和 CATDlgFile;

(2)它们可以有一个子项,例如 CATDlgContainer;

(3)布局是强制的,例如 CATDlgSplitter,CATDlgBar;

(4)布局特定于对象的表示,例如 CATDlgMenu 、CATDlgTabContainer 和 CATDlgIconBox 。

如果有包含许多对象容器的复杂窗口,则需要排列容器及其内容。最好是从主容器开始,一个容器一个容器地排列窗口。在容器中排列对话框对象有两种方式:网格布局和表格布局。网格布局基于一个网格,对话框对象可以布设在其中的单元格。表格布局是基于对话框对象由一个或多个侧面连接到的列表。网格布局比表格布局更容易理解和实现,但提供的功能较少。它与大多数情况相匹配,是推荐的排列对话框对象的方式。

每个对象的大小由其内容决定。例如,作为 CATDlgLabel 实例的标签大小是在实例化时由它包含的文本和用于显示文本的字符字体确定的。如果更改了文本或字符字体,或者同时更改了两者,则在重新实例化标签时,其大小也会相应地更改。但是,如果通过 SetTitle 方法动态更改文本,而不重新实例化标签,则大小不会更改,但可能会导致文本显示不全。

当调整对话框窗口的大小时,它所包含的容器也相应地调整大小,并且可以修改或隐藏其中的部分内容。例如,大小减小的容器或子容器可以隐藏控件,滚动条同时出现以帮助显示隐藏的控件。相反,当增加对话框窗口大小时,滚动条会在显示所有现有控件后立即消失。

如果要将两个或几个对象设计成显示在同一位置,只能采用表格布局。在构建对话框窗口时必须创建所有对象,并将这些对象附加到表格布局行,根据需要显示和隐藏相应的对象,通过使用 ReplaceKeepAttachments 方法来实现。

9.4.5 网格布局

网格布局是通过设计一个行和列交叉处的单元格构成的网格,并使用相交的行号和列号来定义单元格。每个对话框对象都占用一个或几个单元格中的矩形空间,使用它左上角的单元格定义位置,通过其在水平和垂直占据的单元格数目来定义大小。

网格布局使得容器大小可以由其内容定义,给定的行具有其包含的较宽对象的宽度,而列具有其较高对象的高度。所以,一个给定对象其需要的空间可能小于其占据单元格的空间,可以通过将对象它连接到单元边的方式来解决该问题。

网格布局适用于 CATDlgDocument、CATDlgDialog、CATDlgFrame 和 CATDlgTabPage 对象。

1. 网格布局示例

假定从 CATDlgDialog 派生的类创建了如图 9-30 所示的对话框,该对话框第一行包括一个 spinner 和两个 check 按钮,第二行单独包含一个 combo 按钮,第三行包含三个对齐的按钮。“确定”“取消”和“帮助”按钮随 CATDlgDialog 派生类一起提供,并且不会排列在窗口中。

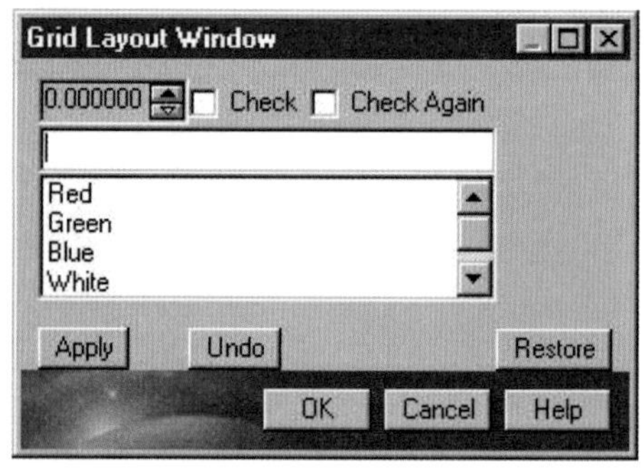

图 9-30 网络布局对话框示例

该窗口构造函数如下所示:

```
GridLayoutWindow::GridLayoutWindow(CATDialog*Parent, const CATString&Name,
    CATDlgStyle Style):CATDlgDialog(Parent, Name, Style)
{}
```

并且实例化它的对象必须使用 CATDlgGridLayout 样式,如下所示:

```
GridLayoutWindow*pWindow=new GridLayoutWindow (this,
                                               "GridWind",
                                               CATDlgGridLayout);
```

可以使用 SetGridConstraints 方法构建网格,在每个控件上使用该函数实现定位。SetGridConstraints 有五个参数(图 9-31):控件左上角所在的行号;控件左上角所在的列号;控件在其上展开的列数;控件展开的行数;附着模式,可以设置为 CATGRID_LEFT、CATGRID_RIGHT、CATGRID_TOP、CATGRID_BOTTOM 和 CATGRID_4SIDES。

行号和列号以 0 开头。可以看到 combo 左上角位于第 1 行和第 0 列交叉处的单元格中,并且占据 3 行 1 列。由于是四边附着,所以占据了全部空间,即使加大了尺寸也是如此。生成

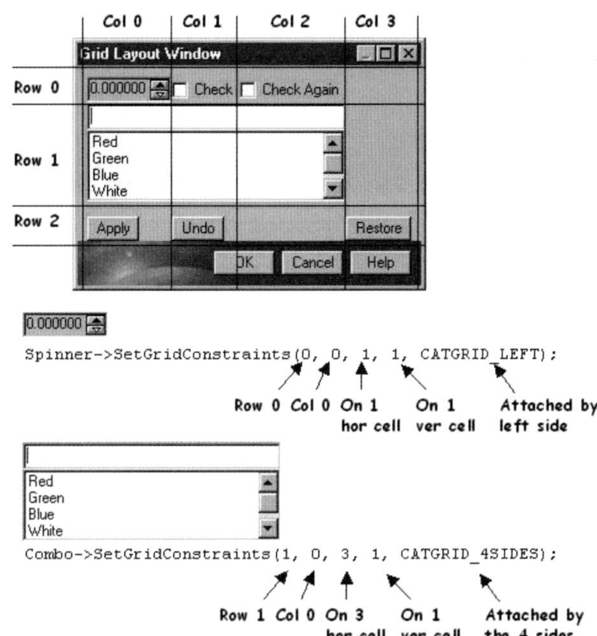

图 9-31　SetGridConstraints 方法参数示例

显示的第一个窗口的对 SetGridConstraints 的调用集如下所示：

```
Spinner->SetGridConstraints(0,0,1,1,CATGRID_LEFT);
CB1->SetGridConstraints(0,1,1,1,CATGRID_LEFT);
CB2->SetGridConstraints(0,2,1,1,CATGRID_LEFT);
Combo->SetGridConstraints(1,0,3,1,CATGRID_4SIDES);
PB1->SetGridConstraints(2,0,1,1,CATGRID_LEFT);
PB2->SetGridConstraints(2,1,1,1,CATGRID_LEFT);
PB3-> SetGridConstraints(2,3,1,1,CATGRID_RIGHT);
```

2. 网格布局工具箱

要使用网格布局，需要执行以下操作：

- 创建 CATDlgGridConstraints 实例并将其分配给对话框对象；
- 将对话框对象附加到单元格的边；
- 启用行和列以调整大小。

(1)创建 CATDlgGridConstraints 实例并将其分配给对话框对象

网格本身不是对象，只需要使用一个或多个 CATDlgGridConstraints 实例定义每个对象在网格中的位置，并且网格是从这些实例解释的。如示例所示，可以在要排列的每个对象上使用 SetGridConstraints 方法，无论此对象是控件还是另一个容器中包含的容器。引用的网格被设置为对话框对象的包含父对象，并且对于任何具有此包含父对象的对象都必须一致地引用。SetGridConstraints 为它应用的对象分配一个包含定位参数的 CATDlgGridConstraints 类的实例，可以通过两种方法来实现：

①使用具有五个参数的 SetGridConstraints 方法。此方法创建 CATDlgGridConstraints

类实例并将其分配给容器或控件。

②创建一个 CATDlgGridConstraints 类实例，在使用 SetGridConstraints 将其分配给每个控件之前，设置并修改其参数。

(2)将对话框对象附着到单元格的边

将对话框对象附加到其单元格边可以确定对话框窗口或容器布局，当该对话框窗口首次以其原始大小显示后，最终用户调整其大小会产生效果。可以使用的附着模式，见表 9-5。

表 9-5 附着模式说明

附着模式	说　明
CATGRID_LEFT	将对象附加到单元格的左侧，或者如果对象在多个单元格上展开，则附加到左单元格的左侧
CATGRID_RIGHT	将对象附加到单元格的右侧，或者如果对象在多个单元格上展开，则附加到右侧单元格的右侧
CATGRID_TOP	将对象附加到单元格的顶侧，或者如果对象在多个单元格上展开，则附加到顶部单元格的顶侧
CATGRID_BOTTOM	将对象附加到单元格的底侧，或者如果对象在多个单元格上展开，则附加到底部单元格的底侧
CATGRID_4SIDES	将对象附加到单元格的四个边，或者如果对象在多个单元格上展开，则附加到左单元格的左侧、右单元格的右侧、上单元格的上侧和下单元格的下侧，它是 CATGRID_LEFT、CATGRID_RIGHT、CATGRID_TOP 和 CATGRID_BOTTOM 的串联
CATGRID_CST_WIDTH	调整大小时保持对象初始宽度
CATGRID_CST_HEIGHT	调整大小时保持对象的初始高度
CATGRID_CST_SIZE	在调整大小时保持对象的初始大小，即初始宽度和初始高度，它是 CATGRID_CST_WIDTH 和 CATGRID_CST_HEIGHT 的级联
CATGRID_CST_CENTER	将对象附加到单元格的四条边中的每条边，并在调整大小时保持对象的初始大小(即初始宽度和初始高度)，它是 CATGRID_4SIDES 和 CATGRID_CST_SIZE 的级联

可以使用“|”字符将它们串联起来，如下所示：

```
Combo->SetGridConstraints(1,0,3,1,CATGRID_LEFT|CATGRID_RIGHT);
```

默认值是 CATGRID_LEFT|CATGRID_TOP。

(3)启用行和列以调整大小

可以通过 SetGridRowResizable 和 SetGridColumnResizable 函数设置给定的行或列是否随容器调整自身的大小。函数的示例代码如下所示：

```
SetGridRowResizable(2,1);
SetGridColumnResizable(0,1);
```

第一个参数是网格中的行或列号。对于不可调整大小的行或列，第二个值可以设置为 0，对于可调整大小的行或列，第二个值可以设置为 1。在上面的示例中，第三行和第一列被设置为可调整大小。

当调整包含窗口的大小时，在属于可调整大小的行或列的单元格中展开的控件或容器将根据其附着模式移动或调整其大小。

9.4.6　表格布局

表格布局基于表格线，可以沿着这些表格线连接容器和对象的侧面。

1. 表格线

为了实现更为复杂的窗口布局，也为了帮助调整这些窗口的大小，可以使用表格布局，表格线是位于容器中的水平线或垂直线，如图 9-32 所示。

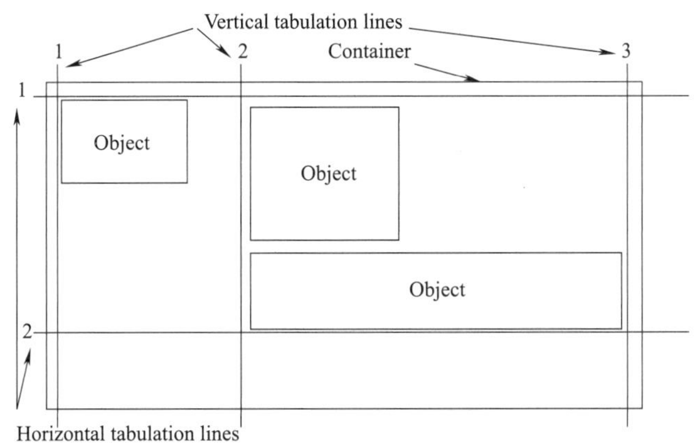

图 9-32　表格布局示例

它们的侧面被用来连接物体，附着顺序如下：

(1)水平表格线从上到下排序。

(2)垂直表格线从左到右排列。

使用整数来识别表格线，对于垂直表格线，该整数不一定连续地从左到右增长，对于水平表格线，该整数从上到下增长。

2. 沿表格线附着容器和控件

可以沿着表格线附着容器和控件，如图 9-33 所示，其附着方式包括：

(1)对于水平表格线：顶部、中心或底部。

(2)对于垂直表格线：左、中或右。

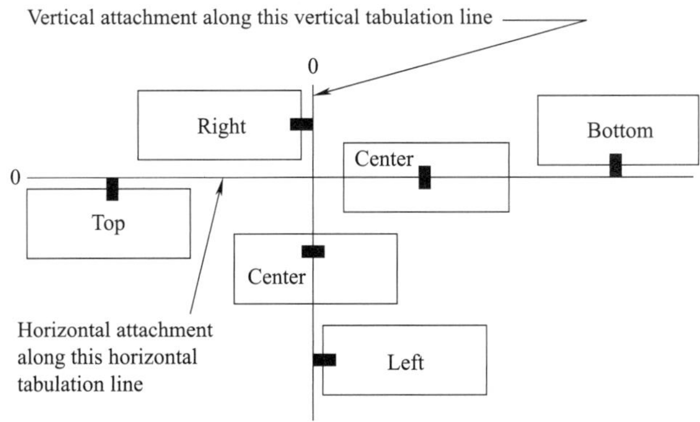

图 9-33　表格线附着方式

创建表格线时，为它们指定一个整数。垂直表格线按其数字的递增顺序从左到右定位，水平制表线是从上到下的，也是按其数字的递增顺序排列的。

一个给定的表格线可以容纳任意数量的容器和控件，但都具有相同的附着模式。不能将相同的容器或控件以相同的附着模式附着到两个不同的垂直表格线（或两个不同的水平表格线）。

对于垂直表格线，对象是从上到下布局的，对于水平表格线，对象是从左到右布局的。可以用 SetVerticalAttachment 和 SetHorizontalAttachment 函数设置布局顺序、附着模式和附着对象。两个表格线之间的最大对象决定两者的间距。

3. 调整容器大小

可以设置表格线间的连接方式，包括刚性连接和弹性连接。

(1)刚性连接时两表格线间距为固定值。

(2)弹性连接时两表格线间距可随对象尺寸调整。

这样在调整窗口大小时，根据表格线间的连接设置，对象可保持固定位置和尺寸，或者随窗口调整位置和尺寸。

假设按箭头方向拖动右下角来调整图 9-34 定义的窗口的大小。窗口的大小在水平方向上增加 W，在垂直方向上增加 H，结果如图 9-35 所示。

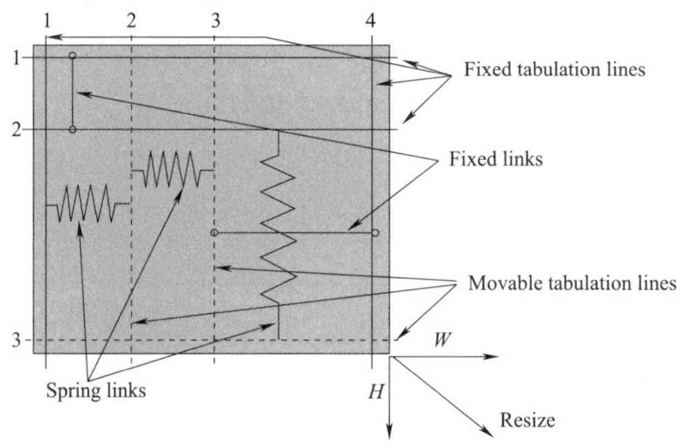

图 9-34 表格线设置示例

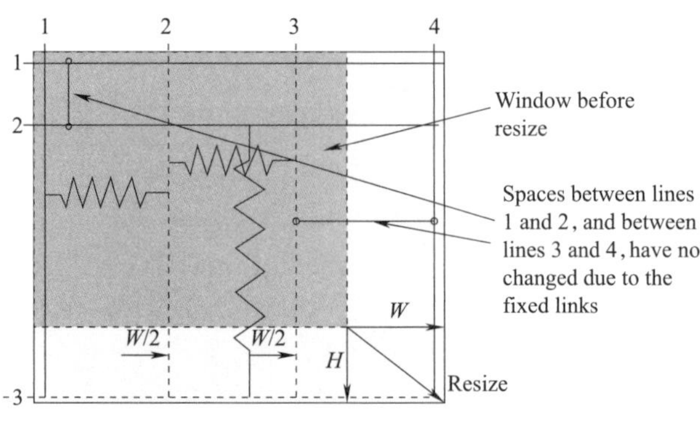

图 9-35 窗口调整结果示例

水平表格线 1 和 2 之间保持不变，因为它们都是固定的，但是可移动的水平表格线 3 向底部移动 H。垂直表格线 2 相对于表格线 1 向右移动 $W/2$，并且表格线 1 和 2 之间的空间增加 $W/2$。垂直表格线 3 相对于表格线 2 向右移动 $W/2$。线 2 和线 3 之间的间距也增加了 $W/2$。即使线 4 移动了 W，由于线 4 是固定的，所以线 3 和线 4 之间的间隔保持不变。

4. 创建表格线和附着模式

可以使用 Attach4Sides、SetVerticalAttachment 和 SetHorizontalAttachment 方法创建表格线和附着模式，创建方法可分为隐式法和显式法两种方法。

(1)隐式法

Attach4Sides 方法是默认的方法，用于在容器中插入一个对象。如果将此方法用于给定的容器，则必须将其用于此容器的所有对象。容器内的对象水平布局，其左侧和顶部连接到固定表格线，右侧和底部连接到可移动表格线。容器的子对象(容器或对象)在宽度和高度上，根据相对于容器的初始比例，随父容器自动调整大小。

(2)显式法

SetVerticalAttachment 和 SetHorizontalAttachment 函数是两种可分别创建垂直和水平表格线的方法。使用它们可以定义：

①表格线(采用整数标识)；

②附着模式；

③附着对象及其顺序。

9.4.7　对话框设计工具

可以利用 CAA 开发环境提供的对话框设计工具可以更为便捷地进行对话框设计，工具启动步骤如图 9-36 所示。

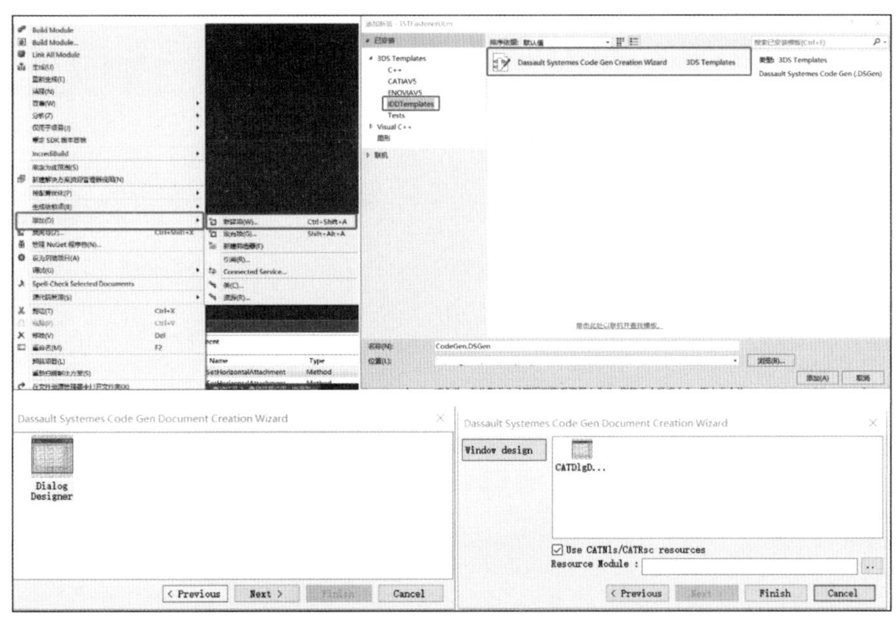

图 9-36　对话框设计工具启动界面

对话框设计工具箱提供了丰富的各类控件，如图 9-37 所示，可以先利用工具以交互生成对话框，再通过修改代码实现更为复杂的功能。

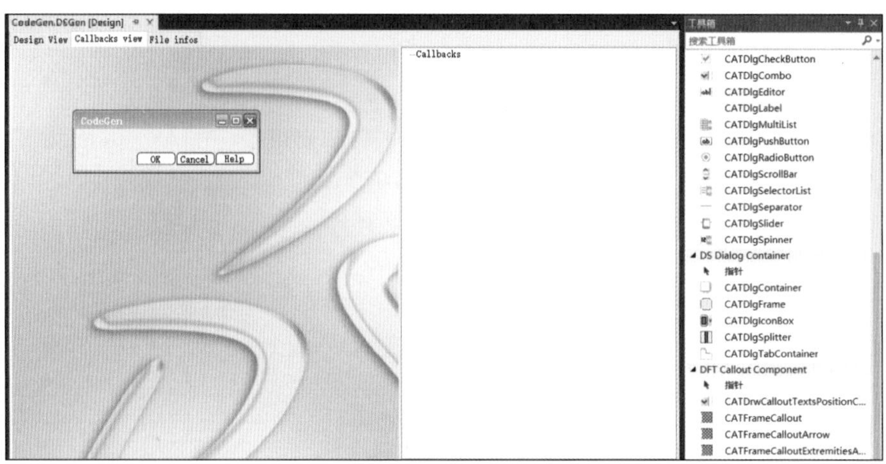

图 9-37　对话框设计工具界面

第 10 章　交互设计

10.1 概　　述

交互设计是对象选择的重要手段，CAA 通过命令机制来实现交互行为，命令是构建 CAA 用户界面模型的关键对象。

CAA 命令是 CATCommand 派生类的实例，它支持以下交互机制：

(1)支持多种启动方式。

①将命令显示在操作栏中，可以从那里触发和执行。

②直接操作封装命令。

③由对象的上下文菜单触发命令。

(2)支持应用对话框实现任何类型的简单或复杂任务。

①命令是不同命令类的实例，允许用户创建和覆盖所有可能的任务类型。

②命令采用堆栈方式存储，具有全局和局部撤销机制，可以在连续状态中恢复先前的状态。

(3)支持鼠标互操作。

①命令实例构建运行时的父/子树结构。

②命令使用树状结构来实现发送/接收通知协议，将最终用户交互创建的通知传递给相应的命令。

③命令的回调机制基于发送/接收通知协议，默认情况下每个命令都设置回调管理器。

(4)支持对象访问和更新。

最终用户可以通过操作栏中的图标或对象上下文菜单中的菜单项使用这些命令。命令由命令启动器触发，此命令启动程序与保存命令类名和包含命令可执行代码的共享库或 DLL 的命令头相关联。一旦最终用户单击对话框按钮项或操作栏图标，就会与相应的命令启动程序建立链接，该命令启动程序请求命令头加载适当的共享库或 DLL 并实例化命令类。这些命令可以是：

- 直接执行的命令：从 CATCommand 类派生，不需要用户做任何其他选择的情况下直接运行。
- 对话框命令：使用的对话框类应派生自 CATDlgDialog 类，使用户能够在对话框中输入参数值或选择项。
- 状态对话命令：状态对话命令类应派生自 CATStateCommand 类，它们被构建为状态机，用来组成具有状态和这些状态之间转换的高级对话命令。

在 CAA 二次开发中，交互设计的机制被称为 State(状态)机，是通过不同状态转换构建的。状态在功能上相互独立，表现在一个状态只负责一种特定行为；在组织结构上是相互联系的，表现在一个状态到另一个状态的转换会做出一定的响应。

一个状态机被划分为任意多步骤，基本假设是事件按顺序处理，每个事件都激发一个步骤，直至该步骤运行完成。这种处理方式简化了状态机的转换，因为只有在状态机达到稳定状态配置之后才会处理任何传入事件。转换不仅可以由事件触发，也可以由条件触发，或者两者兼而有之。它们可以自动触发，或者相对于保护条件自动触发。

一种状态可以分解为子状态，并称之为复合状态，有两种细化方式：

- 顺序子状态：即顺序连接转换的子状态，其中一个在给定时刻处于活动状态。
- 并发子状态：互斥的、同时处于活动状态，每个子状态可以依次细化。

10.2 定义状态对话命令

定义状态对话命令应遵循以下步骤：定义子类（Subclassing）、定义资源（Resources）、定义生命周期（Lifecycle）、定义状态图（Statechart）、定义对话代理（Dialog agents）、定义保护条件（Guard conditions）、定义动作（Actions）。

（1）定义子类

状态对话命令必须从 CATStateCommand 类或其子类派生。

```
class CAACommandCmd : public CATStateCommand
```

（2）定义资源

资源存储在框架的 CNext\resources\msgcatalog 子目录中的 CAACommandCmd. CATNls 文件中。对话框状态命令资源可以为每个状态设置关联的提示和撤销提示。应使用 CmdDeclareResource 宏声明资源文件，声明时必须将基类设置为宏的第二个参数。

```
CmdDeclareResource(CAACommandCmd, CATStateCommand);
```

（3）定义生命周期

命令生命周期用命令的构造函数和析构函数管理。主要涉及的函数有 Activate、Desactivate 和 Cancel：当命令获得焦点时调用 Activate；当共享命令获得焦点时，将调用 Desactivate，从而使您的命令在命令堆栈中保持当前状态；当命令完成或独占命令获得焦点并请求删除命令时，将调用 Cancel。

```
CATStatusChangeRC Activate(CATCommand * iCmd, CATNotification * iNotif);
CATStatusChangeRC Desactivate(CATCommand * iCmd,CATNotification * iNotif);
CATStatusChangeRC Cancel(CATCommand * iCmd, CATNotification * iNotif);
```

（4）定义状态图

通过重写 BuildGraph 方法来实现。在此方法中创建状态、转换和对话框代理，并将保护条件和操作方法声明为状态和转换参数。

```
virtual void BuildGraph();
```

（5）定义对话代理

对话代理将用户的意图转换为用户的输入，是 CATDialogAgent 类的实例，CATDialogAgent 是一个非专用的对话框代理，它的派生类提供了更多专业的对话框代理，如 CATIndicationAgent 代理用于在 2D 或 3D 查看器中，单击鼠标左键检索 2D 点；CATPathElementAgent 用于检索选择的对象。对话框代理应声明为，在 BuildGraph 方法中创建和使用的成员变量，并在条件（condition）和动作（actions）方法中使用。

```
CATDialogAgent       * _daAgent;
CATIndicationAgent   * _daIndicationAgent;
CATPathElementAgent * _daSelectionAgent;
```

(6)定义保护条件

通过定义条件来判断是否执行相应的动作，作为 CAACommandCmdclass 的方法提供，该方法只有一个输入参数，该参数是状态对话命令传递的数据，必须返回一个 CATBoolean 值，程序将根据返回值判断是否执行相应的动作。

```
CATBoolean  GuardConditionMethod1(void * iUsefulData);
CATBoolean  GuardConditionMethod2(void * iUsefulData);
```

(7)定义动作

同样作为 CAACommandCmdclass 的方法提供，该方法唯一的输入参数是状态对话命令传递的数据，必须返回一个 CATBoolean 值。

```
CATBoolean  ActionMethod1(void * iUsefulData);
CATBoolean  ActionMethod2(void * iUsefulData);
```

完成这些步骤后，状态对话命令类的头文件示例如下所示：

```
#include "CATStateCommand.h"

class CAACommandCmd : public CATStateCommand
{
  CmdDeclareResource(CAACommandCmd, CATStateCommand);
  public :
    CAACommandCmd();
    virtual ~ CAACommandCmd();
    CATStatusChangeRC Activate  (CATCommand *  iCmd
        , CATNotification *  iNotif);
    CATStatusChangeRC Desactivate(CATCommand *  iCmd
        , CATNotification *  iNotif);
    CATStatusChangeRC Cancel    (CATCommand *  iCmd
        , CATNotification *  iNotif);

    virtual void BuildGraph();
    CATBoolean  GuardConditionMethod1(void *  iUsefulData);
    CATBoolean  GuardConditionMethod2(void *  iUsefulData);
    CATBoolean  ActionMethod1(void *  iUsefulData);
    CATBoolean  ActionMethod2(void *  iUsefulData);

  private :
    CATDialogAgent       *  _daAgent;
    CATIndicationAgent   *  _daIndicationAgent;
    CATPathElementAgent *  _daSelectionAgent;
};
```

10.3 定义生命周期

10.3.1 Constructor(构造函数)

可以使用 CATStateCommand 构造函数，通过从命令头传递给命令参数的方式来管理命令运行模式。命令运行(或启动)模式，可以设置为 CATStateCommand 构造函数的第二个参数。

(1)独占模式：请求命令选择器在开始运行并获取焦点(包括活动命令)之前清理命令堆栈，堆栈中存在的所有命令都将被删除。使用枚举变量值 CATCommandModeExclusive 将命令设置为独占模式。

(2)共享模式：与堆栈中已经存在的其他命令共存，并请求命令选择器在它获取焦点之前停用活动命令。使用枚举变量值 CATCommandModeShared 将命令设置为共享模式。

10.3.2 Destructor(析构函数)

通常情况下在构造函数或 BuildGraph 方法创建的变量会在析构函数中删除或释放，而在 Activate 方法中创建的变量通常在 Cancel 方法中删除。

在 BuildGraph 函数中创建的由 CATStateCommand 类提供的方法，例如状态、转换、条件或操作都将自动删除。这些方法包括：

(1)状态：GetInitiaState、AddDialogState、GetCancelState。

(2)转换：AddTransition。

(3)条件：Condition、IsOutputSetCondition、IsLastModifiedAgentCondition、OrCondition、NotCondition。

(4)操作：Action、AndAction、OrAction。

使用构造函数显式实例化的任何状态(CATDialogState)、转换(CATDialogTransition)、条件(CATStateCondition)或操作(CATDiaAction)都应在命令类析构函数中删除。

10.3.3 Active(激活)

当状态对话命令激活时调用 Activate 函数，有两种情况：

(1)用户运行命令时，命令类被实例化，对话框开始启动。

(2)在共享命令再次激活时，该命令以当前状态重新启动。

Activate 可以用于创建从一开始就需要的临时对象，因为它们可以帮助用户执行命令，例如，创建对象的轮廓或者跟随鼠标的橡皮筋(rubber band)。这两者都被称为交互式对象(ISO)并添加到交互式对象集合中，或者可以帮助构造对象。

10.3.4 Desactivate(停用)

当共享命令获取焦点时调用 Desactivate 函数，活动命令变为非活动状态，以其当前状态冻结并放入命令堆栈中。当共享命令将完成时，将使用 Activate 方法从其当前状态重新激活冻结的命令。Desactivate 可用于隐藏由 Activate 或 Action 方法创建的临时对象(如对话框)，或者从 ISO 中删除临时交互对象。

10.3.5 Cancel(取消)

当命令完成或独占命令获取焦点并请求删除命令时,系统将调用 Cancel 函数。当命令完成时焦点被赋予默认命令(通常是 Select),如果该命令被设置为可重复的,则焦点会再次被赋予该命令。Cancel 会删除或释放由该命令创建的临时对象。除非命令是在 Repeat 模式下声明的,它还应该删除在 Action 方法中创建的对象,或在 Condition 方法中创建的对象,即使该代码可以放在析构函数中。

当命令被取消时,可以通过调用 ExecuteUndoAtEnd 方法在命令完成时请求命令 Undo。

10.4 设置资源

CAA 支持包括中文在内的多国语言,它提供相应的工具和机制帮助实现客户端程序的国际化。国际化客户端应用程序在设计和编写时,不用预设所使用的语言。CAA 将显示在最终用户面前的字符串置于外部文本文件中,不需要重新编译应用程序即可实现语言的本地化。这样当应用程序呈现在来自不同国家的最终用户面前时,无论使用何种语言和区域设置,都能有相同的外观和功能。

10.4.1 声明资源文件

应使用对话框命令类头文件中的 CmdDeclareResource 或 CmdDeclareResourceFile 宏声明对话框命令的资源文件名,资源文件的后缀是 CATNls。

(1)CmdDeclareResource 宏

CmdDeclareResource 宏有两个参数:第一个参数是对话框命令类名,第二个参数是它的基类名称。

```
class ClassName : public BaseClassName
{
  CmdDeclareResource (ClassName,BaseClassName);
  public :
}
```

该声明方式可以使 ClassName 类使用为 BaseClassName 类定义的资源,资源文件名为 ClassName. CATNls。该文件的每一行都以命令类名开头:

```
ClassName. xxxxxx = "" ;
```

(2)CmdDeclareResourceFile 宏

除了 CmdDeclareResource 功能外,还可以用 CmdDeclareResourceFile 宏设置不同于命令类名的资源文件名。这个宏的第一个参数是资源文件的前缀,第二个参数是对话框命令类名,第三个参数是它的基类名称。

```
class ClassName : public BaseClassName
{
  CmdDeclareResourceFile (Filename,ClassName,BaseClassName);
```

```
  public :
}
```

这意味着 ClassName 类同样可以使用为 BaseClassName 类定义的资源(如果有的话)。

资源文件名为 FileName. CATNls,在此资源文件中,每一行都以资源文件的名称开头,后跟命令类名:

```
FileName.ClassName.xxxxxx = "" ;
```

10.4.2 状态提示

状态提示符与状态对话命令的给定状态相关联。状态和状态提示符之间通过状态标识符建立链接,状态标识符在用 GetInitialState 或 AddDialogState 方法创建状态时声明。

例如,假设在 CAADegCreateTriangleCmd 状态对话命令的 BuildGraph 方法中定义了这两种状态:

```
CATDialogState * stStartState =
    GetInitialState("stFirstPointId");
...
CATDialogState * stSecondState =
    AddDialogState("stSecondPointId");
...
```

GetInitialState 和 AddDialogState 方法的参数 stFirstPointId 和 stSecondPointId 分别是状态 stFirstState 和 stSecondState 的状态标识符。

那么在 CAADegCreateTriangleCmd(CAADegCreateTriangleCmd. CATNls)的资源文件中,两种状态的提示消息如下:

```
CAADegCreateTriangleCmd.stFirstPointId.Message =
    "Select the first point";
CAADegCreateTriangleCmd.stSecondPointId.Message =
    "Select the second point";
```

如果一个状态没有被分配给任何消息,则显示的提示是该状态的标识符。

10.5 实现状态对话命令

状态对话命令是一种被设计为状态机的对话命令,每个状态都与最终用户交互,它允许最终用户在请求的事件发生时和保护条件满足时触发状态转换,从一个状态传递到另一个状态,并执行声明的操作。它是使用 CATStateCommand 派生类建模的,状态图是使用 BuildGraph 方法实现的。

10.5.1 实现状态图

状态图在 BuildGraph 方法中实现。应在此方法中创建状态、转换、保护条件、操作和对话框代理,并且将状态、保护条件和操作方法声明为转换参数或状态参数。

```
void CAACommandCmd::BuildGraph()
```

```
{
  //创建状态
  //创建对话框代理,设置行为并将其插入到状态
  //创建状态之间的转换并声明您的防护条件和操作
}
```

10.5.2　创建状态

状态是CATDialogState类的实例。

1. 创建简单状态

初始状态作为伪状态时不显式创建。它会自动激活它所链接到的状态图的第一个状态，并进行无触发器转换。第一个状态是通过CATStateCommand类的GetInitialState方法创建的。

```
CATDialogState * stFirstState = GetInitialState("stFirstStateId");
```

使用CATStateCommand类的AddDialogState创建其他状态。

```
CATDialogState * stSecondState = AddDialogState("stSecondStateId");
```

作为伪状态的最终状态也从不显式创建。它在创建转换以完成状态对话框命令的AddTransition方法中被指定为NULL状态。

```
CATDialogTransition * pLastTransition = AddTransition(stEndState,NULL,...
```

取消状态是最终状态的一种形式，它与最终状态一样结束命令，此外，当命令完成时，它请求undo命令。它是使用GetCancelState方法创建的。

```
CATDialogState * stCancelState = GetCancelState();
```

作为方法GetInitialState和AddDialogState的参数传递的参数是状态标识符。此标识符在状态对话框命令资源文件中用于声明活动状态时的提示。

2. 创建复合状态

复合状态与简单状态一样创建。

(1)非并发复合态实际上是由一系列随后的简单态构成的。

(2)并发复合状态被建模为具有匹配复合输入的对话代理的简单状态。

3. 删除状态

使用CATStateCommand类的GetInitiaState、AddDialogState和GetCancelState方法创建的状态将自动删除，但不要显式删除它们。此外，可以在状态对话框命令析构函数中显式删除使用CATDialogState构造函数创建的状态。

10.5.3　创建对话代理

对话代理将用户交互转换为用户输入，并使用户能够执行此交互时输入的值。它与一个或几个状态相关联，它的执行总是需要检查从这个或这些状态转换的条件。从状态机的角度来看，触发转换并进入保护条件检查过程是对话代理的执行过程。

对话代理的基类是CATDialogAgent，可以使用该类及其派生类通过反映该交互的通知类型和通知程序(即发送通知的对象)来定义最终用户交互。如可以通过CATDialogAgent设置对话框的确定、取消、应用等按钮键的响应通知事件，实现需要的操作。对于特定的对话代

理，还应该对通知进行解码，例如查找鼠标下的内容，并且在对话代理赋值之前应该检查解码结果。

获取代理是除通知外，专门用于获取"鼠标下"内容的特定对话代理。获取代理被视为对话代理，但除此之外，鼠标下的内容必须与获取代理期望的内容相匹配。获取代理的基类是CATAcquisitionAgent，不能直接实例化该类，而应该使用其派生类，如 CATIndicationAgent 和 CATPathElementAgent 类：

- 指示代理(CATIndicationAgent)：专用于指示，即从左键单击检索一个 2D 点。
- 路径元素代理(CATPathElementAgent)：用于选择，即检索鼠标下对象的路径元素。

任何对话代理都有可以自定义的行为。例如，可以激活或不激活它，启用撤销或不撤销它，还可以将筛选器或筛选器组合应用于对话代理，或连接多个对话代理以优化触发转换的条件。此外，对于其他交互，如双击对象、右键单击、按下左键移动等也可以通过自定义对话代理行为来实现。

创建和销毁对话代理应注意以下三点：

(1)对话代理应该作为状态对话命令类的数据成员创建。

(2)对话代理、它们所用的状态和使用的状态转换应在 BuildGraph 方法中创建。

(3)必须在命令析构函数中使用 RequestDelayedDestruction 方法销毁对话代理。

10.5.4 创建状态转换

状态转换是源状态和目标状态之间的转换。状态转换的源状态是活动状态，当事件激活状态转换时会触发状态转换。首先评估防护条件，若为 TRUE，则触发状态转换，将执行与状态转换相关联的操作，状态转换的目标状态变为活动状态。可以创建简单状态转换、具有相同源状态的状态转换、具有相同目标状态的状态转换和自状态转换。

转换是使用 CATStateCommand 类的 AddTransition 方法创建的。

1. 简单状态转换

使用 AddTransition 方法创建一个将 SourceState 连接到 TargetState 的简单转换。

```
AddTransition(SourceState, TargetState, ...);
```

AddTransition 具有其他参数，用于将转换与触发转换时评估的保护条件相关联，以及在转换触发时执行的操作。

2. 相同源状态的状态转换

几个跃迁可能源自同一源状态。当创建这样的转换时，如果转换或其中一些转换共享相同的条件，转换的创建顺序就很重要。为了防止条件重叠导致控制流冻结，考虑了过渡创建顺序。一旦赋值给状态的一个对话框代理，在转换创建顺序中找到的第一个转换(其条件评估为True)就会触发。相反，如果保护条件的计算结果为 False，则转换不触发，然后计算下一个转换的条件，依此类推，直到触发一个转换或到达最后一个条件。

3. 相同目标状态的状态转换

几个转换可能针对同一目标状态，可以使用 AddInitialState 方法定义转换从而避免重复评估转换保护条件和执行操作。

4. 自状态转换

一个自跃迁循环在相同的状态。对于多次启用相同类型的输入，或者使用橡皮筋可视化相对于当前鼠标位置创建的对象非常有用。要创建一个自转换，AddTransition 方法应该只设置与其源状态和目标状态相同的状态。

```
AddTransition(stRepeatState, stRepeatState,
              Condition(...),
              Action(...));
```

10.5.5　创建防护条件

防护条件是一个 CATBoolean 表达式，它在触发状态转换时计算，如果计算结果为 True，则触发转换并执行相关的操作。保护条件被声明为 AddTransition 方法的第三个参数，可以通过组合基本条件来创建复合条件。此外，可以将退出条件设置到状态上，在防护条件之前对其进行评估，如果评估结果为 False，则不评估防护条件。

10.5.6　创建操作(Action)

在转换触发时将执行与转换关联的操作。操作可以由对话状态命令类的方法表示，当该操作要被其他命令重用时，可以用从 CATDiaAction 类派生类表示该操作。用 AddTransition 方法将操作加入状态转换，操作被声明为 AddTransition 方法的第四个参数，可以通过组合基本操作来创建复合操作。可以使用状态对话框命令的方法或类创建操作。

1. 创建操作方法

将操作添加到转换中的最简单的方法是将其实现为状态对话框命令的方法。这样的操作方法有一个单参数，并且必须返回一个 CATBoolean。

```
CATBoolean ActionMethod(void * iUsefulData);
```

参数可以作为 Action 方法的第四个参数传递，也可以使用 SetData 方法传递。第二个和第三个参数专用于 undo/redo。

```
AddTransition(...
          Action(
             (ActionMethod) &CAACreateLineCmd::CreateLine,
             (ActionMethod) &CAACreateLineCmd::UndoCreateLine,
             (ActionMethod) &CAACreateLineCmd::RedoCreateLine,
             CAAIPoint * EndPoint));
// OR
_MyAction->SetData(CAAIPoint * EndPoint);
```

例如，创建线的操作方法如下所示：

```
CATBoolean CAACreateLineCmd::CreateLine(void * iDummy)
{
  // action task is implemented there
  return TRUE;
}
```

如果要将此操作方法添加到状态转换中，操作作为 Action 方法的参数，并将返回的 CATDiaAction 实例作为 AddTransition 方法的第四个参数提供。

```
AddTransition (_state1, NULL,
               IsOutputSetCondition(_point2),Action((
                   ActionMethod) &CAACreateLineCmd::CreateLine));
```

2. 创建操作类

当一个操作是可重用的，例如在创建线的命令和创建折线的命令中都使用了线创建方法，建议将其封装在从 CATDiaAction 派生的类中。操作类必须至少重写继承的 Execute 方法才能实现操作任务，它还可以提供一个撤销方法，例如，创建 CreateLine 类是为了创建线。

CreateLine 类头文件为：

```
class CreateLine: public CATDiaAction
{
    public:
        CreateLine(CATMathPoint StartPoint,
            CATIndicationAgent *  daIndicationAgent);
        virtual ~CreateLine();
        virtual CATBoolean Execute();
    private:
        CATMathPoint         _StartPoint;
        CATIndicationAgent *  _daIndicationAgent;
}
```

下面给出了 CreateLine 构造函数和 Execute 方法。

```
CreateLine::CreateLine(CATMathPoint        StartPoint,
    CATIndicationAgent *  daIndicationAgent):
    StartPoint(StartPoint),
        _daIndicationAgent(daIndicationAgent)
{}

C ATBoolean CreateLine::Execute()
{
    // Creates a line between StartPoint and EndPoint
    return TRUE;
}
```

操作类的参数是通过其构造函数提供的。它们存储在私有数据成员中，以便由 Execute 方法使用。

要在状态对话框命令的 BuildGraph 方法中使用此操作类，只需实例化它，并将指向该类的指针传递给将调用 Execute 方法的操作方法。

```
...
  _CreateLineAction = new CreateLine(_StartPoint
      ,_daIndicationAgent);
  AddTransition(_state2, NULL,
```

```
        AndCondition(
            IsOutputSetCondition(_daIndicationAgent),
                CoincidenceCondition)),
        _CreateLineAction);
    ...
```

需要注意的是，_CreateLineAction 必须是状态对话框命令类的数据成员，并且必须在析构函数中删除。

参 考 文 献

[1] CATIA 联盟. 3DE 设计平台蓄势待发[R/OL]. https://www. catialol. com/thread-6000-1-1. html.

[2] 3DE Platform White Paper[R/OL]. https://www. 3ds. com/fileadmin/PRODUCTS-SERVICES/GEOVIA/PDF/training/White_Paper_-_3DEXPERIENCE_Platform. pdf.

[3] 马兰. 基于 CATIA CAA 架构的质量分布系统[J]. 电脑开发与应用，2011，24(9)：4-6.

[4] 齐成龙. 基于达索平台 CAA 架构的混凝土连续梁桥主体结构 BIM 建模工具开发[J]. 图学学报，2018，39(2)：346-351.

[5] 何朝良，周安宁，刘毅. 基于 CAA 的 CATIA 二次开发的研究[C]//中国航空学会总体分会几何设计分会学术交流会. 中国航空学会，2004.

[6] 徐太花. 基于 CATIA/CAA 的文字输入的二次开发[J]. 计算机与现代化，2013(1)：102-105.

[7] 胡毕富，吴约旺. CATIA 软件建模与 CAA 二次开发[M]. 北京：北京航空航天大学出版社，2018.

[8] 王智明，杨旭，平海涛. 知识工程及专家系统[M]. 北京：化学工业出版社，2006.